mini Manuel de biologie moléculaire

AF860158

Sorti d'inventaire

Tout le catalogue sur
www.dunod.com

DUNOD

ÉDITEUR DE SAVOIRS

153058412

mini Manuel de biologie moléculaire

Cours + QCM/QROC

UNIVERSITÉ DE METZ
S.C.D.
N° Inv. 244395
Cote 572.8 MAF
Loc. Bridoux

Abderrahman Maftah
Professeur à l'université de Limoges
Jean-Michel Petit
Maître de conférences à l'université de Limoges
Raymond Julien
Professeur émérite à l'université de Limoges

2e édition

Sorti d'inventaire

DUNOD

Les illustrations de cet ouvrage ont été réalisées par Sébastien ARICO.

Directeur d'ouvrage
Raymond JULIEN

Le pictogramme qui figure ci-contre mérite une explication. Son objet est d'alerter le lecteur sur la menace que représente pour l'avenir de l'écrit, particulièrement dans le domaine de l'édition technique et universitaire, le développement massif du photocopillage.
Le Code de la propriété intellectuelle du 1er juillet 1992 interdit en effet expressément la photocopie à usage collectif sans autorisation des ayants droit. Or, cette pratique s'est généralisée dans les établissements d'enseignement supérieur, provoquant une baisse brutale des achats de livres et de revues, au point que la possibilité même pour les auteurs de créer des œuvres nouvelles et de les faire éditer correctement est aujourd'hui menacée.
Nous rappelons donc que toute reproduction, partielle ou totale, de la présente publication est interdite sans autorisation de l'auteur, de son éditeur ou du Centre français d'exploitation du droit de copie (CFC, 20, rue des Grands-Augustins, 75006 Paris).

DANGER
LE PHOTOCOPILLAGE TUE LE LIVRE

© Dunod, Paris, 2007, 2011
ISBN 978-2-10-056327-2

Le Code de la propriété intellectuelle n'autorisant, aux termes de l'article L. 122-5, 2° et 3° a), d'une part, que les « copies ou reproductions strictement réservées à l'usage privé du copiste et non destinées à une utilisation collective » et, d'autre part, que les analyses et les courtes citations dans un but d'exemple et d'illustration, « toute représentation ou reproduction intégrale ou partielle faite sans le consentement de l'auteur ou de ses ayants droit ou ayants cause est illicite » (art. L. 122-4).
Cette représentation ou reproduction, par quelque procédé que ce soit, constituerait donc une contrefaçon sanctionnée par les articles L. 335-2 et suivants du Code de la propriété intellectuelle.

Table des matières

CHAPITRE 1

Structure de l'ADN et de l'ARN

PLAN

OBJECTIFS

- Définir les structures chimiques des acides nucléiques, notamment celle de la double hélice de l'ADN
- Étudier les assemblages complexes auxquels participe l'ADN (nucléosome, chromatine)
- Répertorier d'un point de vue structural et fonctionnel les différents types d'ARN

1.1 LES COMPOSANTS DES ACIDES NUCLÉIQUES

Les acides nucléiques (ADN et ARN) sont des macromolécules composées d'un enchaînement d'unités structurales appelées **nucléotides**. Ce sont donc des **polynucléotides**.

À l'état libre, chaque nucléotide est constitué :

- d'une base (Fig. 1-1), qui peut être une purine (composée de deux hétérocycles azotés) ou une pyrimidine (un seul hétérocycle azoté) ;
- d'un **pentose** (ose à cinq atomes de carbone, Fig. 1-2) ;
- d'un à trois groupes phosphate (Fig. 1-3).

Les atomes des bases (C et N) portent les chiffres 1 à 6 pour les pyrimidines et 1 à 9 pour les purines, alors que les atomes C du pentose portent les chiffres 1' à 5'. Le signe prime ajouté à ces derniers les distingue de ceux des bases. L'ose, par son carbone 1', établit une **liaison N-glycosidique** avec l'azote 1 des pyrimidines ou l'azote 9 des purines. Par son carbone 5', il forme une liaison ester avec un premier groupe phosphate (désigné pour cette raison phosphate α). Ce dernier peut former des liaisons anhydride d'acide (Fig. 1-3) avec des groupes phosphate β et γ ou des liaisons ester avec un groupe OH porté par le carbone 3' du pentose précédent (Fig. 1-4).

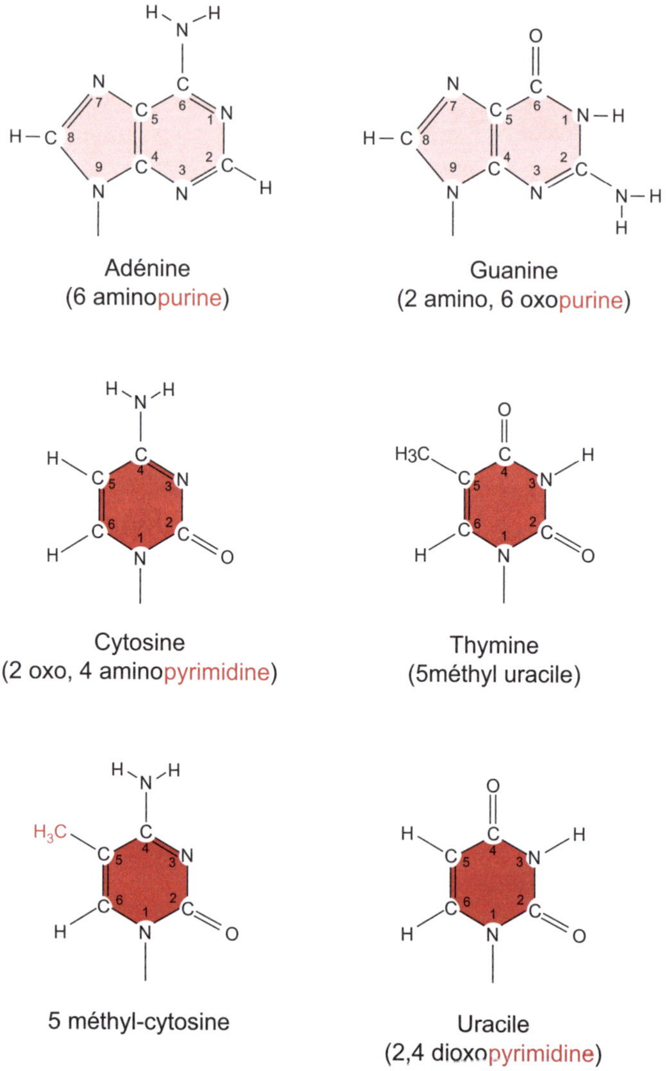

Figure 1-1 Structures chimiques des bases puriques (Adénine, Guanine) et des bases pyrimidiques (Cytosine, Thymine, Uracile) des acides nucléiques ADN et ARN. Des formes méthylées peuvent aussi être rencontrées (5-méthyl cytosine).

L'union d'une base et d'un pentose s'appelle un **nucléoside**. Dès qu'un groupe phosphate est présent, l'ensemble est désigné par le terme **nucléotide**. Il en résulte toute une nomenclature dont un exemple est donné (Fig. 1-3).

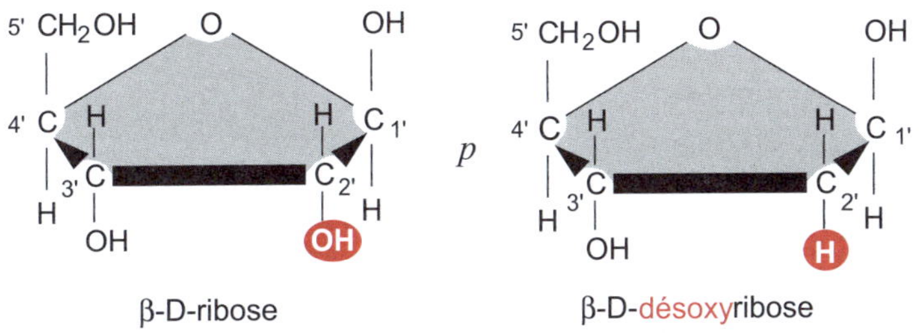

Figure 1-2 Les deux pentoses respectifs de l'ARN et de l'ADN.

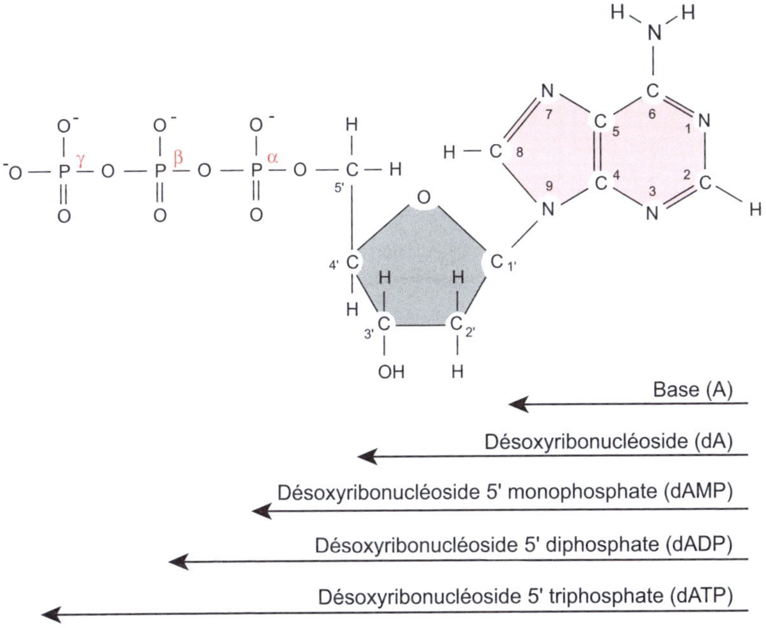

Figure 1-3 Structure détaillée d'un désoxyribonucléoside triphosphate. En remplaçant la lettre A (Adénine) par les lettres G, C, T/U et le désoxyribose par le ribose, la nomenclature est généralisable à tous les nucléotides de l'ADN et de l'ARN.

La structure des nucléotides

Dans l'ADN, l'ose est le **2'-désoxyribose** (Fig. 1-2) et les nucléotides sont des désoxyribonucléosides monophosphates (Fig. 1-4). Ils ne comportent qu'un seul groupe phosphate (le phosphate α) ;

- Les bases puriques de l'ADN sont l'**adénine** et la **guanine**.
- Les bases pyrimidiques de l'ADN sont la **cytosine** et la **thymine** (Fig. 1-1).

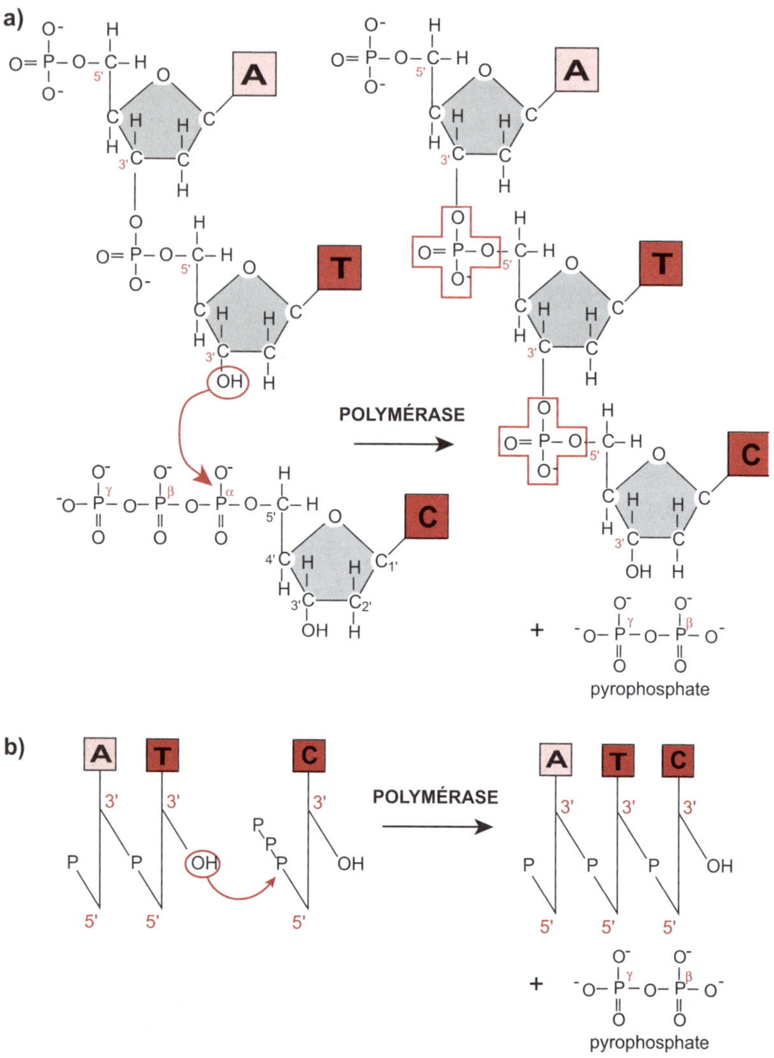

Figure 1-4 Principe de la formation d'un brin d'ADN par la polymérisation des nucléotides. Noter que le brin matrice qui est normalement copié n'est pas ici représenté. a- représentation développée ; b- représentation simplifiée.

Dans l'ARN, l'ose étant un **ribose** (Fig. 1-2), les nucléotides sont des ribonucléosides monophosphates avec un seul groupe phosphate également. Dans l'ARN, l'**uracile** remplace la thymine. Dans l'ADN, la cytosine peut être méthylée sur le carbone 5 pour donner la **5-méthyl-cytosine** (Fig. 1-1). Les cytosines méthylées sont souvent présentes dans des régions de séquences ADN riches en répétition de nucléotides à guanine et cytosine (les îlots à dinucléotides CpG).

La structure des polynucléotides

La structure d'un polynucléotide (polymère de nucléotides) repose sur la formation d'un nombre parfois élevé (plusieurs millions) de liaisons **phosphodiester** entre les nucléotides constitutifs (Fig. 1-4). Chaque liaison phosphodiester s'établit entre le groupe OH du carbone 3' d'un pentose et le groupe OH porté par le carbone 5' du pentose suivant. C'est la liaison phosphodiester 3'-5'. Il en résulte que l'orientation du polynucléotide se trouve définie par la position du groupe phosphate libre du premier nucléotide, généralement le phosphate porté par le carbone 5', et par le groupe OH libre porté par le carbone 3' du dernier nucléotide. On dit ainsi que le polynucléotide est orienté dans le sens 5' vers 3' (Fig. 1-4, voir aussi Fig. 1-6).

1.2 LA STRUCTURE EN DOUBLE HÉLICE DE L'ADN

La règle de Chargaff et les appariements complémentaires

L'ADN est un acide nucléique **bicaténaire**, c'est-à-dire constitué de deux brins associés par des **liaisons hydrogène** entre les bases. Les liaisons hydrogène s'établissent toujours entre une purine de l'un des brins et une pyrimidine de l'autre brin. Dans cet appariement complémentaire, l'adénine (A) est toujours associée à la thymine (T) par deux liaisons hydrogène et la guanine (G) interagit avec la cytosine (C) grâce à trois liaisons hydrogènes (Fig. 1-5).

Règle d'Erwin Chargaff. Le nombre de thymines est égal au nombre d'adénines et celui des cytosines au nombre de guanines.

Ainsi, dans l'ADN, la quantité des purines (A+G) est égale à celle des pyrimidines (C+T). Par contre le rapport A+T sur G+C varie selon l'origine de l'ADN (Tableau 1-1). Le principe d'**appariement complémentaire** des bases a une grande valeur pratique : elle permet au biologiste de déterminer avec exactitude la séquence nucléotidique d'un brin d'ADN à partir de la seule connaissance de celle du brin complémentaire, qu'il s'agisse d'un brin ADN ou d'un transcrit ARN (voir chap. 3).

L'orientation d'un brin d'ADN est définie par la présence des groupes chimiques 5'-phosphate et 3'-OH portés par les carbones 5' et 3' des deux désoxyriboses extrêmes (Fig. 1-6 a). Dans la **double hélice**, les

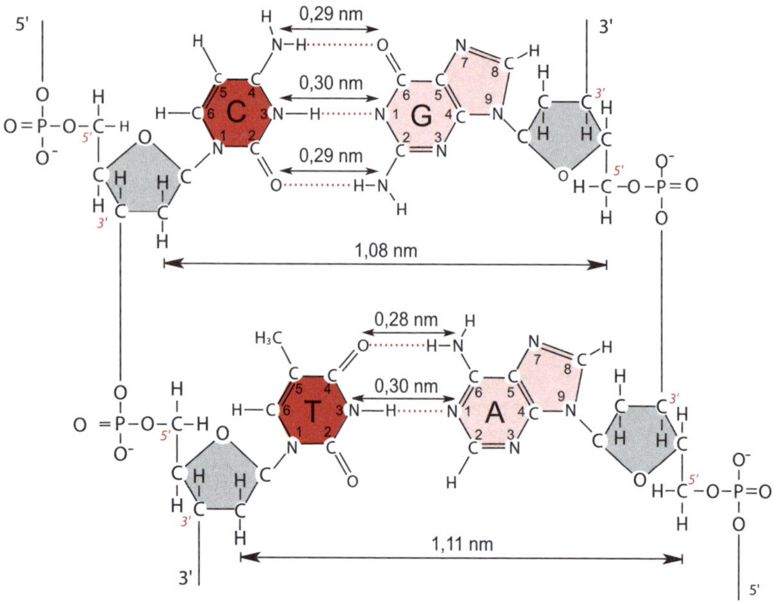

Figure 1-5 Appariements complémentaires des bases G-C et A-T.

TABLEAU 1-1 COMPOSITION EN BASES DE L'ADN DE DIFFÉRENTES ORIGINES

Origine de l'ADN	Bases (%)				(A+T)/(G+C)	(A+G)/(T+C)	%GC
	A	G	C	T			
Bactériophage T7	26,0	23,8	23,6	26,6	1,11	0,99	47,4
Escherichia coli B	23,8	26,8	26,6	23,1	0,88	1,01	53,2
Neurospora	23,0	27,1	26,6	23,3	0,86	1,00	53,8
Drosophile	30,7	19,6	20,2	29,5	1,51	1,01	39,8
Saumon	28,0	22,0	20,0	27,8	1,33	1,05	42.0
Poule	28,0	22,0	21,6	28,4	1,29	1,00	43,6
Rat	28,6	21,4	21,6	28,4	1,33	1,00	42,9
Vache	27,3	22,5	22,5	27,7	1,26	0,99	43,0
Homme	29,3	20,7	20,0	30,0	1,46	1,00	40,7

deux brins complémentaires d'ADN sont orientés en sens inverse (Fig. 1-6). On dit qu'ils sont **antiparallèles**.

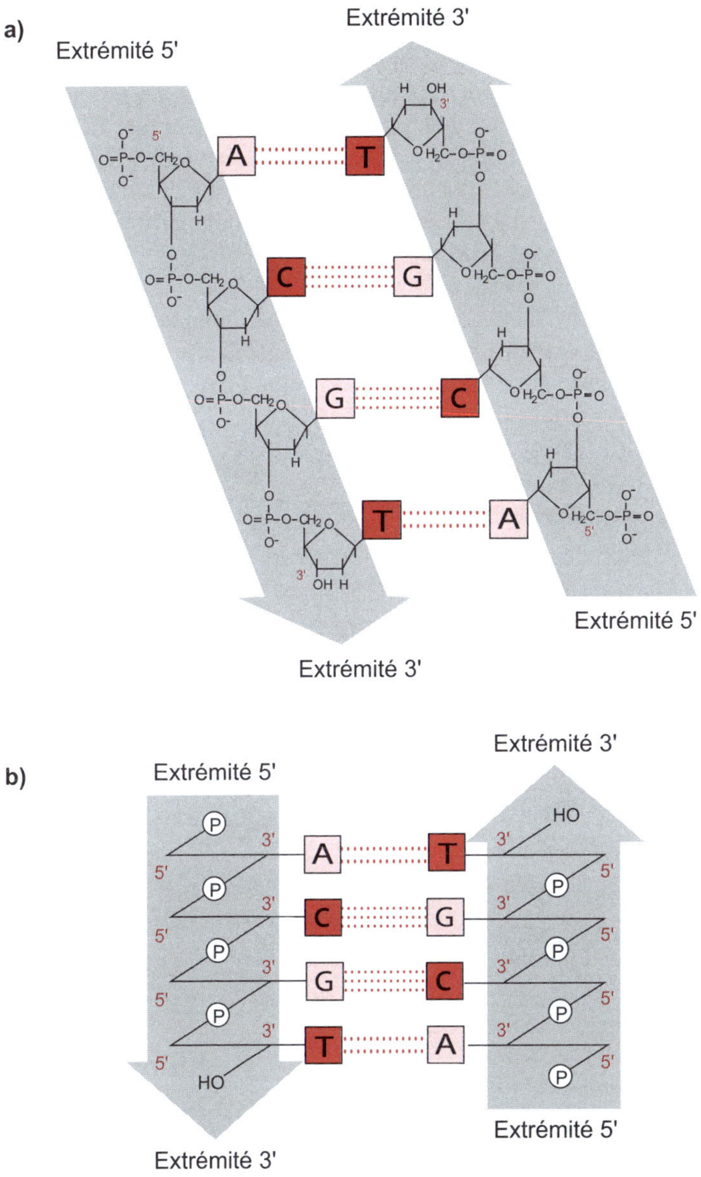

Figure 1-6 Structure des appariements complémentaires de deux brins antiparallèles d'ADN. **a)** Représentation développée ; **b)** représentation simplifiée.

L'association des deux brins par des liaisons hydrogènes génère une contrainte physique qui impose à l'ensemble l'adoption d'une structure en double hélice (Fig. 1-7). Dans le modèle original, proposé par James Watson et Francis Crick en 1953, la double hélice a un diamètre de 2 nm et présente deux périodicités. La première de 0,34 nm, correspond à la distance séparant deux plateaux de bases appariées. La seconde de 3,4 nm correspond au pas de l'hélice qui couvre une longueur de 10,5 plateaux de bases (Fig. 1-7). À la surface de la molécule d'ADN, les deux brins torsadés ménagent deux **sillons hélicoïdaux** de largeur différente, un sillon majeur ou grand sillon et un sillon mineur ou petit sillon (Fig. 1-7). Ces deux sillons, tout particulièrement le grand sillon, exposent de nombreux groupes chimiques avec lesquels interagissent dans les conditions physiologiques de la cellule des protéines dites de liaison à l'ADN. Ces protéines jouent des rôles de régulation de l'expression de l'information génétique portée par la séquence en bases proprement dite (voir chap. 5).

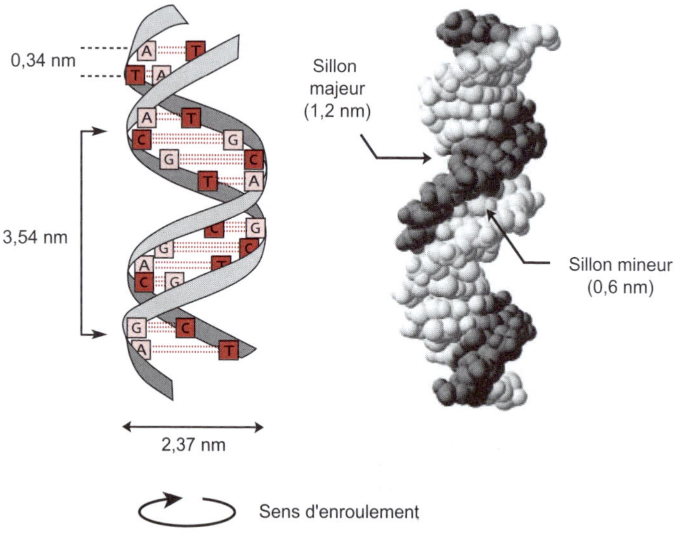

Figure 1-7 Représentation d'un fragment d'ADN en double hélice. À gauche, avec les plateaux de bases ; à droite, les atomes sont représentés avec leurs rayons de Van der Waals.

Les différentes formes d'ADN

En principe, les deux brins polynucléotidiques peuvent former une hélice de pas droit (forme dextre) ou une hélice de pas gauche (forme senestre). La première forme est la plus fréquente et existe en deux variantes, l'ADN-A et l'ADN-B, qui diffèrent, entre autres, par la taille de leurs hélices (Fig. 1-8). L'ADN-A a un diamètre plus large (2,6 nm) que l'ADN-B (2 nm). Il est plus compact avec une distance de 0,23 nm entre deux plateaux de bases successifs (11 plateaux par tour). La forme A est observée notamment dans les hélices hybrides ADN-ARN. En solution et dans la cellule, c'est la forme B de l'ADN qui est prédominante. Une forme senestre de l'ADN étirée en zigzag (ADN-Z), avec un diamètre de 1,8 nm, est parfois observée (Fig. 1-8), mais sa signification physiologique reste incertaine.

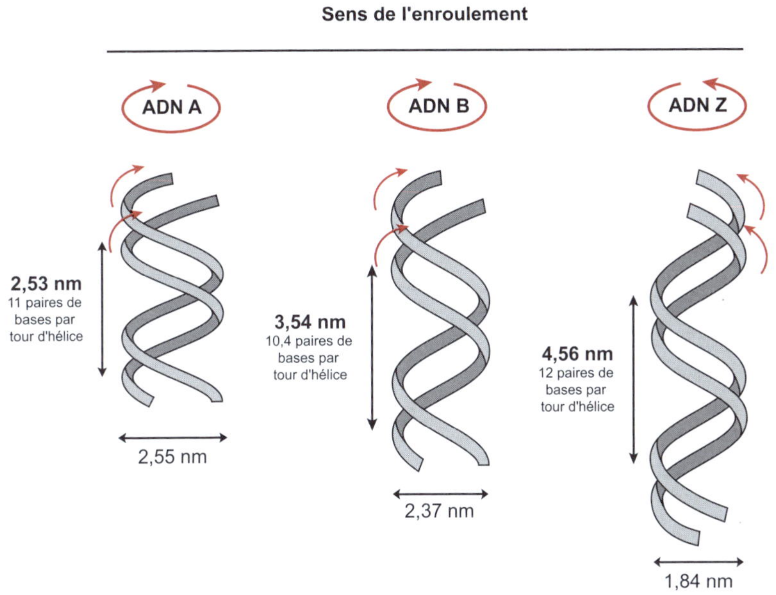

Figure 1-8 Représentation simplifiée des formes A, B et Z de l'ADN.

Dissociation et réassociation des brins d'ADN

En chauffant une solution d'ADN, l'agitation thermique provoque la rupture des liaisons hydrogènes et la séparation des deux brins (Fig. 1-9 a). Cette dissociation est mise en évidence par la mesure de l'absorption de la lumière ultraviolette à 260 nm (longueur d'onde d'absorption maximale des bases puriques et pyrimidiques, due aux systèmes des doubles liaisons conjuguées liant les atomes des hétérocycles). Sous sa forme bicaténaire (en double hélice) l'ADN absorbe modérément la lumière UV. Après dissociation des deux brins, sous une forme monocaténaire, le démasquage des bases provoque une absorption plus marquée de la lumière UV. L'enregistrement du phénomène à 260 nm fournit une courbe en forme de sigmoïde, typique de la dissociation de l'ADN (Fig. 1-9 b).

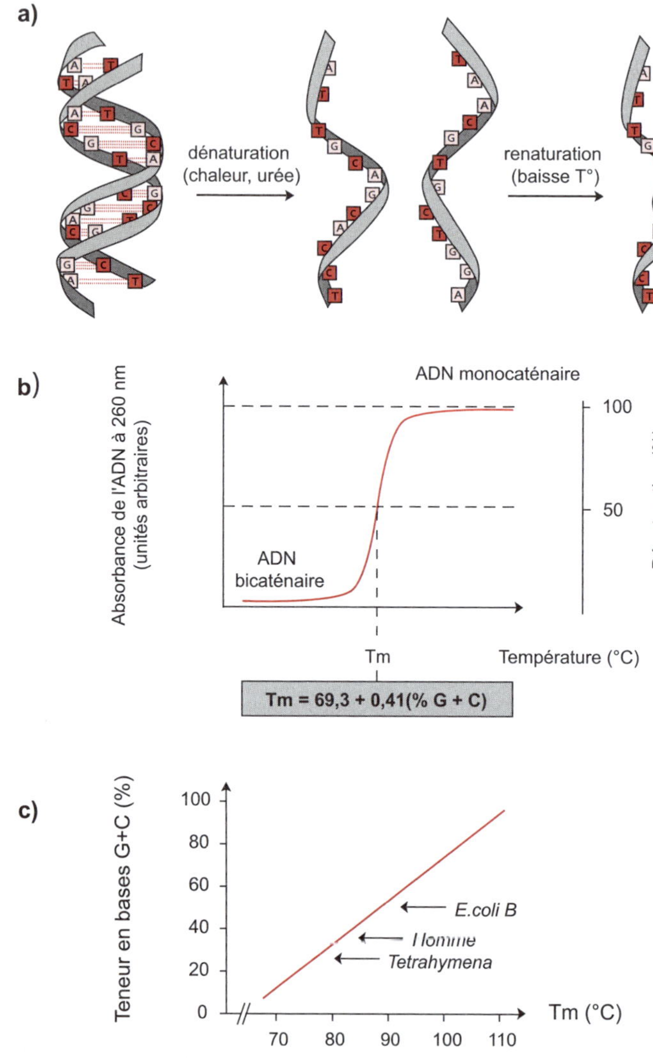

Figure 1-9 La dissociation de l'ADN et sa réassociation dépend de sa teneur en G+C. **a)** Représentation simplifiée de la dissociation-réassociation de l'ADN sous l'action d'agents dénaturants ; **b)** représentation simplifiée de la courbe sigmoïde témoin du processus de dissociation. La formule établit la relation entre la teneur en G+C de l'ADN et la température de fusion de l'ADN ; **c)** droite reliant teneur en G+C et Tm de divers organismes.

La température pour laquelle on observe la dissociation de la moitié des molécules d'ADN est dénommée **température de fusion** ou **Tm** (« melting Temperature »).

Plus un ADN est riche en bases G et C qui sont appariées par des triples liaisons hydrogènes, plus grande sera l'énergie nécessaire pour les rompre et plus élevée sera la température de fusion. À l'inverse, un ADN riche en bases A et T liées par seulement deux liaisons hydrogènes, aura une température de fusion plus basse. La présence d'ions ou d'agents déstabilisants (urée ou formamide) peut modifier la Tm.

La teneur globale en bases G+C est une caractéristique variable suivant les grands groupes d'organismes (Fig. 1-9 c). Cela ne préjuge pas cependant de la distribution des paires AT et GC, souvent irrégulière, tout au long de la séquence.

Dans certaines conditions expérimentales, les deux brins de l'ADN dissocié peuvent se réassocier et former à nouveau une double hélice. Le phénomène s'observe lors d'un refroidissement lent de la solution d'ADN préalablement chauffée (Fig. 1-9 a). Il est exploité pour réassocier des brins d'ADN d'origine différente. On parle d'**hybridation** moléculaire, et cette propriété est largement exploitée dans la recherche de séquences particulières dans l'ADN d'espèces différentes ou dans le génome d'une même espèce. Des duplex hybrides peuvent aussi se former de cette manière avec l'ARN et cette propriété est largement exploitée expérimentalement. La dissociation thermique de l'ADN suivie de sa réassociation par refroidissement est une technique de base utilisée dans la réaction de polymérisation en chaîne (voir chap. 6).

Les surenroulements de l'ADN

Du fait même que l'ADN est un polymère flexible, sa structure dépend largement de son environnement salin et aussi des protéines avec lesquelles il peut se complexer.

Sous la forme linéaire souvent observée dans la plupart des cellules, les extrémités de l'ADN sont libres et les contraintes physiques introduites par ses divers ligands sont, pour cette raison, facilement ajustées. L'ADN peut cependant exister sous une forme circulaire, c'est-à-dire sans extrémités libres. C'est le cas de l'ADN bactérien, de beaucoup d'ADN viraux et de l'ADN mitochondrial (Tableau 1-2). C'est aussi le cas des **plasmides**, petits chromosomes bactériens surnuméraires capables de s'auto-répliquer de façon autonome. L'ADN circulaire subit des contraintes physiques qui sont amoindries par un jeu de surenroulements parfois nombreux afin de stabiliser la molécule d'ADN dans son ensemble (Fig. 1-10).

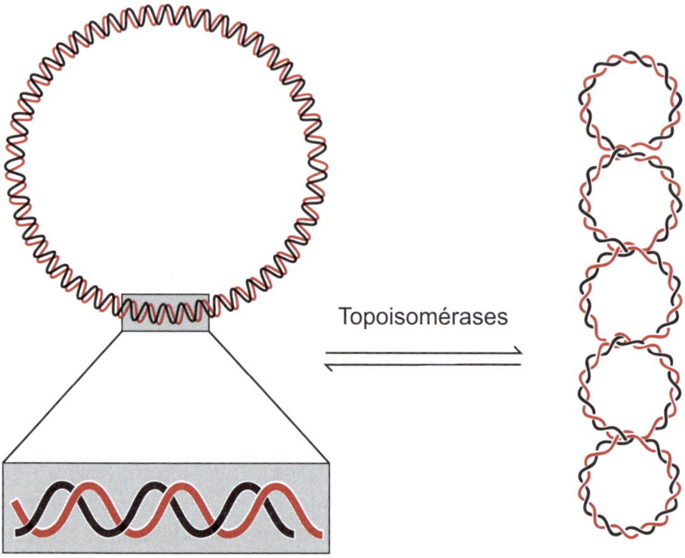

Figure 1-10 Exemple du surenroulement de l'ADN circulaire d'un plasmide bactérien et sa résolution par les topoisomérases.

TABLEAU 1-2 TOPOLOGIE DE L'ADN DE DIVERSES ORIGINES

Source	Simple brin (S) ou double brin (D)	Circulaire ou linéaire	Taille*	
Virus Simien 40	D	circulaire	5243	pb
Virus X-ϕ174	S	circulaire	5386	b
Bactériophage M13	S	circulaire	6407	b
Adénovirus AD-2	D	linéaire	35 937	pb
Virus Epstein-Barr	D	circulaire	172 282	pb
Bactériophage T2	D	linéaire	$1,7 \times 10^5$	pb
Escherichia coli	D	circulaire	$4,7 \times 10^6$	pb
Drosophile	D	« linéaire »	$6,5 \times 10^7$	pb

(*) b = base ; pb = paire de bases.

Dans l'ADN de très grande longueur des cellules eucaryotes, malgré la linéarité de la molécule, les **contraintes topologiques** demeurent au sein de la chromatine (voir plus loin). Il est donc important que ces contraintes soient réduites afin que les processus fondamentaux que sont la réplication et la transcription de l'ADN soient rendus possibles. Une classe spéciale d'enzymes, nommées **topoisomérases**, peut introduire des cassures spécifiques dans l'un ou l'autre brin ou même les deux. Ces cassures réduisent les contraintes, relâchent les surenroulements et rendent possibles les processus physiologiques.

Ceci est particulièrement important lors du processus nécessaire à la séparation des deux molécules d'ADN résultant de la réplication et qui sont encore liées l'une à l'autre avant leur adressage aux deux cellules résultant de la division cellulaire.

1.3 LE NUCLÉOSOME, LA CHROMATINE ET LES CHROMOSOMES

La structure du nucléosome

Dans les cellules eucaryotes, à la différence des procaryotes, l'ADN est très fréquemment associé à des protéines basiques, les **histones**.

Le résultat de l'assemblage régulier entre ADN et histones est désigné par le terme de **nucléosome** (Fig. 1-11).

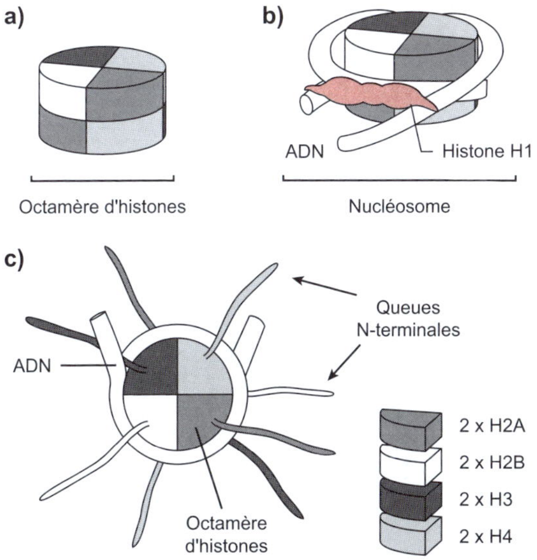

Figure 1-11 Structure simplifiée d'un nucléosome. **a)** L'octamère d'histones ; **b)** l'enroulement de l'ADN autour de l'octamère et sa solidification par l'histone H1 ; **c)** protubérance vers l'extérieur des queues N-terminales d'histones de l'octamère.

La formation des nucléosomes est la première étape d'un processus qui assure l'empaquetage de l'ADN en structures compactes réduisant énormément le volume occupé par la molécule. L'ensemble est désigné sous le terme de **chromatine**.

Chacune des classes d'histones est constituée de petites protéines riches en amino-acides chargées positivement (lysine et arginine). Leurs séquences en amino-acides sont restées remarquablement identiques au cours de l'évolution. Les **histones H2A**, **H2B**, **H3** et **H4** (11 à 15 kDa) sont en quantité égale et chacune en double exemplaire, elles forment un **octamère** d'histones (Fig. 1-11 a) constituant un « cœur » protéique discoïde autour duquel l'**ADN nucléosomal** d'une taille de 147 paires de bases est enroulé (Fig. 1-11 b). L'histone **H1** (20 kDa) ne fait pas partie du « cœur ». Elle est attachée d'une part, à l'ADN de liaison situé entre les nucléosomes et, d'autre part, à l'ADN nucléosomal ce qui a pour effet de solidifier l'ensemble (Fig. 1-11 et 1-12).

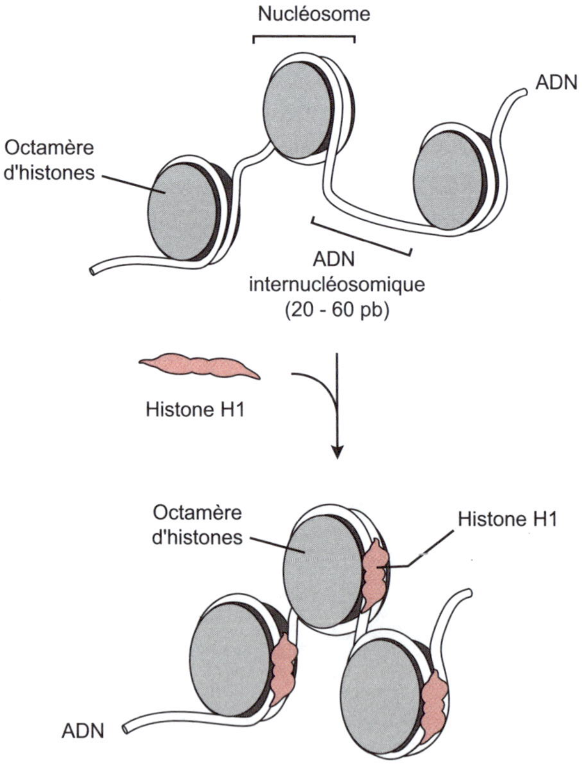

Figure 1-12 Représentation simplifiée d'un enchaînement de trois nucléosomes montrant le rôle de l'histone H1 dans le resserrement de l'ADN autour de l'octamère d'histones.

De nombreux contacts existent entre les histones de l'octamère et l'ADN nucléosomal. Ils sont indépendants de la séquence en bases de l'ADN, ce qui explique que la presque totalité de l'ADN des cellules eucaryotes est organisée en nucléosomes. Les histones du cœur possèdent des extrémités N-terminales libres, désignées par le terme de « queues ». Ces queues émergent du nucléosome en des positions très précises (Fig. 1-11c). Elles facilitent la formation des structures d'ordre supérieur résultant des surenroulements de nucléosomes donnant la structure finale de la chromatine (Fig. 1-13). Certains amino-acides des **queues d'histones** sont parfois modifiés par des groupes acétyle et méthyle (lysine, arginine) ou phosphate (sérine). Ces modifications facilitent ou altèrent l'accessibilité de la chromatine. Elles constitueraient un « code » qui pourrait être lu par les protéines impliquées dans la régulation de l'expression des gènes et dans les diverses autres fonctions de l'ADN. Les nucléosomes sont des structures dynamiques, constamment modifiées par de nombreux complexes protéiques de remodelage capables de les déplacer le long de la molécule d'ADN, de les transférer d'une molécule d'ADN à une autre ou de les modifier afin d'accroître l'accessibilité de l'ADN.

La structure et le remodelage de la chromatine

La présence de l'histone H1 solidifie et resserre la structure du nucléosome. L'ADN nucléosomal représente alors 160 pb. L'histone H1 favorise aussi la formation de structure d'ordre supérieur. Les nucléosomes s'organisent alors en une **fibre de 30 nm** de diamètre qui est en fait une **super-hélice** comportant 6 nucléosomes par tour. Ceci ne suffit pas cependant pour empaqueter les 1 à 2 mètres d'ADN dans un noyau cellulaire de 10^{-5} mètre environ de diamètre. Des repliements en forme de **boucles** de la fibre de 30 nm sont donc nécessaires. Les boucles seraient maintenues dans un ensemble compact par leur association à un support protéique, une sorte d'échafaudage protéique nucléaire à vrai dire encore un peu mystérieux (Fig. 1-13).

Lorsque les structures d'ordre supérieur prédominent, cela a pour effet de réduire fortement l'accessibilté de l'ADN aux enzymes et autres protéines nécessaires à la transcription. À l'inverse, le remodelage strictement contrôlé de la chromatine par des complexes protéiques spécialisés est une condition absolue de l'expression génique.

La structure des chromosomes et le cycle cellulaire

Dans les cellules eucaryotes, le **chromosome** est le stade supérieur et ultime d'organisation de l'ADN (voir Fig. 1-13).

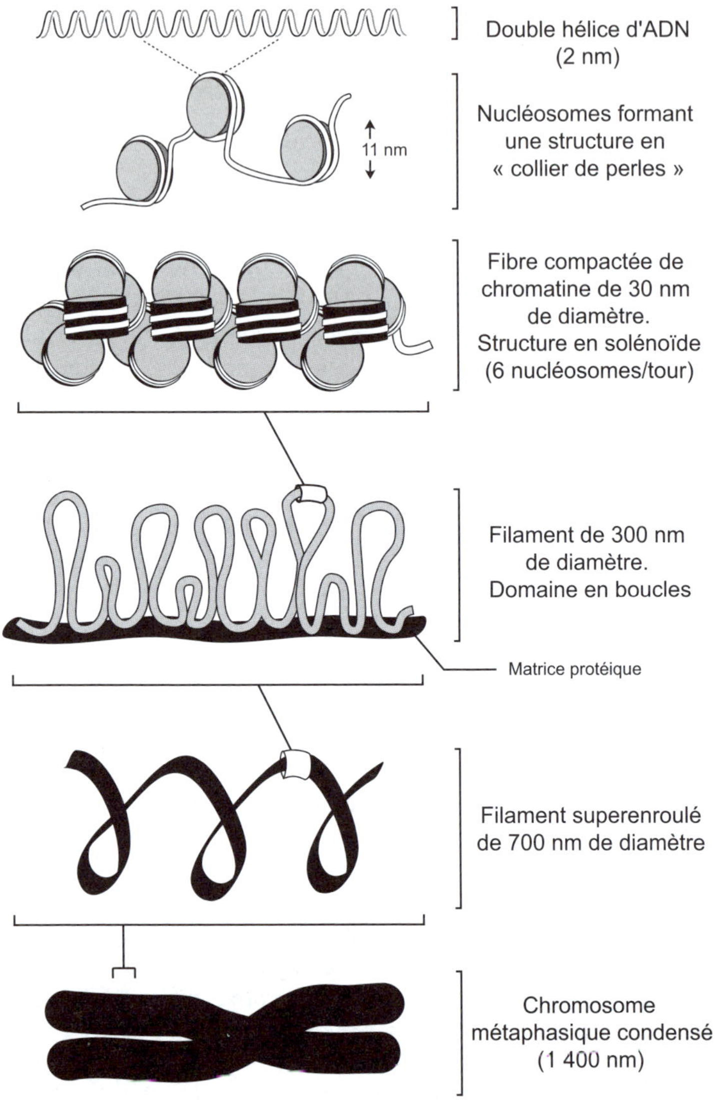

Figure 1-13 Modèle hypothétique de l'organisation et de la compaction de la chromatine.

Le nombre de chromosomes et leur composition sont des caractéristiques de chaque organisme.

Le séquençage complet d'un certain nombre de génomes a montré que la quantité d'ADN effectivement utilisé pour coder les protéines ou les ARN varie énormément d'un organisme à un autre. Chez les bactéries, la presque totalité de l'ADN code des protéines. Chez les mammifères, seule une petite portion (moins de 10 %) code réellement les protéines ou les divers ARN, le reste ou **ADN intergénique**, est constitué largement de séquences répétées (souvent des dinucléotides), appelées **microsatellites** (3 %) ou composées de grands éléments de **séquences transposables** (plus de 50 %).

Beaucoup d'interrogations demeurent encore aujourd'hui sur les fonctions exactes de l'ADN intergénique, dont l'apparente inutilité semble contredite par sa nécessaire et exacte duplication à chaque division cellulaire.

Pour être maintenu comme tels au cours de la division cellulaire, chaque chromosome doit posséder un **centromère**, des **télomères** et plusieurs **origines de réplication**.

Les origines de réplication sont les nombreux sites (3 000 par chromosome en moyenne) où s'assemblent les divers composants protéiques, dont les **ADN polymérases** (voir chap. 2), nécessaires au démarrage de la réplication (duplication de l'ADN) opération qui précède la division cellulaire.

Les centromères sont des séquences d'une taille supérieure à 40 kb au contact desquelles se construit le **kinétochore**, un complexe protéique nécessaire à la séparation et l'adressage corrects des deux chromosomes-fils aux deux cellules filles.

Il est essentiel qu'un seul centromère soit présent par chromosome. Dans le cas contraire, il en résulte des cassures, des pertes ou des duplications de chromosomes dont les conséquences sont généralement graves.

Les télomères sont des séquences particulières localisées aux deux extrémités du chromosome. Elles sont reconnues par des protéines spécifiques qui protègent le chromosome des événements de recombinaison ou de dégradation, typiques des extrémités ADN libres. À l'endroit des télomères se trouve une origine de réplication particulière reconnue par une ADN polymérase spéciale, la **télomérase**, qui réplique un certain nombre de fois la séquence correspondante (voir chap. 2).

La duplication du chromosome puis sa ségrégation s'opèrent dans des phases distinctes du **cycle cellulaire** (division cellulaire ou mitose). On distingue dans l'ordre 4 phases : **G1**, **S**, **G2** et **M** (Fig. 1-14).

Au cours de la phase S s'opère la synthèse de l'ADN conduisant à la duplication des chromosomes en deux **chromatides** sœurs maintenues ensemble par un complexe protéique appelé **cohésine**, jusqu'à la ségrégation.

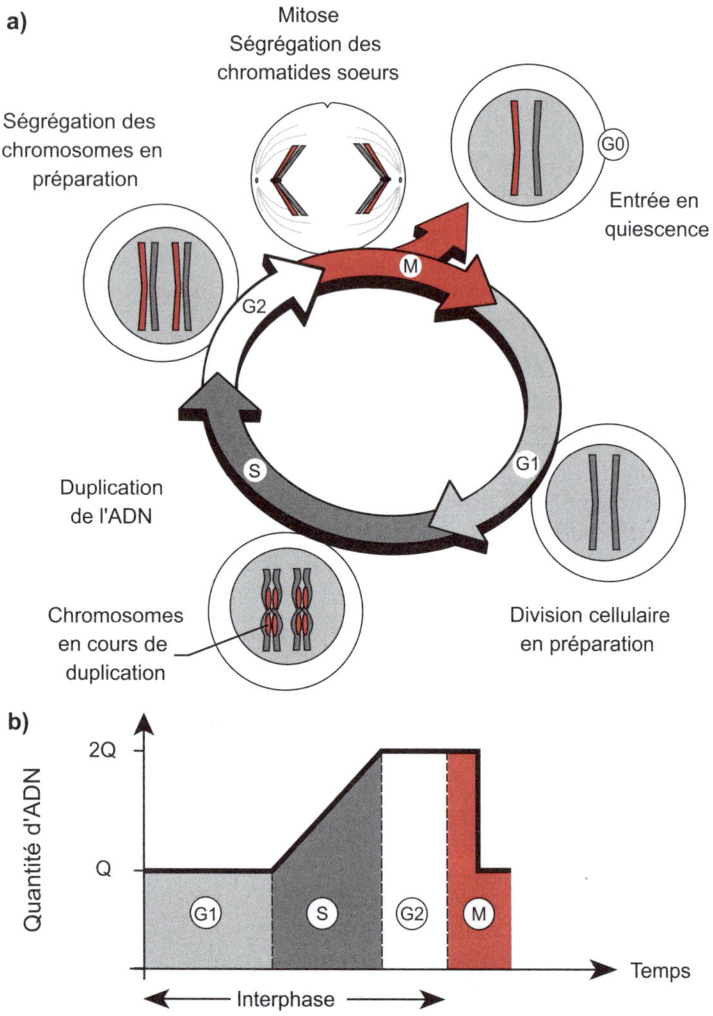

Figure 1-14 Chromosomes et cycle cellulaire. **a)** Duplication et ségrégation des chromosomes au cours du cycle cellulaire. **b)** Variation de la quantité d'ADN « Q » au niveau des chromosomes à un instant t dans la cellule. Par simplification, l'ADN est représenté sous forme de chromosomes à toutes les phases du cycle.

Celle-ci s'opère durant la phase M (pour mitose). Chaque chromatide s'attache grâce au kinétochore à un fuseau mitotique fait de protéines fibreuses appelées **microtubules** réunies à deux pôles opposés organisés, nommés **centrosomes**. La cohésine en se désagrégeant favorise la séparation des deux chromatides sœurs. L'ensemble des opérations est soigneusement coordonné afin que la séparation et l'adressage assurent un transfert complet et efficace des informations génétiques portées par les deux chromosomes-fils.

Les phases G1 et G2 (G pour gap) sont des phases d'attente et de préparation des phases suivantes. Des mécanismes de contrôle du cycle opèrent pendant ces phases qui autoriseront ou non sa poursuite jusqu'à son terme.

Au cours du processus complet de la division cellulaire, l'état de condensation des chromosomes varie profondément. Durant les phases G1, S et G2 (groupées sous le terme d'**interphase**) il est plus faible que durant la phase M bien que des changements discrets se produisent constamment.

1.4 LA STRUCTURE DES GÉNOMES

Qu'est-ce qu'un génome ?

On désigne par le terme de **génome** (contraction des mots **gène** et chromos**ome**) l'ensemble des informations génétiques, codées par l'ADN chez la plupart des organismes et parfois par l'ARN pour certains virus. De façon plus précise, le terme désigne la séquence de l'ADN correspondant à un jeu **haploïde** de chromosomes (n chromosomes). Une cellule somatique humaine, **diploïde** ($2n$ chromosomes), contient donc deux génomes (un génome paternel et un génome maternel) alors qu'une cellule germinale (sexuelle), haploïde (ovule ou spermatozoïde), en contient un seul. Le terme génome s'applique aussi bien à l'ADN du noyau cellulaire (**génome nucléaire**) qu'à l'ADN des organites (**génome mitochondrial**, **génome chloroplastique**). On parle de **génomique** (contraction des mots *génome* et informa*tique*) pour désigner l'étude à grande échelle des propriétés générales des génomes grâce à des moyens informatiques de plus en plus puissants. Les premières questions intéressant l'étude des génomes portent sur leur taille, le nombre de gènes qu'ils contiennent (au sens classique du concept), le nombre de chromosomes constitutifs et la manière dont les gènes sont distribués ou organisés.

La taille des génomes

Pour désigner la taille d'un génome on utilise habituellement une unité exprimant le nombre de paires de nucléotides. Pour le millier de paires de nucléotides ou de bases soit 10^3, l'unité est la kilopaire de bases ou **Kpb**, pour le million soit 10^6, l'unité est la mégapaire de bases ou **Mpb**. On pense généralement qu'il existerait une relation progressive entre la taille des génomes, le nombre de gènes qu'ils contiennent et la complexité des groupes d'organismes vivants (Fig. 1-15, Tableau 1-3). En vérité, plus la connaissance intime de la structure et du fonctionnement des génomes progresse, plus cette relation s'avère improbable.

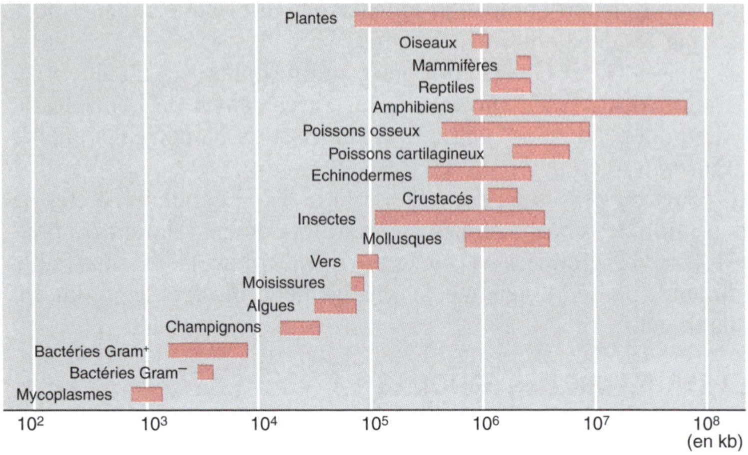

Figure 1-15 Quantité d'ADN présent dans les génomes de différents groupes d'organismes.

Génome	Groupe	Structure du génome	Taille (kb)	Nombre de gènes
Eucaryotes :		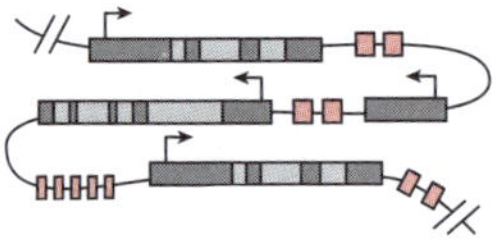		
Saccharomyces cerevisae	Levures		13 500 (L)	6 000
Caenorhabditis elegans	Nématode		100 000 (L)	13 500
Arabidopsis thaliana	Plante		120 000 (L)	25 000
Homo sapiens	Humain		3 000 000 (L)	22 000
Procaryotes :		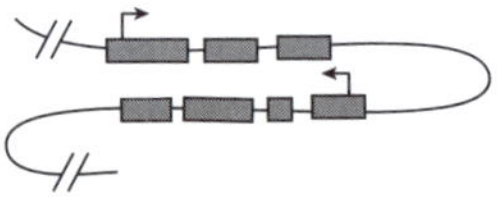		
Escherichia coli	Bactérie		4 700 (C)	4 000
Haemophilus influenza	Bactérie		1 830 (L)	1 703
Methanococcus jannaschii	Bactérie		1 660 (L)	1 738
Virus :		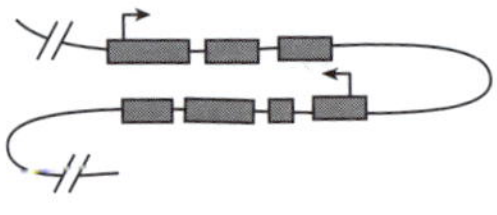		
Virus T4	Virus bactérien		172 (L/C)	300
HCMV (virus de l'herpès)	Virus eucaryote		229 (L)	200
Organites		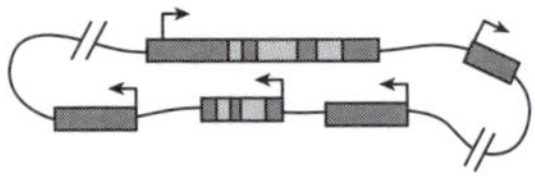		
Mitochondrie de *S. cerevisae*	Levure		78 (C)	34
Mitochondrie de *H. sapiens*	Humain		17 (C)	37
Chloroplaste	Plante		121 (C)	136

Séquences répétées ; Exons ; Introns — L : Linéaire ; C : Circulaire

TABLEAU 1-3 GÉNOMES DE DIVERS ORGANISMES : STRUCTURE, TAILLE ET ESTIMATION DU NOMBRE DE GÈNES.

En effet, l'organisation des instructions génétiques au sein des génomes et surtout leur mode d'expression semblent à la fois très diversifiés et variables selon les organismes.

Les génomes viraux

Bien que les virus ne soient pas considérés comme des organismes vivants mais comme des parasites moléculaires, ils se reproduisent en infectant des cellules vivantes dans lesquelles ils injectent leur génome constitué par de l'ADN (adénovirus), protégé au sein d'une particule ou capside de nature protéique. Certains virus, comme les rétrovirus auxquels se rattache par exemple le VIH, ont un génome constitué d'ARN. Quel que soit l'acide nucléique, il est pour certains virus, sous une forme linéaire et pour d'autres, sous une forme circulaire. Dans tous les cas, le génome viral existe au moins dans une des phases de son cycle sous la forme d'un ADN double brins.

Les génomes procaryotes

Le génome de la plupart des organismes procaryotes correspond à un seul chromosome composé d'un ADN souvent circulaire et de très peu de protéines associées. Une bactérie en cours de division peut cependant contenir simultanément plusieurs copies de ce chromosome unique. Les gènes bactériens sont très proches les uns des autres avec peu d'**espaces intergéniques**, souvent organisés en unités, les opérons, transcrits en un seul ARN messager (voir Fig. 4-3). L'ADN associé à quelques protéines forme une masse dense, le **nucléoïde** qui se désorganise en un écheveau filamenteux lorsque la cellule est broyée.

Un grand nombre de bactéries possède en supplément du chromosome bactérien des **plasmides**, éléments d'ADN circulaires et double brins. Cette molécule d'ADN extrachromosomique peut se répliquer indépendamment et bien qu'elle ne porte pas des gènes essentiels à la survie de la bactérie, elle peut lui apporter des avantages évolutifs comme la résistance à un antibiotique. En général, les bactéries possèdent un ou plusieurs plasmides dont le nombre de copies varie.

Les génomes eucaryotes

Les espèces eucaryotes sont soit diploïdes (les cellules somatiques des animaux et plantes à fleurs possèdent dans leur noyau, deux jeux – $2n$ – de chromosomes) ou haploïdes (un seul jeu – n – de chromosomes par noyau cellulaire chez la plupart des champignons et les algues). Les organismes diploïdes produisent généralement des cellules spécialisées, les gamètes, haploïdes (n chromosomes) pour la reproduction (ovule et spermatozoïde chez les animaux) alors que les organismes haploïdes peuvent présenter au cours de la phase sexuée de leur cycle vital des cellules spécialisées à $2n$ chromosomes. Le nombre n de chromosomes présents dans les cellules d'un organisme définit le niveau de ploïdie. Les végétaux présentent souvent des niveaux de **ploïdie** élevés (polyploïdie).

Dans une cellule diploïde, les chromosomes sont présents par paires de chromosomes homologues qui possèdent une taille et un nombre de gènes identiques aux mêmes positions. Le terme de **caryotype** est utilisé pour désigner le nombre de chromosomes, établi par l'observation microscopique d'une cellule en métaphase. Au sein d'un génome, les chromosomes peuvent différer fortement en taille et en nombre de gènes portés. Chez l'homme, les chromosomes 1 (247 Mpb ; 2 200 gènes) et 2 (243 Mpb ; 1 400 gènes) ont une grande taille alors que les chromosomes 21 et 22 sont cinq fois plus petits (environs 48 Mpb) avec respectivement 300 et 540 gènes. On constate qu'il n'y a pas de lien direct entre la taille d'un chromosome et le nombre de gènes présents. Le chromosome 19 est celui qui possède la plus forte densité de gènes, 1 500 gènes qui se répartissent sur les 64 Mpb de ce chromosome.

Les génomes d'organites

À côté des chromosomes nucléaires qui représentent l'essentiel du génome d'un organisme eucaryote, certains organites (essentiellement les mitochondries et les chloroplastes, présents parfois en grand nombre dans une cellule) possèdent des chromosomes sous la forme de petites molécules d'ADN circulaires, d'une taille moyenne avoisinant 10^4 à 10^5 paires de bases, souvent en de nombreuses copies identiques. Pour ces raisons, il arrive que selon les organismes, le nombre de chromosomes d'organites par cellule s'avère très élevé jusqu'à plusieurs centaines parfois. En général, les chromosomes d'organites possèdent des gènes (de l'ordre de 50 à 100), certains avec des introns. Ces gènes sont spécifiques des fonctions assurées par l'organite lui-même. Mais beaucoup des fonctions de l'organite sont spécifiées cependant par des gènes nucléaires sans qu'il y ait de redondance entre les gènes des deux compartiments, mais plutôt une complémentarité.

1.5 LES DIFFÉRENTS TYPES D'ARN

L'ARN se différencie de l'ADN par la structure des nucléotides : le ribose y remplace le désoxyribose et la base pyrimidique uracile remplace la thymine. L'ARN existe habituellement sous la forme d'un seul brin polynucléotidique, sans brin complémentaire comme cela est le cas de l'ADN. De ce fait, l'ARN peut se replier sur lui-même et former ainsi de courtes régions où des appariements complémentaires entre les bases simulent des structures en double hélice (Fig. 1-16 a).

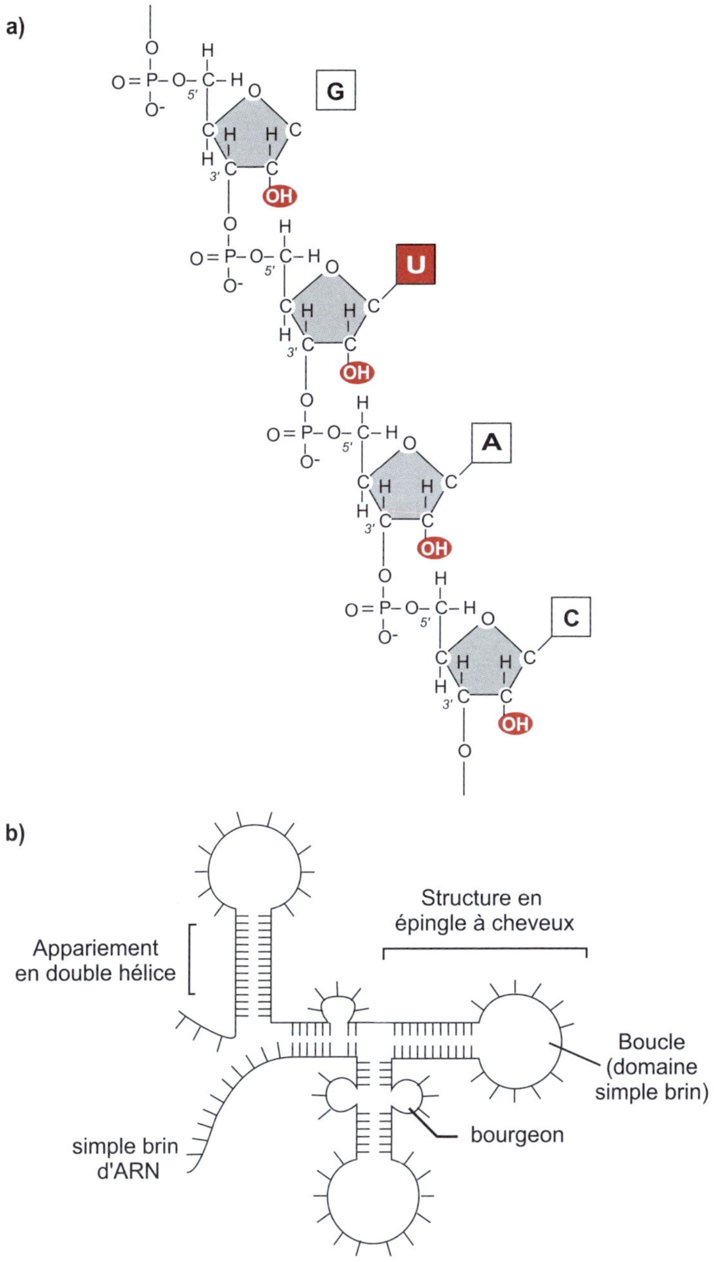

Figure 1-16 Structure de l'ARN. **a)** Principales caractéristiques d'une molécule d'ARN (en rouge). **b)** Représentation schématique d'un brin d'ARN organisé en doubles hélices partielles (structure en épingle à cheveux, bourgeons, boucles).

Les appariements des bases sont moins stricts que ceux qui sont observés dans l'ADN. Ainsi, outre son appariement avec l'adénine, la base uracile peut aussi s'apparier avec l'autre purine, la guanine.

Cela conduit à de nombreuses possibilités de **structures tertiaires** en forme d'épingles à cheveux, boucles ou bourgeons qui sont autant de sites pour des interactions avec des protéines ou des complexes de protéines (Fig. 1-16 b ; voir aussi le chapitre 4).

L'une des caractéristiques les plus étonnantes de l'ARN est également sa capacité à agir comme une enzyme, d'où le nom de **ribozymes** donnés aux ARN qui possèdent cette propriété.

La plus remarquable est la fonction enzymatique de peptidyl-transférase qui catalyse la formation des liaisons peptidiques lors de la synthèse des protéines par le ribosome. Cette fonction enzymatique est assurée par le plus gros des ARN ribosomiques constitutifs du ribosome. Est-elle la marque d'un ancien monde vivant où l'ARN était à la fois le porteur de l'information génétique et sous différentes formes le catalyseur des réactions chimiques du vivant ? L'observation

Tableau 1-4 Les différentes classes d'ARN dans la cellule

Classe	Les différentes classes d'ARN		
	Nom	**Abrév.**	**Fonctions**
ARN codants	ARN messagers	ARNm	dirigent la synthèse des protéines.
ARN non codants	ARN ribosomiques	ARNr	participent à la structure du ribosome et à la synthèse des protéines. Action de ribozyme (formation de la liaison peptidique).
	ARN de transfert	ARNt	adaptation des amino-acides dans la synthèse des protéines.
	Petits ARN nucléaires	ARN sn	rôle dans l'épissage des pré-ARNm.
	Petits ARN nucléolaires	ARN sno	modification des ARN ribosomiques.
	Petits ARN interférents	ARN si	actifs dans l'ARN interférence.
	Micro-ARN	ARN mi	régulent la stabilité des transcrits ARN et leur traductibilité.

des biomolécules du monde actuel montre en effet le rôle prépondérant des structures ribonucléotidiques dans le métabolisme cellulaire, la transcription et la traduction génétique (Tableau 1-4), y compris sous des formes oligo- et polynucléotidiques comme en témoigne la découverte, sans doute encore inachevée de nombreux petits ARN possédant de multiples fonctions (Tableau 1-4 ; voir aussi le chapitre 5).

L'ADN est-il la « molécule de la vie » ?

Identifié comme le support chimique de l'hérédité génétique par Avery et ses collaborateurs en 1944, l'ADN s'est vu doté d'une aura exceptionnelle quelques années après1953, année de la découverte par Watson et Crick de sa structure en double hélice. C'est un fait incontournable : la biologie a été profondément transformée par cet événement. Cela tient à deux propriétés majeures. En premier lieu, la séquence en bases de l'ADN porte les informations codées qui dirigent la construction des êtres vivants. En second lieu, la parfaite complémentarité chimique des bases appariées assure la reproduction à l'identique de ces informations de génération en génération. À cela s'ajoute une caractéristique supplémentaire : l'ADN est un site unique où, par mutation des bases, les instructions inscrites dans sa séquence sont modifiables et transmises ainsi modifiées à la descendance. Ces propriétés ont exercé sur les biologistes et plus largement sur le citoyen ordinaire une telle fascination que l'ADN a pris, peu à peu, le statut d'une macromolécule dont toute la vie en quelque sorte dépendrait.

Le réajustement de cette conception est venu des progrès accomplis dans la compréhension des mécanismes moléculaires par lesquels se transmettent les informations génétiques (voir chapitres suivants). Basés sur les fonctions de certains ARN et protéines, ces mécanismes sont beaucoup plus sensibles que ne l'est l'ADN lui-même aux variations des nombreux facteurs de l'environnement. Ainsi, les modalités inattendues par lesquelles se manifestent les propriétés de l'ADN ont amené une grande partie de la communauté scientifique à réajuster le statut exceptionnel et un peu dogmatique qui fut accordé initalement à cette molécule.

POINTS CLEFS

- L'ADN se compose de deux chaînes de polynucléotides, constitués eux-mêmes de nucléosides phosphate, définis par les quatre bases ATGC et liés les uns aux autres par des liaisons phosphodiesters.
- Les deux brins de la double hélice d'ADN sont liés l'un à l'autre dans une orientation antiparallèle par l'appariement complémentaire des bases AT et GC.
- La spécificité d'appariement des bases AT et GC dépend des liaisons hydrogènes. Sous l'action de la chaleur ou d'agents de dénaturation, les deux brins peuvent se dissocier, puis se réassocier lors d'un refroidissement lent ou par retrait des agents.
- À sa surface la molécule d'ADN présente un petit et un grand sillon où peuvent se loger de nombreuses protéines exerçant des rôles régulateurs dans l'expression des gènes.
- La double hélice d'ADN existe en de multiples conformations, la plus fréquente étant la forme B.
- L'ADN participe à des surenroulements topologiques qui peuvent se réduire par l'action des topoisomérases.
- L'ARN contient du ribose à la place du désoxyribose et de l'uracile à la place de la thymine. Il existe sous la forme d'un simple brin qui peut cependant adopter des structures multiples en doubles hélices par appariement complémentaire intrachaîne des bases AU et GC.
- De nombreux types différents d'ARN existent certains ayant des fonctions d'enzymes.
- Les nucléosomes sont les constituants de base des chromosomes. Pour former un nucléosome de nombreux contacts s'établissent entre l'ADN nucléosomal et un noyau octamérique d'histones, protéines chargées positivement.
- Les histones possèdent des extrémités N-terminales chimiquement modifiables qui jouent des rôles dans la compacité du nucléosome, des structures d'ordre supérieur de la chromatine et des chromosomes et dans l'accessibilité de l'ADN aux protéines et ARN impliquées dans la duplication et la transcription.
- ADN et ARN jouent des rôles essentiels dans les processus du vivant. Leur importance respective fait l'objet de constantes réévaluations.

QCM - QROC

1-1 Valider ou non les affirmations suivantes :

a) Les appariements entre les bases A, T, G, et C de l'ADN s'opèrent de façon aléatoire.

b) Il y a autant de bases T et C dans l'ADN que de bases A et G.

c) La synthèse de l'ADN s'effectue dans la cellule grâce à des ribonucléotides précurseurs.

d) L'ARN peut former des structures en double hélice.

e) Les molécules d'ARN d'une cellule sont en majorité codantes.

f) L'histone H1 est la principale protéine du nucléosome.

1-2 Les liaisons phosphodiesters des polynucléotides réunissent :

a) Des bases puriques et pyrimidiques.

b) Des pentoses.

c) Des nucléosides monophosphates.

d) Des nucléosides triphosphates.

1-3 L'adénine constitutive de l'ADN de deux espèces bactériennes est estimée respectivement à 30 % et 16 % de la totalité des bases. Quelles sont les proportions relatives des bases G, C, T, et A de ces deux échantillons ? L'une de ces bactéries a été isolée à proximité d'un geyser d'eau chaude proche de 70 °C. Des deux ADN analysés, lequel provient de cette bactérie ? Expliquer.

1-4 Le génome d'un rétrovirus contient 30 % de A. Quelles sont les proportions des autres bases ?

1-5 Dans les années 1940, Erwin Chargaff quantifia les pourcentages molaires des nucléotides A, T, G et C. Il fit une découverte remarquable, laquelle ? Dans l'ADN du virus ϕX174 les pourcentages sont : A (24 %), C (22 %), G (23 %) et T (31 %). Sont-ils conformes aux observations de Chargaff ? Pourquoi ?

1-6 Un événement spontané de désamination touche une 5- méthylcytosine de l'ADN d'un mammifère. Un appariement illégitime en résulte. Quel est-il ?

1-7 En vous appuyant sur la nomenclature évoquée dans la figure 1-3, nommer en totalité et en abrégé tous les nucléosides et nucléotides, correspondant aux bases thymine, cytosine et guanine de l'ADN et aux bases uracile, cytosine et adénine et guanine de l'ARN.

1-8 Sachant qu'il y a chez l'homme 23 paires de chromosomes et qu'un génome humain a une taille de $3{,}2 \times 10^9$ paires de bases environ, quelle est la distance moyenne en kilobases séparant deux origines de réplication ? (une donnée nécessaire au calcul se trouve dans le texte du chapitre).

1-9 À combien de nucléosomes un ADN humain de $3{,}2 \times 10^9$ paires de bases environ peut-il être en théorie associé, sachant que dans sa forme compacte un nucléosome représente un ADN de 160 paires de bases et que la distance séparant deux nucléosomes est en moyenne de 40 paires de bases ? Combien de molécules d'histone H1 et d'histone H2 seront-elles nécessaires ?

1-10 Quelle réduction de volume l'ADN humain doit-il subir pour être empaqueté dans un noyau cellulaire sphérique de 10^{-6} m de diamètre ? Dimensions d'une molécule d'ADN cylindrique : longueur, 1 m ; diamètre, 2 nm. Prendre la constante $\pi = 3$.

RÉPONSES

1-1 a) Non ; les appariements s'établissent obligatoirement entre les bases A et T d'une part et G et C d'autre part.

b) Oui

c) Non ; grâce à des désoxyribonucléotides précurseurs

d) Oui, de façon partielle par repliement du polynucléotide sur lui-même et à condition que la complémentarité des bases A-U et G-C soit pour l'essentiel respectée.

e) Non, seuls les ARN messagers qui représentent 20 % environ des ARN cellulaires sont codants

f) Non, ce sont les histones H2A, H2B, H3 et H4 qui, en double exemplaire, forment l'octamère du nucléosome.

1-2 c)

1-3 L'un des ADN contient 30 % d'adénine, 30 % de thymine, 20 % de guanine et 20 % de cytosine. L'autre ADN contient 16 % d'adénine, 16 % de thymine, 34 % de guanine et 34 % de cytosine. L'ADN ayant la plus forte teneur en G+C (68 %) provient probablement de la résurgence d'eau chaude. En effet, le nombre de liaisons hydrogènes de la double hélice le rend en effet plus stable vis-à-vis de la chaleur.

1-4 Un rétrovirus est un virus à ARN. Ses nucléotides contiennent les bases A, U, G, C. Étant donné que l'ARN est un acide nucléique simple brin, on ne peut pas déduire les proportions des autres bases.

1-5 Chargaff avait déterminé les pourcentages molaires des nucléotides d'ADN provenant d'une large variété d'organismes. Il constata que le pourcentage molaire de A est égal au pourcentage molaire de T et que le pourcentage molaire de C est égal au pourcentage molaire de G. Ceci constitua un indice majeur pour la structure en doubles brins complémentaires de l'ADN. Les données de l'ADN du virus ne sont pas conformes aux observations de Chargaff car cet ADN est simple brin (monocaténaire).

1-6 La désamination de la 5-méthylcytosine produit une thymine. L'appariement illégitime G–T qui en résulte, s'il n'est pas réparé, engendrera lors de la duplication suivante, (voir chap. 2), une mutation dans l'un des deux ADN-fils, par remplacement de la paire de bases G-C par la paire de bases A-T.

1-7 **ADN : nucléosides** (thymidine ou désoxythymidine, désoxycytidine, désoxyguanosine) ; **nucléotides** (thymidine mono-, di-, et triphosphates ; désoxycytidine, mono-, di-, et triphosphates ; désoxyguanosine mono-, di- et triphosphates).

ARN : nucléosides (uridine, cytosine, adénosine, guanosine), **nucléotides** (uridine mono-, di-, triphosphates ; cytosine mono-, di-, triphosphates, adénosine mono-, di-, triphosphates, guanosine mono-, di-, triphosphates).

1-8 En moyenne, un chromosome contient $3{,}2 \times 10^9/ 23$ soit $1{,}39 \times 10^8$ paires de bases. Si l'on considère environ 3 000 origines de réplication par chromosome, la distance séparant en moyenne deux origines de réplication sera de 46,4 kpb.

1-9 On considère qu'à chaque ADN nucléosomal est associé un ADN de liaison, soit $160 + 40 = 200$ paires de bases. Chaque ensemble sera donc représenté $3{,}2 \times 10^9/200$, soit $1{,}6 \times 10^8$ fois. Il y aura donc 160 000 000 de nucléosomes ; il y aura un nombre identique d'histones H1 et quatre fois plus d'histone H2 puisque cette dernière existe sous deux formes (H2A et H2B) et que chacune est représentée deux fois dans l'octamère d'histones.

1-10 Volume d'une molécule d'ADN cylindrique : $\pi R^2 \times h$,
soit $3 \times 1.10^9 = 3.10^9$ nm³.

Volume du noyau cellulaire sphérique : $1/6\ \pi D^3$, avec $D = 10^3$ nm, d'où : $\mathbf{V = 0{,}5 \times 10^6\ nm^3}$.

Deux molécules d'ADN (1 par parent) sont généralement présentes dans une cellule, d'où le facteur de compaction sera égal à :

$$2 \times 3 \times 10^9 / 0{,}5 \times 10^6 \text{ soit environ } 10\,000.$$

CHAPITRE 2

Réplication, réparation, recombinaison et transposition de l'ADN

PLAN

OBJECTIFS

- Étudier les bases élémentaires de la synthèse enzymatique de l'ADN
- Étudier le rôle des protéines spécifiques dans la formation du réplisome (fourche de réplication, démarrage et fin du processus)
- Étudier les différentes altérations de l'ADN et les mécanismes qui concourent à leur formation ou leur correction

2.1 LES MÉCANISMES DE RÉPLICATION DE L'ADN

Dès que la structure en double hélice de l'ADN fut découverte et qu'il fut clairement établi que les deux brins étaient de nature complémentaire, l'idée fut avancée que chacun des brins de la molécule parente pouvait servir de modèle pour la synthèse à son contact d'un nouveau brin complémentaire. Assez rapidement il fut effectivement établi que la séparation des deux brins fournissait deux matrices distinctes qui pouvaient servir de modèles pour la synthèse enzymatique des nouveaux brins.

> Les deux nouvelles molécules d'ADN double brins possèdent chacune un brin provenant de l'ADN parent et un brin d'ADN nouveau : c'est le principe de la **synthèse semi-conservative**.

La complémentarité des bases appariées de la double hélice explique ainsi comment d'une molécule d'ADN il peut en naître deux qui sont à la fois identiques à la première et les copies conformes l'une de l'autre.

La duplication de l'ADN doit se réaliser avec rapidité et une grande précision afin qu'une copie la plus parfaite possible de la molécule parente soit transmise à la descendance.

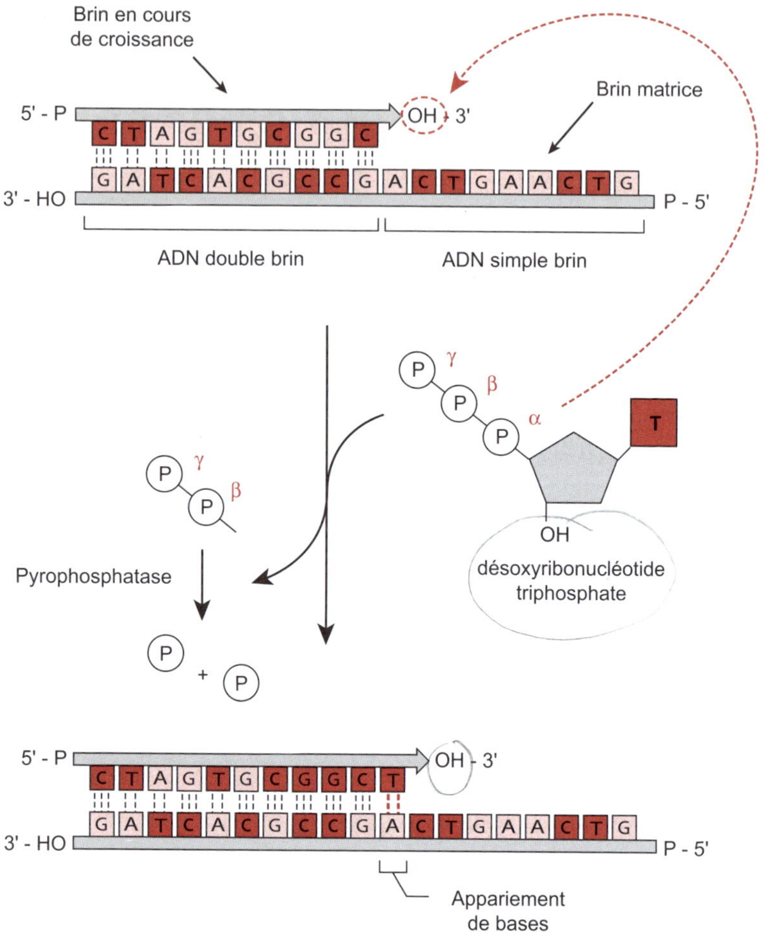

Figure 2-1 Schéma simplifié du mécanisme de synthèse de l'ADN montrant les différents substrats en présence. L'extension en 3′ du brin en cours de synthèse s'effectue grâce à une attaque nucléophilique du phosphate α du dTTP introduit en face de l'adénine du brin matrice. Noter l'hydrolyse enzymatique du pyrophosphate qui favorise énergétiquement la synthèse.

La chimie de synthèse cellulaire des polydésoxyribonucléotides

Deux types de substrats sont nécessaires pour qu'une cellule soit en mesure de réaliser la synthèse d'un polydésoxyribonucléotide, autrement dit un brin d'ADN. Il faut la présence : 1) des quatre désoxyribonucléotides précurseurs (dATP, dTTP, dGTP et dCTP) ; 2) d'un brin d'ADN matrice orienté dans le sens 3' → 5', hybridé par une courte

désoxythymine TP

amorce oligonucléotidique, orientée dans le sens 5' → 3'. La matrice servira de modèle pour spécifier l'ordre (la séquence) dans lequel les désoxyribonucléotides seront incorporés dans le nouveau brin. L'amorce servira à l'addition successive des dNTP à partir de l'hydroxyle OH de son extrémité 3' (Fig. 2-1). La synthèse s'effectue donc dans le sens 5' → 3'. Le groupe OH attaque le groupe phosphate-α du **dNTP** (désoxyribonucléotides) entrant, ce qui libère un groupe pyrophosphate constitué de deux groupes phosphate β et γ unis par une liaison riche en énergie. L'hydrolyse de cette liaison, à chaque nouveau dNTP entrant, libère une énergie qui rend la synthèse thermodynamiquement irréversible.

L'action de l'ADN polymérase

La synthèse de l'ADN est catalysée par une enzyme, nommée ADN polymérase.

Malgré leur étroite ressemblance (présence ou non d'un OH en 2' du pentose, thymine dans l'ADN, uracile dans l'ARN) cette enzyme discrimine efficacement les dNTP des **rNTP** (ribonucléotides). L'unique site catalytique de l'ADN polymérase comporte deux ions divalents (Mg^{2+} ou Zn^{2+}). Il se localise au creux d'une structure tridimensionnelle en forme de main qui entoure le brin d'ADN à copier. Ce site accepte les quatre dNTP, mais il sélectionne le bon dNTP entrant sur son aptitude à s'apparier correctement avec la base présentée par la matrice modèle. Le bon appariement A-T ou G-C favorise la fermeture de la structure en forme de main ce qui facilite la formation de la liaison phosphodiester 3' → 5' alors qu'un appariement incorrect ralentit fortement la vitesse de formation de la liaison. La conformation de la poche du site enzymatique où s'engagent les dNTP successifs interdit aux rNTP (porteurs d'un OH en 2' du ribose) de s'y loger alors qu'ils sont pourtant dix fois plus concentrés dans la cellule que les dNTP. Lorsque le bon nucléotide a été polymérisé, la structure en forme de main s'ouvre à nouveau pour permettre l'entrée du nucléotide suivant tout en opérant un déplacement d'une paire de base du couple matrice-amorce. Un nouveau cycle d'addition d'un dNTP peut alors s'engager.

L'ADN polymérase répète un grand nombre de fois par unité de temps cette opération de synthèse. On dit qu'il s'agit d'une enzyme processive. Une seconde environ est nécessaire à une ADN polymérase hautement processive pour reconnaître et se fixer sur une origine de réplication. Elle pourra ensuite polymériser jusqu'à 50 000 nucléotides en moins d'une minute (jusqu'à 1 000 nucléotides par seconde). Au contraire, une ADN polymérase non processive introduit un nucléotide seulement par seconde.

La synthèse de l'ADN dans une cellule s'opère à la précision extraordinaire d'une erreur pour 10^{10} paires de bases polymérisées. Cette précision est rendue possible par l'existence d'un système de correction des erreurs qui sont dues à des confusions dans les appariements des bases en raison d'un petit nombre de bases puriques et pyrimidiques (une pour 10^5 environ) présentes dans la cellule sous des formes chimiques particulières (tautomères).

Les corrections sont opérées par un polypeptide constitutif de l'ADN polymérase porteur d'une **activité 3'-exonucléase**, c'est-à-dire capable de dégrader un brin d'ADN dans le sens 3' $\rightarrow$ 5', sens inverse de la synthèse.

Lorsqu'un nucléotide incorrect est introduit, l'addition du nucléotide suivant par l'ADN polymérase s'en trouve altérée. L'activité 3'-exonucléase de l'ADN polymérase élimine alors le nucléotide indésirable et restaure la capacité de l'ADN polymérase à introduire le bon nucléotide.

La fourche de réplication

Dans la cellule, les deux brins d'ADN sont simultanément répliqués. Le site où se disjoignent les deux brins se nomme la **fourche de réplication** (Fig. 2-2).

Ce site se déplace vers le duplex ADN parent non encore répliqué, en libérant derrière lui, dans une configuration antiparallèle, les deux brins matrices. La synthèse des nouveaux brins ne s'effectuant que par l'extension d'une extrémité OH-3', un seul des deux simples brins libérés par l'avancée de la fourche de réplication est copié en continu. Le brin nouvellement synthétisé correspondant se nomme **brin de tête** (« brin leader »). Sur l'autre brin matrice, d'orientation inverse, la synthèse d'ADN s'opère de façon discontinue dans une direction opposée au mouvement de la fourche de réplication. Sur ce brin, la synthèse de l'ADN démarre par des amorçages successifs dès qu'un segment simple brin suffisamment long s'est libéré du duplex parent. La synthèse continue jusqu'à l'extrémité 5' du segment précédent. Il en résulte une succession de courts fragments (100 à 1 000 nucléotides suivant les espèces) nouvellement synthétisés, nommés **fragments d'Okazaki**. L'ensemble de ces fragments successifs formera le **brin retardé**, après remplacement des amorces et ligatures des extrémités (Fig. 2-2, voir aussi Fig. 2-6).

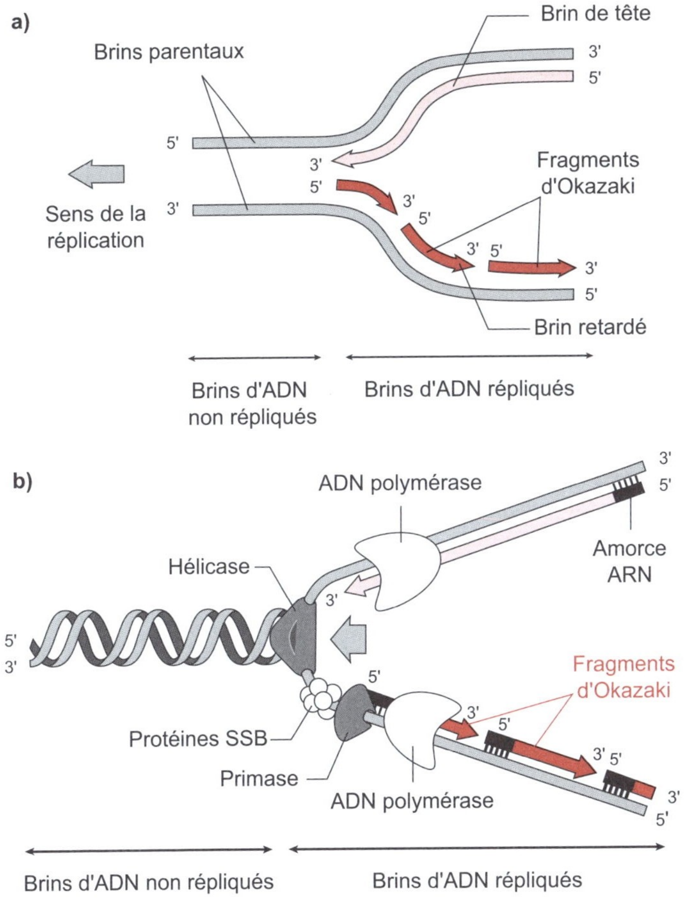

Figure 2-2 La fourche de réplication. L'ADN nouvellement synthétisé est coloré en rose-rouge. Les amorces ARN sont en noir.

Les autres enzymes et protéines de la réplication

L'action de ces enzymes et autres protéines s'observe chez tous les organismes vivants. Elles ont pour effet de favoriser la duplication de l'ADN en altérant sa conformation, mais pas sa composition chimique, et en facilitant l'accès de l'ADN polymérase aux simples brins matrices.

Primase, RNAse H et ADN ligase

Pour synthétiser l'ADN, les ADN polymérases ont besoin d'une amorce oligonucléotidique possédant une extrémité 3'-OH libre. Dans la cellule, ces amorces généralement courtes (5 à 10 nucléotides) sont synthétisées sur le simple brin d'ADN matrice par une ARN polymérase spéciale, appelée **primase** (Fig. 2-2).

Ces amorces ARN sont ensuite allongées par l'ADN polymérase. Une seule amorce ARN est nécessaire pour démarrer la synthèse du brin de tête. Par contre, la synthèse discontinue du brin retardé nécessite de multiples amorçages (plusieurs centaines, voire plusieurs milliers). La primase n'est pas spécifique d'une séquence particulière d'ADN. Elle s'active au contact des autres protéines présentes à la fourche de réplication.

Pour achever la synthèse de l'ADN, les amorces ARN sont ensuite éliminées et remplacées par de l'ADN. Cette opération, particulièrement importante pour le brin retardé, est réalisée par une ribonucléase (RNAse) spéciale, appelée **RNAse H** (H pour hybride).

Elle dégrade spécifiquement l'ARN hybridé à l'ADN en formant, notamment sur le brin retardé, de nombreuses régions d'ADN simple brin.

L'ADN polymérase reconstitue les parties manquantes et les extrémités 3'-OH et 5'phosphate des multiples morceaux d'ADN sont ligaturées par l'action d'une troisième enzyme, l'**ADN ligase**.

La synthèse de l'ADN est ainsi complète (Fig. 2-3).

ADN hélicases, protéines liant l'ADN simple brin, topoisomérases

La séparation des deux brins d'ADN, à la fourche de réplication, résulte de l'action d'enzymes spécialisées, les **ADN hélicases**.

Ces enzymes en forme d'anneau comportent six polypeptides. À proximité de la fourche, les ADN hélicases se fixent à chaque brin et se déplacent dans le sens 5' → 3', avec l'énergie fournie par l'hydrolyse de l'ATP, en dissociant tout acide nucléique hybridé. Leur polarité de mouvement étant identique à la polarité du brin, l'ADN hélicase fixée au brin matrice retardé se déplace dans le sens de déplacement de la fourche de réplication.

Les simples brins libérés par l'ADN hélicase sont immédiatement stabilisés par la fixation, sur un mode coopératif, de protéines particulières (appelées **protéines SSB**) qui recouvrent l'ADN et l'empêchent de se réassocier à d'autres brins pour reformer des doubles hélices. Au fur et à mesure que l'ADN hélicase déroule le duplex d'ADN, son mouvement provoque en amont de la fourche de réplication un empilement de surenroulements s'opposant à toute progression de la réplication. Ce phénomène résulte du fait que pour compenser le déroulement en aval de la fourche, l'ADN duplex en amont devrait pouvoir tourner le

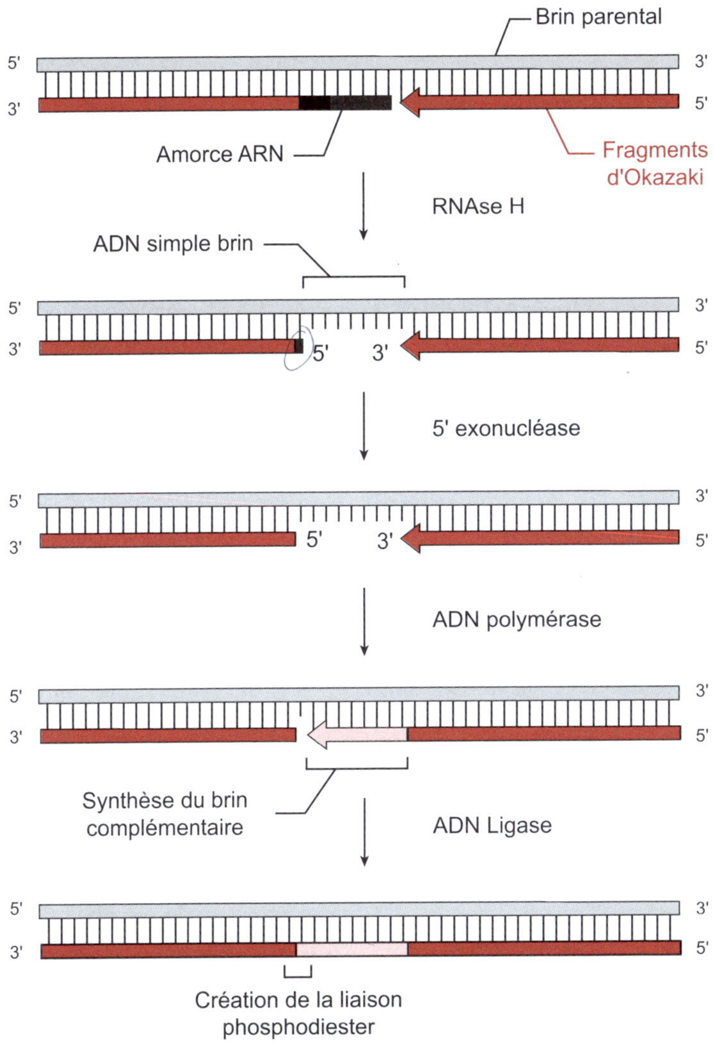

Figure 2-3 Actions successives des différentes enzymes assurant la synthèse complète du nouveau brin d'ADN.

long de son axe longitudinal (une rotation toutes les 10 paires de bases désappariées environ) afin d'empêcher les surenroulements de se produire. La trop grande longueur de l'ADN chromosomique (plusieurs millions de paires de bases) interdit tout mouvement de ce type. La solution est apportée par les **topoisomérases**. Ces enzymes clivent l'un ou les deux brins d'ADN ce qui a pour effet de relâcher la contrainte et de dénouer les surenroulements.

Les différentes ADN polymérases

Les cellules vivantes possèdent diverses ADN polymérases qui assurent les multiples et distinctes opérations de synthèse nécessaires à la duplication d'un génome entier.

Chez *E. coli*, on connaît cinq ADN polymérases différentes, dont **l'ADN polymérase III** qui forme avec d'autres protéines un complexe hautement processif et l'**ADN polymérase I**, faiblement processive, qui élimine les amorces ARN grâce à une activité 5'exonucléase pour les remplacer par de l'ADN. Ces deux enzymes possèdent de plus une activité 3' exonucléase, correctrice des erreurs de synthèse. Les trois autres ADN polymérases de la bactérie participent à diverses opérations de réparation de l'ADN. Les cellules eucaryotes possèdent de nombreuses ADN polymérases. Trois sont essentielles pour dupliquer le génome : 1- **l'ADN polymérase α**/primase qui possède deux sous-unités pour la synthèse de l'ADN et deux sous-unités pour la synthèse des amorces ARN ; 2- les **ADN polymérases** δ et ε, qui sont hautement processives et remplacent rapidement l'ADN polymérase α pour allonger efficacement le nouvel ADN que cette dernière a synthétisé. Les autres ADN polymérases eucaryotes participent comme pour les bactéries à la réparation de l'ADN.

Les ADN polymérases hautement processives doivent cette propriété à leur association avec des protéines spécialisées en forme d'**anneaux coulissants** disposés autour du duplex ADN en formation (Fig. 2-4).

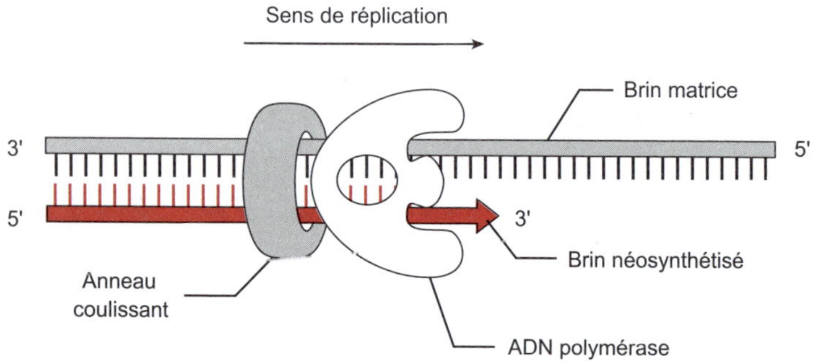

Figure 2-4 Schéma montrant la position relative d'un anneau coulissant enserrant l'ADN nouvellement synthétisé par l'ADN polymérase qui lui est associé.

Ces protéines très particulières sont introduites dès que se forme un hybride ADN-ARN capable d'induire un démarrage de la réplication. D'autres protéines adaptent ces anneaux aux duplex hybrides puis aux duplex d'ADN. Les anneaux protéiques mobiles restent attachés à l'ADN jusqu'à ce que toutes les protéines nécessaires à la duplication aient accompli leurs fonctions.

Les différentes étapes de la réplication

Le démarrage de la synthèse

Les sites internes où démarre la synthèse sont appelés **origines de réplication** et sont généralement au nombre de 1 à 2 chez les bactéries (taille du chromosome circulaire $4{,}6.10^6$ pb) et plusieurs milliers chez les cellules eucaryotes (taille moyenne d'un chromosome : 10^8 pb).

L'ADN dupliqué à partir d'une origine de réplication est désigné par le terme de **réplicon**. Un réplicon se définit par la séquence dénommée le **réplicateur** (*oriC* chez *E. coli*). Il fixe la **protéine initiatrice** de la réplication (DnaA chez *E. coli*).

À son contact s'organisent les divers composants actifs du démarrage (Fig. 2-5). Le réplicateur possède également une séquence riche en paires A-T facilement dissociable ce qui favorise la formation des régions simples brins. Chez les eucaryotes, réplicateurs et protéines initiatrices sont également présents. Les complexes de réplication qui se forment aux deux fourches de réplication comportent notamment des ADN hélicases et leurs protéines adaptatrices. Viennent ensuite interagir successivement par des contacts protéine-protéine et protéine-ADN, les primases, les ADN polymérases avec leurs anneaux protéiques coulissants et des protéines adjuvantes. Ces dernières stabilisent les deux machineries qui dupliquent simultanément le brin de tête et le brin retardé (Fig. 2-5).

Chez les bactéries se forme un assemblage nommé le **réplisome**. Il comporte deux exemplaires (deux sous-unités) de l'ADN polymérase III, réunis l'un à l'autre par les protéines adaptatrices des anneaux coulissants et d'autres protéines adjuvantes.

Les deux ADN polymérases copient simultanément, en sens inverse, les deux brins matrices (Fig. 2-6).

Dans les cellules eucaryotes, l'existence de nombreuses origines de réplication pose le problème de la coordination d'un ensemble plus vaste afin qu'à chaque cycle cellulaire chaque chromosome soit répliqué une fois, mais seulement une fois. Cette difficulté propre aux cellules eucaryotes est résolue par la séparation temporelle des deux étapes.

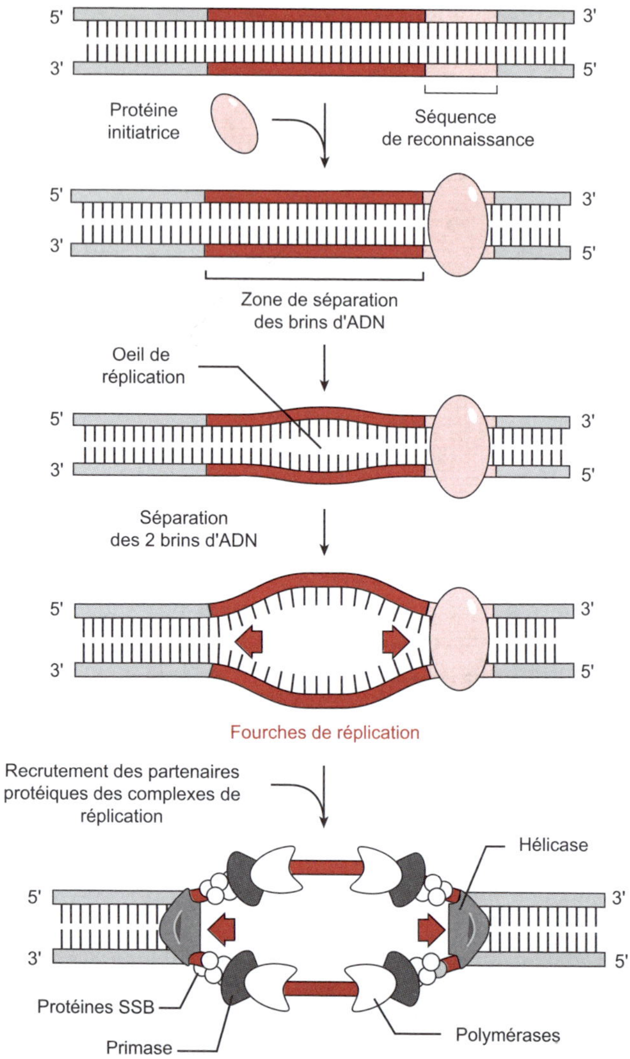

Figure 2-5 Schéma montrant les événements successifs assurant le démarrage de la synthèse à une origine de réplication et la formation des complexes protéiques aux deux fourches de réplication.

La **sélection des réplicateurs** s'opère en phase G1, c'est-à-dire avant la phase de synthèse S, et **l'activation des origines de réplication** s'opère après l'entrée des cellules en phase S. La sélection des réplicateurs est assurée par la formation de **complexes de pré-réplication** (pré-RCs) qui comportent une protéine initiatrice **ORC**, deux adaptateurs

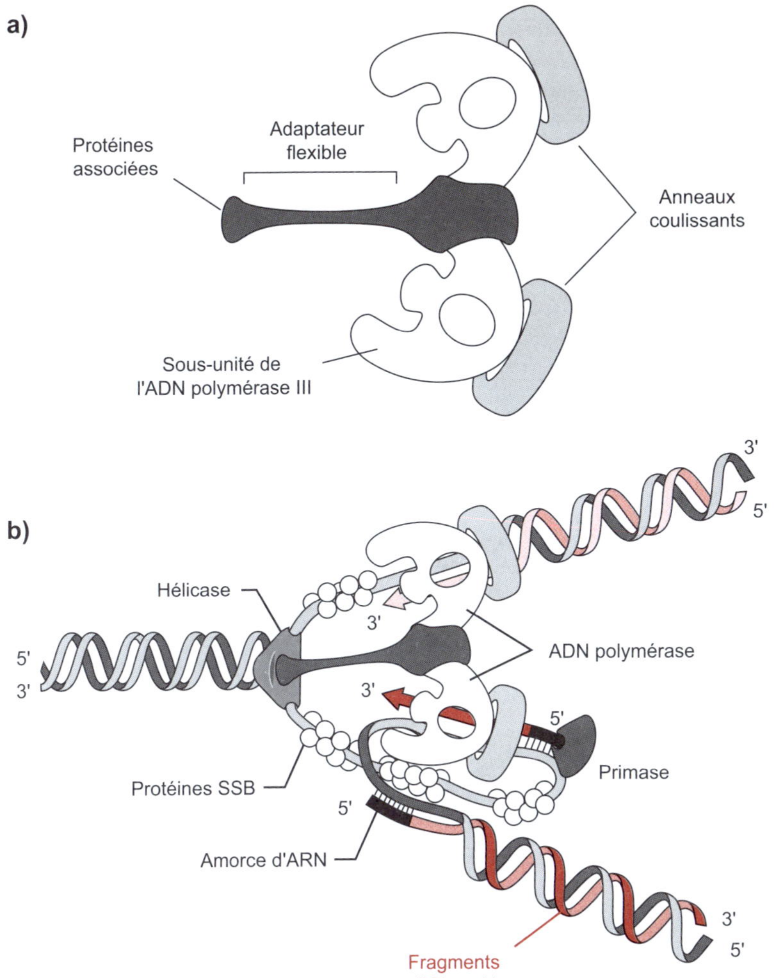

Figure 2-6 Structure simplifiée de l'ADN polymérase III montrant **a)** les deux sous-unités actives dans la synthèse de chacun des deux brins d'ADN réunies par des protéines adjuvantes formant un complexe souple. **b)** Grâce à celui-ci, l'ADN hélicase, les anneaux coulissants et les sous-unités de l'ADN polymérase sont successivement adaptés au fur et à mesure de la progression de la fourche de réplication.

d'hélicases (**Cdc6** et **Cdt1**) et une hélicase (le **complexe Mcm2-7**). L'activation des pré-RCs est assurée par des kinases (enzymes qui phosphorylent des protéines cibles). Ces kinases agissent uniquement quand les cellules entrent en phase S. Les ADN polymérases sont alors recrutées, et la synthèse peut commencer. Dans le même temps, les kinases inhibent la formation de tout nouveau complexe de pré-réplication.

L'étroite connexion entre la fonction des pré-RCs, et le niveau fort différent, aux phases G1 et S, des kinases du cycle cellulaire assurent que le génome de la cellule eucaryote n'est répliqué qu'une seule fois à chaque cycle (Fig. 2-7).

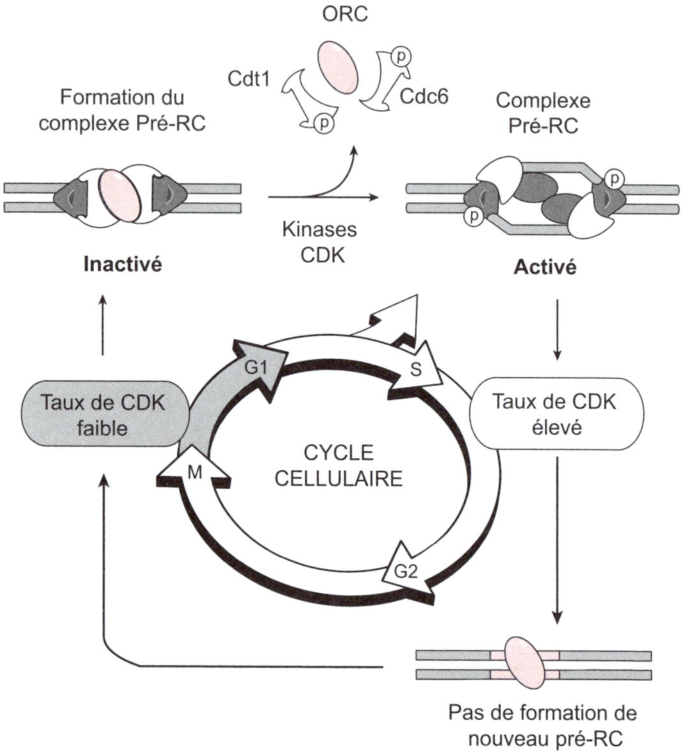

Figure 2-7 Schéma établissant la relation entre la formation des complexes de pré-réplication sur l'ADN et le niveau d'action des kinases au cours du cycle cellulaire. CDK : kinase dépendant des cyclines ; ORC : complexe protéique reconnaissant l'origine de réplication.

La fin de la réplication

À la fin de la réplication d'un chromosome circulaire les deux molécules d'ADN filles restent entrelacées. Elles sont séparées par l'action des topoisomérases II qui provoquent une cassure doubles brins dans un des chromosomes et font passer par cette cassure l'autre chromosome. Par des actions de ce type, les topoisomérases II libèrent, après leur réplication, les grands ADN linéaires eucaryotes des boucles entremêlées qui les rattachent aux supports protéiques de la chromatine.

Les extrémités des chromosomes eucaryotes sont appelées télomères.

Ils comportent des répétitions de courtes séquences (chez l'homme : 5'-TTAGGG-3') qui se trouvent de cycle en cycle, incomplètement dupliquées à partir du brin retardé, un segment terminal situé à l'extrémité 3' du brin retardé restant à la fin de la réplication sous la forme d'un simple brin (Fig. 2-8). À la réplication suivante, le

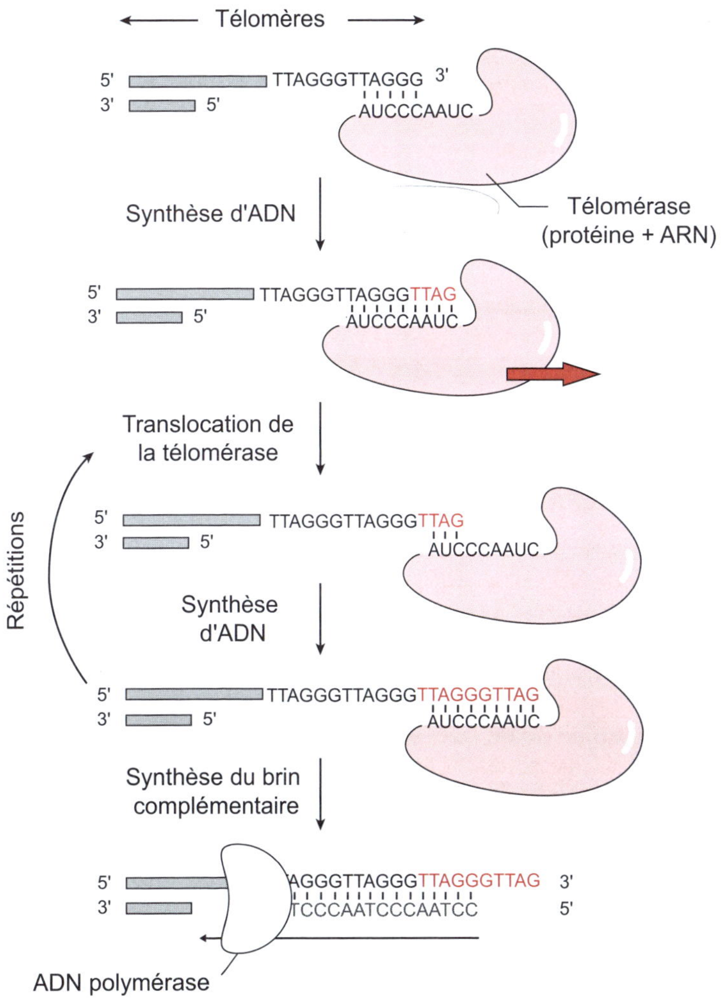

Figure 2-8 Mécanisme de réplication des télomères par la télomérase.

chromosome correspondant sera plus court que son homologue et de génération en génération, une perte progressive d'informations génétiques en résulte dont les effets ne peuvent qu'être défavorables. Pour compenser ce déficit, les cellules eucaryotes possèdent un mécanisme enzymatique basé sur une ADN polymérase spéciale, nommée télomérase.

La **télomérase** appartient à une classe d'ADN polymérases nommées **transcriptases inverses**. Elles synthétisent l'ADN en copiant une matrice ARN (voir chap. 3 et 6).

La télomérase est constituée d'une protéine et d'un ARN réunis dans un même complexe (Fig. 2-8). L'ARN possède une séquence qui est 1,5 fois la copie complémentaire de la séquence du télomère. Il peut donc, par complémentarité des bases, s'hybrider avec les télomères.

Sous leur forme simple brin, les télomères recrutent la télomérase dont le composant ARN assure à la fois la fonction d'amorce et de matrice modèle pour démarrer une synthèse complémentaire d'ADN simple brin du côté 3' (Fig. 2-8).

Le nouvel ADN peut alors servir de matrice pour la synthèse par les autres ADN polymérases du brin télomérique complémentaire. Les gènes présents aux extrémités du chromosome seront ainsi protégés contre un défaut de duplication.

2.2 LES ERREURS DE RÉPLICATION DE L'ADN ET LEUR RÉPARATION

Pour survivre et se reproduire, les organismes vivants doivent répliquer fidèlement leur ADN et le protéger des détériorations physico-chimiques, équivalentes à des mutations. Des mutations chez l'homme peuvent par exemple dérégler le contrôle strict de la division cellulaire, entraîner la prolifération continue de certaines cellules et former une tumeur cancéreuse. De la même manière si les mutations concernent l'ADN du spermatozoïde ou de l'ovule des parents, des maladies génétiques peuvent en résulter chez l'enfant. Des mécanismes moléculaires de correction et de **réparation** des défauts de l'ADN minimisent ces risques et agissent à l'instar de filtres, certes imparfaits, pour éliminer les dommages causés à l'ADN par les erreurs de réplication ou les nuisances environnementales.

Si l'ADN était absolument invariant c'est-à-dire répliqué avec une fidélité absolue et donc dépourvu totalement de mutations, l'évolution des espèces vivantes à l'origine de ce que l'on nomme la biodiversité ne serait pas cette réalité admise par tous aujourd'hui.

Les détériorations ou les réarrangements de séquence de l'ADN d'un individu à un instant donné sont donc le résultat de la balance qui s'établit entre les événements de mutations et de réarrangements et l'efficacité des mécanismes de réparation de ces altérations.

Les altérations de la structure de l'ADN

Les altérations les plus simples portent sur la modification d'une base seulement. Ce sont les **transitions** et les **transversions** (Fig. 2-9). On les nomme **mutations ponctuelles**. À ce type d'altérations se rattachent aussi les insertions ou les délétions d'un seul nucléotide. Les autres modifications portant sur des fragments d'ADN de taille plus importante sont généralement des événements de **recombinaison** ou de **transposition**.

La fréquence des mutations quel que soit leur type varie de 10^{-6} à 10^{-11} par cycle de réplication de l'ADN avec des régions chromosomiques particulièrement instables où la fréquence est très élevée. Elles sont nommées pour cela **points chauds de mutations**.

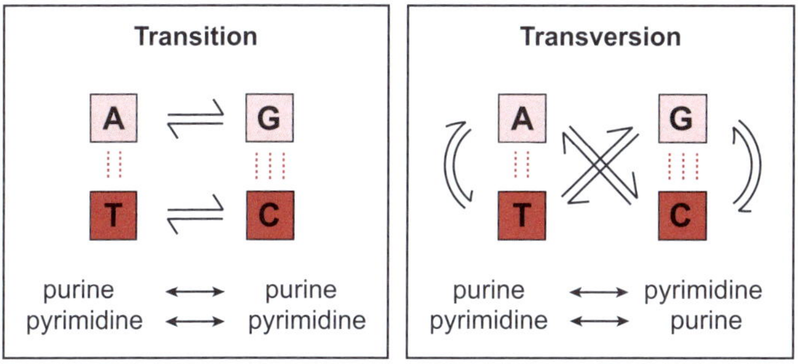

Figure 2-9 Changements de base pyrimidique ou purique par transition ou transversion.

Il faut ranger dans cette catégorie les séquences répétées de deux à quatre nucléotides, appelées **microsatellites**. Ainsi une répétition des bases cytosine et adénine sur un brin d'ADN s'écrit $(CA)_n$ ou en sens inverse sur l'autre brin $(TG)_n$. Lors de la réplication de ces microsatellites, des dérapages de la machinerie de duplication se produisent fréquemment, entraînant des variations dans le nombre *n* de répétitions effectivement copiées. Pour un microsatellite donné, il est donc fréquent d'observer parmi les individus d'une même espèce, un fort polymorphisme du nombre de répétitions (c'est-à-dire de la taille du microsatellite). Compte tenu du nombre très élevé (plusieurs centaines de milliers) de microsatellites dans le génome des eucaryotes, notamment chez l'homme, le choix approprié de certains d'entre eux et la combinatoire qui en découle dans leur polymorphisme de longueur, constitue un moyen technique efficace pour caractériser tout individu de l'espèce concernée. C'est la technique dite des **empreintes génétiques** largement utilisée dans les démarches d'identification des personnes et de leurs caractéristiques génétiques (voir *Mini Manuel de Génétique*).

Les mécanismes de réparation

Sous sa forme ponctuelle, la mutation nécessite deux cycles successifs de réplication pour se fixer. Elle prend son origine dans l'un des 12 appariements incorrects possibles, lors du premier cycle de réplication de l'ADN. Elle ne devient effective qu'au deuxième cycle de réplication au cours duquel l'appariement incorrect engendre un changement définitif dans l'une des molécules-filles d'ADN (Fig. 2-10).

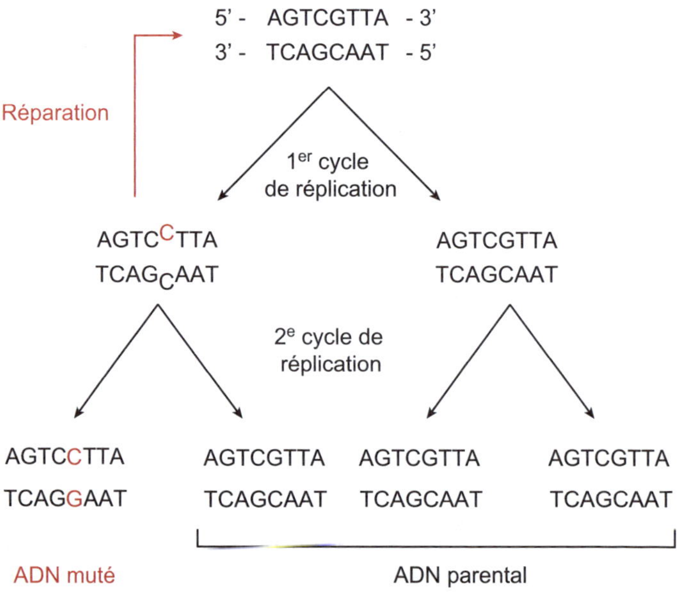

Figure 2-10 Deux cycles de réplication sont nécessaires pour qu'une mutation soit définitivement introduite dans un ADN.

E. coli

Les appariements incorrects sont détectés par une protéine de réparation nommée **MutS**. Sous une forme dimérique, elle parcourt l'ADN et reconnaît les distorsions de la double hélice engendrées par l'appariement

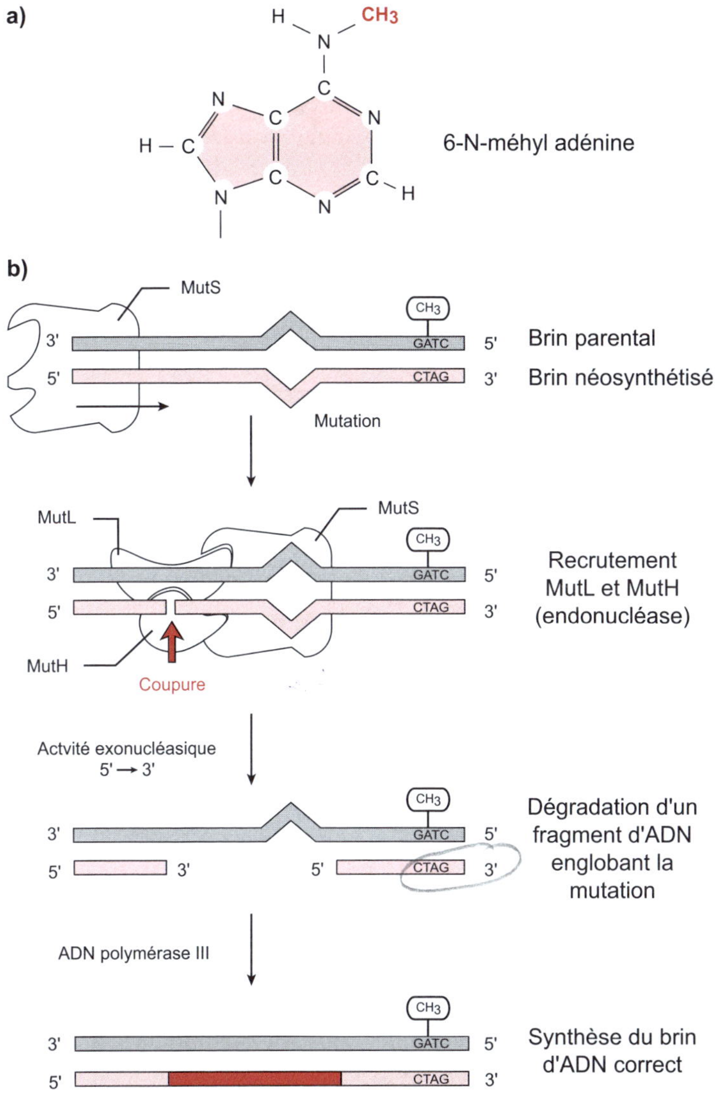

Figure 2-11 Réparation d'un appariement incorrect chez *E. coli*. La séquence 3'-GATC-5' non méthylée se trouve en position 3' de la mutation induisant le mésappariement.

incorrect. Elle recrute alors une seconde protéine **MutL** qui l'aide à activer **MutH**, une endonucléase qui coupe l'un des brins à proximité de la pliure anormale. Une hélicase déroule la double hélice en direction de l'appariement incorrect et une exonucléase dégrade le simple brin porteur du nucléotide indésirable jusqu'au-delà du site concerné. L'ADN polymérase III reconstitue le brin dégradé et l'ADN ligase réunit les deux extrémités. L'appariement incorrect est corrigé et l'ADN double brin rétabli. Pour éviter de confondre le brin à corriger avec le brin parental correct, le système de réparation identifie ce dernier par la méthylation des adénines (Fig. 2-11a). La **méthylase Dam** méthyle en effet systématiquement quelques instants après leur polymérisation les adénines de toutes les séquences 3'-GATC-5'. La fréquence moyenne de cette séquence dans l'ADN est très élevée (une séquence GATC pour 256 bases). À la fourche de réplication, le brin parental matrice est déjà méthylé depuis la précédente réplication alors que le nouveau brin ne l'est pas encore. Ainsi le système de réparation des appariements incorrects reconnaîtra le brin parental méthylé du brin en cours de synthèse qui n'est pas encore méthylé. C'est ce dernier qui contient obligatoirement l'erreur de copie qui doit être corrigée (Fig. 2-11).

Autres cellules procaryotes et cellules eucaryotes

Un système analogue à celui d'*E. coli* existe dans les autres cellules bien que l'endonucléase MutH soit apparemment absente. Le système de réparation serait associé aux protéines en forme d'anneaux coulissants pour le brin de tête. Sur le brin retardé, il utiliserait pour agir, les nombreuses coupures résultant de la synthèse discontinue de l'ADN sur ce brin.

2.3 LES DÉTÉRIORATIONS ENVIRONNEMENTALES DE L'ADN ET LEUR RÉPARATION

Outre les erreurs de réplication, les mutations sont parfois le résultat de détériorations de l'ADN provoquées par des **agents mutagènes** divers.

Les radiations ionisantes, certaines substances chimiques, notamment celles pouvant s'intercaler entre les plateaux de bases appariées de la double hélice, sont en cause.

L'hydrolyse spontanée et les détériorations physico-chimiques

L'hydrolyse spontanée des groupes NH_2 de la cytosine ou de la 5-méthylcytosine donne naissance respectivement à l'uracile et à la thymine. Elles s'apparieront alors après un cycle de réplication avec l'adénine et non plus avec la guanine créant ainsi une mutation ponctuelle.

L'hydrolyse spontanée de la liaison N-glycosidique unissant les bases puriques au désoxyribose crée des pseudo-nucléotides sans guanine ou adénine, dits apuriniques qui bloquent la réplication.

Le transfert par alkylation de groupes éthyl ou méthyl sur les bases crée souvent des bases éthylées ou méthylées dont l'appariement naturel est modifié. C'est particulièrement le cas de la O^6-méthylguanine qui peut s'apparier avec la thymine ce qui provoque à la réplication un changement de paires G-C en paires A-T.

Les radicaux libres tels O_2^- ou OH·, engendrés à partir de l'oxygène par les radiations ionisantes ou certains agents chimiques attaquent l'ADN et provoquent des **adducts** transformant les bases ciblées en sites hautement mutagènes.

C'est le cas de la 7,8-dihydro-8-oxoguanine (oxoG) qui peut s'apparier aussi bien avec la cytosine que l'adénine, provoquant dans ce dernier cas une des mutations par transversion les plus fréquemment rencontrées à l'origine de certains cancers humains.

La lumière ultraviolette de longueur d'onde voisine de 260 nm (proche UV) est fortement absorbée par les bases, en raison de leur système de doubles liaisons conjuguées. Cela peut provoquer tout particulièrement la fusion photochimique de deux thymines adjacentes et donner un **dimère de thymine** (Fig. 2-12) qui ne peut s'apparier avec les adénines complémentaires ce qui bloque l'ADN polymérase lors de la réplication.

Les radiations ionisantes (rayons γ et rayons X), seules ou associés à des agents eux-mêmes ionisables en espèces réactives, provoquent des cassures aléatoires de la double hélice d'ADN qui conduisent souvent à la mort cellulaire. Bien maîtrisé, leur emploi thérapeutique sert à limiter la prolifération des cellules tumorales dans le traitement de certains cancers.

Les agents intercalants

Constitués de molécules polycycliques, ces agents (éthidium, acridine orange, proflavine) ont des formes aplaties mimant les systèmes formés par les bases hétérocycliques appariées. Ces agents hydrophobes s'intercalent facilement entre les plateaux de bases au sein de la double hélice. En se glissant entre les bases, ils les déforment et favorisent, lors de la réplication, des insertions ou des délétions de nucléotides.

La réparation des détériorations

Non réparées, toutes ces détériorations interfèrent avec la transcription ou la réplication et mettent en cause la survie cellulaire.

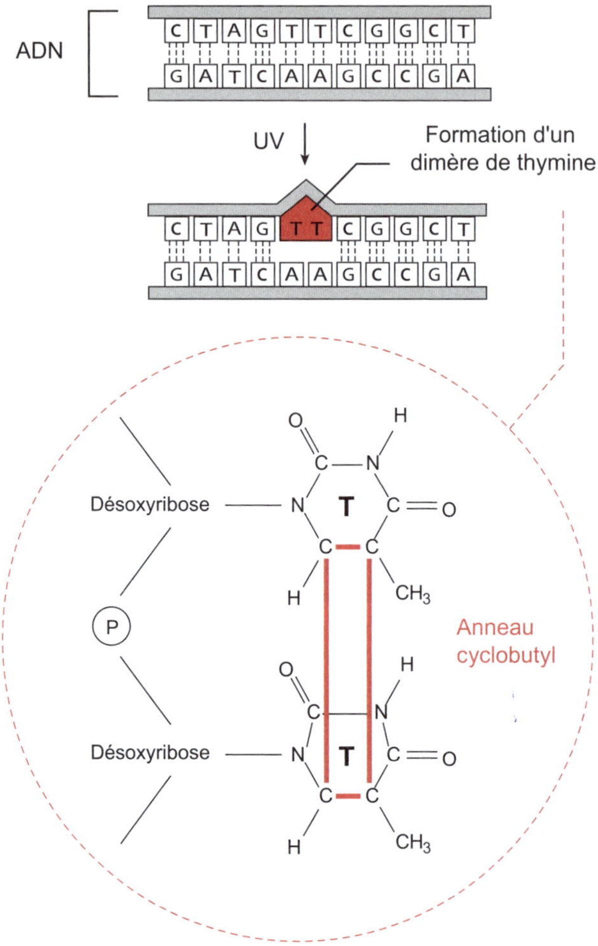

Figure 2-12 Formation et structure d'un dimère de thymine.

Il n'est donc pas étonnant qu'au cours de l'évolution, des systèmes d'identification et de réparation de ces dommages aient été sélectionnés. Ils sont basés sur des mécanismes d'excision de la base ou du nucléotide défectueux, de réparation par recombinaison quand les deux brins de l'ADN sont en cause ou dans les cas extrêmes sur un mécanisme de « passage en force » au travers de la lésion.

La photoréactivation

C'est un mécanisme simple basé sur l'action d'enzymes qui détruisent les liaisons covalentes à l'origine du défaut.

L'**ADN photolyase** utilise l'énergie lumineuse pour casser les liaisons formant les dimères de thymine.

L'élimination de l'adduct CH_3 de la O^6-méthylguanine est catalysée par une méthyltransférase qui transfère l'adduct sur un groupe thiol SH d'une de ses cystéines.

La réparation par excision

La réparation par **excision d'une base** incorrecte utilise une **ADN glycosylase** qui reconnaît et élimine la base indésirable en hydrolysant la liaison glycosidique unissant le pentose à la base.

Le désoxyribose dépourvu de base est ensuite éliminé par une endonucléase. Le remplacement du nucléotide ainsi entièrement éliminé est assuré par une ADN polymérase et une ADN ligase qui restaure la continuité du brin d'ADN interrompu en respectant la complémentarité des nucléotides. On connaît huit ADN glycosylases chez l'homme. Chacune est spécifique d'un dommage particulier : une glycosylase est spécifique de l'uracile résultant de la désamination de la cytosine, une autre de l'oxoguanine, etc.

La réparation par **excision d'un nucléotide** est basée sur la reconnaissance de la distorsion de la double hélice occasionnée par le nucléotide incorrect.

Un court segment simple brin incluant le nucléotide indésirable est alors excisé et remplacé. Chez *E. coli*, quatre protéines (UvrA, UvrB, UvrC et UvrD) participent à l'excision d'un fragment de 12 à 13 nucléotides autour de la lésion. Le fragment est ensuite reconstruit par l'action d'une ADN polymérase utilisant le brin complémentaire comme matrice modèle et par une ADN ligase. Lors de la transcription d'un brin endommagé, l'ARN polymérase, bloquée au site lésé, participe au repérage du dommage et recrute les protéines nécessaires à la réparation.

Un système de réparation par excision d'un nucléotide comparable à celui d'*E. coli* fonctionne également chez les cellules eucaryotes, mais il est plus complexe avec de nombreux polypeptides différents réalisant une excision de 24 à 32 nucléotides. Dans ces cellules, un système de réparation couplée à la transcription utilise le facteur de transcription eucaryote TFIIH pour favoriser la réparation du nucléotide lésé.

La réparation par recombinaison

Lorsque la détérioration concerne les deux brins lors d'une cassure complète de l'ADN, la réparation ne peut pas s'effectuer en utilisant l'un des brins comme matrice modèle. Dans ce cas, un ADN homologue est utilisé comme une matrice modèle de secours, à la condition qu'il soit effectivement présent dans la cellule (voir plus loin).

La réparation trans-lésionnelle

Il arrive que l'ADN polymérase rencontre au cours de la réplication une détérioration non réparée et soit bloquée dans son action de duplication.

Un mécanisme de forçage de la lésion peut alors se déclencher. Il est basé sur l'action d'ADN polymérases spéciales, les ADN polymérases de la famille Y, qui synthétisent l'ADN directement en ignorant la lésion, sans le recours à l'appariement conforme à une matrice pour incorporer les nucléotides. La conséquence inévitable de ce type de synthèse est l'introduction fréquente de nucléotides incorrects. Cela assure toutefois la poursuite de la réplication, essentielle pour la survie de la cellule, même au prix d'un taux élevé de mutations.

Chez *E. coli*, la réparation trans-lésionnelle est couplée à un système de sauvegarde, appelé **réponse SOS**. Il s'active en réponse aux cassures doubles brins de l'ADN et dépend tout particulièrement de l'action de la protéine RecA.

2.4 LA RECOMBINAISON ET LA TRANSPOSITION DE L'ADN

Contrairement aux idées prédominantes en vogue après la découverte de sa structure, insistant sur le caractère invariant de l'ADN, on considère aujourd'hui la recombinaison et plus largement la mobilité et la plasticité de la séquence, comme des caractéristiques courantes et indispensables au fonctionnement et à la reproduction des êtres vivants. Cette réalité se manifeste particulièrement à la méïose, notamment lors de l'échange de fragments entiers de chromosomes, par **recombinaison homologue**, dans un processus connu sous le terme de « **crossing-over** ». Elle est également illustrée par les réarrangements et les déplacements de séquences connues sous le nom de **transposition**.

Les mécanismes de recombinaison homologue

Le principe de la jonction de Holliday

La recombinaison homologue existe chez tous les organismes.

Son mécanisme fondamental repose sur la rupture suivie de la réunion de deux molécules d'ADN homologues, c'est-à-dire identiques sur

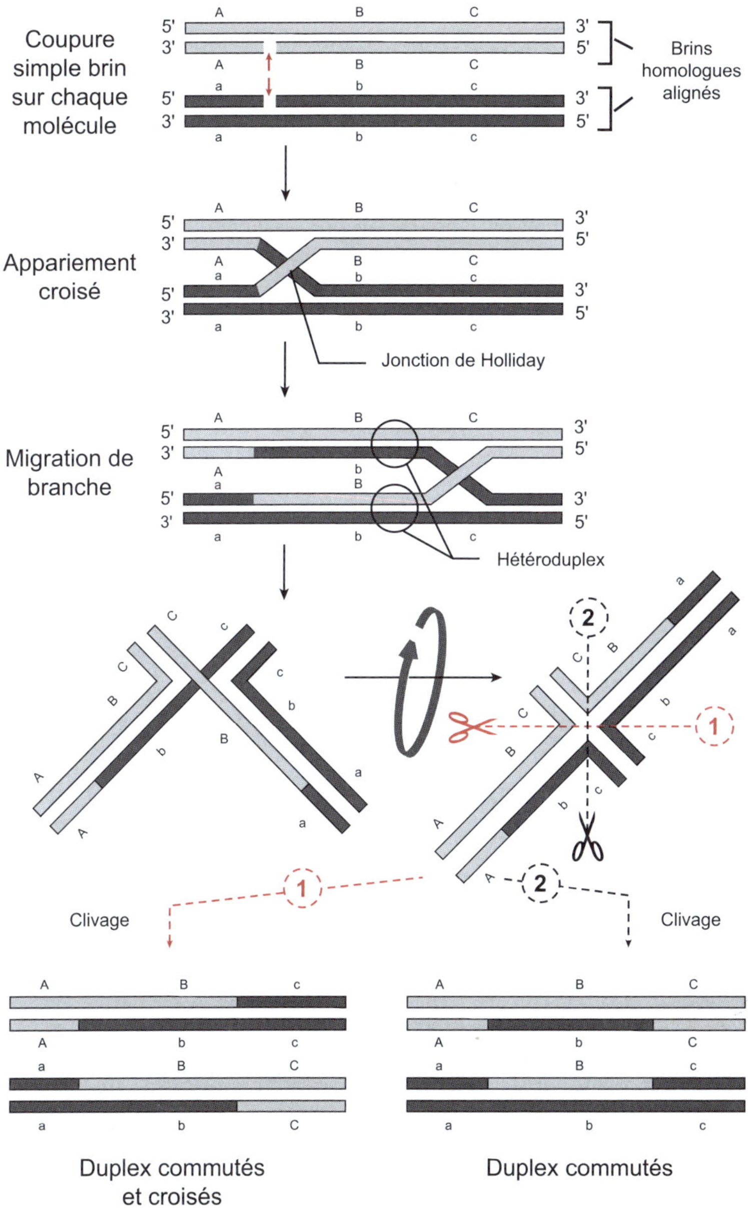

Figure 2-13 Mécanisme de la recombinaison homologue selon le modèle de Holliday. Les lettres ABC et abc désignent des régions homologues des ADN où les séquences sont cependant légèrement différentes. Les duplex hybrides résultant de la résolution de la jonction diffèrent selon le type de clivage.

des régions d'au moins une centaine de bases, ce qui n'exclut pas la possibilité de différences comme il en existe entre deux allèles d'un même gène. Les deux molécules recombinantes sont porteuses de cassures symétriques sur l'un ou les deux brins et un appariement croisé s'établit entre les brins des deux molécules qui se connectent ainsi en une structure désignée par le nom de son découvreur, la **jonction de Holliday** (Fig. 2-13). Cette structure de jonction migre le long des deux molécules d'ADN par séparation progressive des simples brins. Le processus est appelé **migration de branche**. Il assure une hybridation croisée des brins des deux origines. Finalement, des clivages interviennent. Ils libèrent deux duplex d'ADN ayant échangé des régions de taille variable selon les circonstances. Cette opération se nomme **résolution de la jonction**. Selon le type de clivage (Fig. 2-13), le réassortiment des régions entre les deux ADN concernés par la recombinaison fournit soit des duplex commutés et croisés, soit des duplex simplement commutés.

La recombinaison homologue et la réparation des cassures double brin

Les cassures double brin qu'elles soient engendrées au cours de la réplication ou par des détériorations environnementales sont relativement fréquentes et souvent fatales pour la cellule. Elles sont réparées par un mécanisme basé sur la recombinaison homologue à la condition qu'un second ADN homologue de l'ADN porteur de la cassure soit présent dans la cellule (Fig. 2-14).

De part et d'autre de la cassure double brin, des régions simples brins se forment par voie enzymatique, migrent vers les brins complémentaires de l'ADN homologue puis se recombinent avec eux. Aux extrémités 3'OH libres de la cassure démarre une synthèse d'ADN qui régénère les parties manquantes en utilisant les brins de l'ADN homologue comme matrices. Si ces dernières ne sont pas exactement identiques à la région perdue sur l'ADN ayant subi la cassure, la recombinaison provoquera une conversion génique. Deux jonctions de Holliday et deux migrations de branches seront finalement résolues pour donner des duplex qui selon les types de clivage seront épissés et rapiécés ou seulement rapiécés.

Les protéines de la recombinaison homologue

Tous les organismes possèdent, en dehors des indispensables ADN polymérases, topoisomérases, ADN ligases et autres protéines de liaison aux simples brins, les enzymes qui catalysent les différentes étapes de la recombinaison nécessaire à la réparation des cassures double brin. Des différences existent cependant entre cellules procaryotes et eucaryotes.

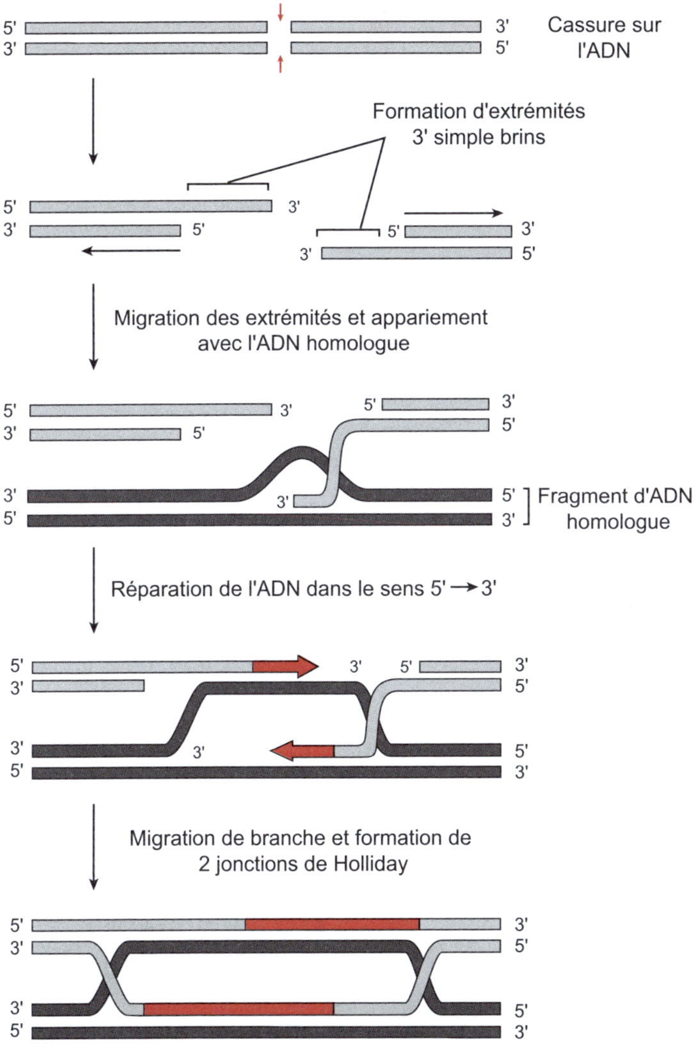

Figure 2-14 Réparation par recombinaison homologue d'une cassure de l'ADN intéressant les deux brins. La résolution des deux jonctions de Holliday peut s'opérer de plusieurs manières conduisant à différents duplex hybrides.

■ Chez *E. coli*

Dans un premier temps, l'hélicase-nucléase nommée **RecBCD** engendre des extrémités simples brins à partir des cassures doubles brins. Des éléments de séquences ADN particuliers (5'-GCTGGTGG-3') très fréquents, nommés **sites chi**, contrôlent le sens de l'activité de RecBCD

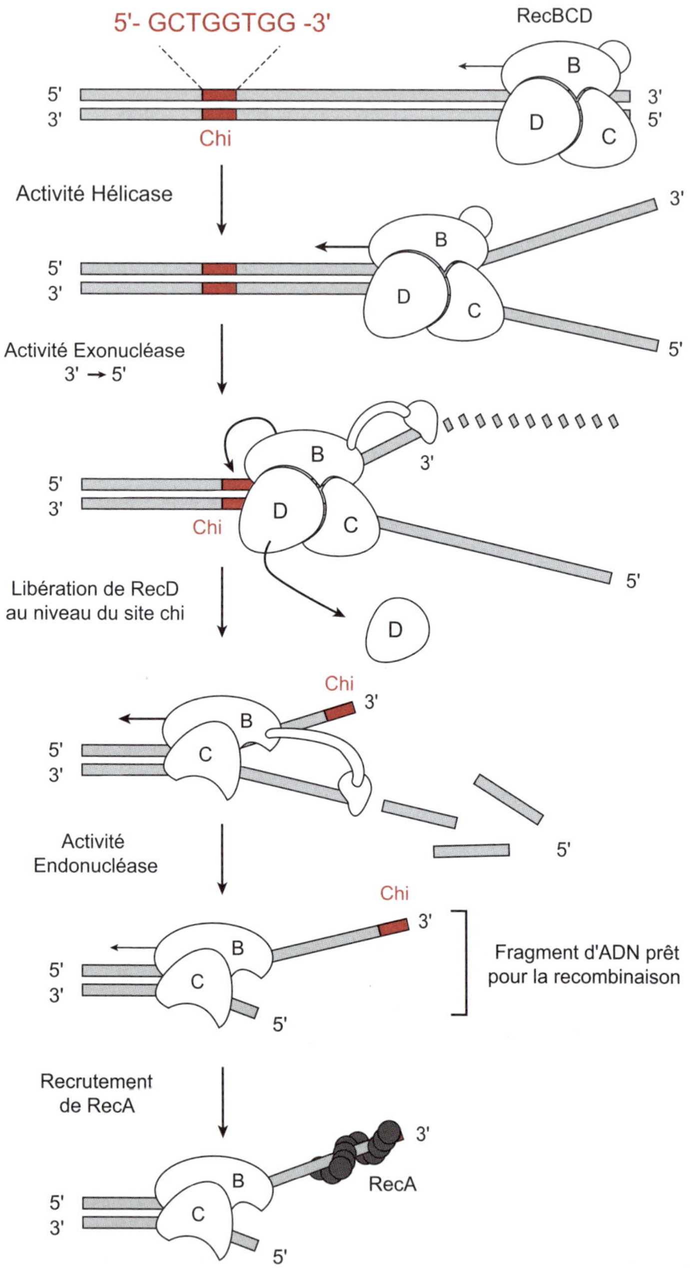

Figure 2-15 Formation d'une extrémité simple brin à partir d'une cassure double brins, par l'action du complexe RecBCD en direction d'un site chi. Assemblage polarisé rapide de RecA dans le sens 5' → 3'.

(Fig. 2-15) de telle manière que le duplex ADN possède, au final, une extrémité 3' simple brin, terminée par la séquence chi. RecBCD aide ensuite la protéine **RecA** à se fixer sur le simple brin.

RecA est la protéine la plus importante du processus de recombinaison. C'est elle qui dirige l'échange croisé des brins entre les deux duplex ADN. Elle est active sous la forme d'un filament ADN-protéine RecA constitué d'une centaine de protéines RecA coopérativement associées dans le sens 5' → 3' à une séquence ADN de 300 nucléotides environ.

Ce filament-RecA recherche selon un subtil mécanisme du type essai-erreur-correction-essai encore mal compris les séquences d'ADN homologues et exécute l'échange des brins correctement appariés en formant des jonctions de Holliday. Ces dernières sont reconnues par un complexe protéique RuvAB qui stimule la migration des jonctions grâce à l'énergie fournie par l'hydrolyse de l'ATP. Associée à RuvAB l'endonucléase RuvC clive les points de branchement et libère les deux duplex recombinants. Selon le type de clivage opéré, la recombinaison donne différents duplex hybrides (voir plus haut).

Chez les eucaryotes

Comme pour les cellules procaryotes, la recombinaison homologue est indispensable chez les cellules eucaryotes pour assurer la réparation des cassures double brin et pour redémarrer la réplication bloquée à la fourche de réplication par des lésions de l'ADN. Elle y assume de plus un rôle d'une importance véritablement stratégique au cours de la méiose.

La recombinaison méiotique

En effet, sa fonction s'avère indispensable pour l'appariement correct des chromosomes parentaux et le maintien de l'intégrité du génome, mais aussi et surtout la redistribution des gènes parentaux favorisant ainsi une utile variabilité génique de génération en génération (Fig. 2-16). Avant de se diviser, la cellule souche des gamètes possède deux copies de chaque chromosome (les chromosomes homologues) chacune des copies provenant de l'un des deux parents. Son contenu ADN est donc de Q (voir chap. 1). Au cours de la phase S, les deux chromosomes sont répliqués donnant chacun deux chromatides-sœurs et la cellule acquiert un contenu ADN de 2 Q (voir chap. 1). À ce stade, les deux chromosomes homologues dupliqués doivent s'apparier et s'aligner au centre de la cellule. Cette opération parfaitement programmée nécessite une recombinaison homologue, c'est-à-dire une reconnaissance appropriée des homologies de séquence ADN entre les quatre exemplaires présents afin qu'ils puissent s'aligner correctement avant de se

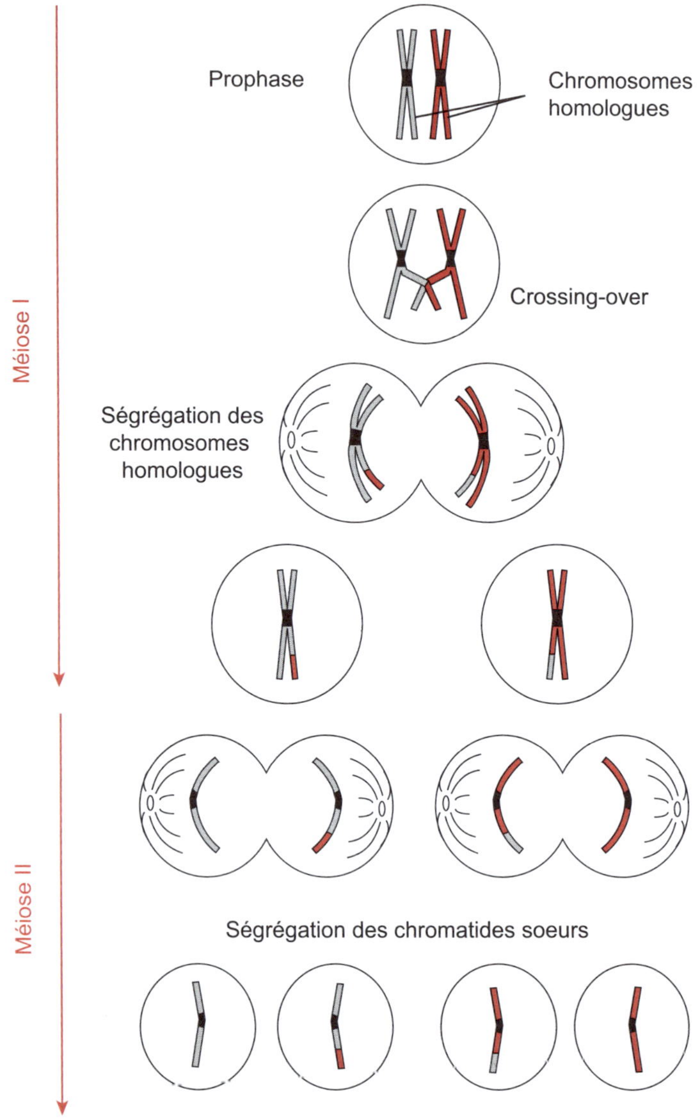

Figure 2-16 Recombinaison et « crossing-over » entre chromosomes homologues durant la méïose.

séparer sans erreur au cours de la première division. À la seconde division ce sont les chromatides-sœurs qui se séparent donnant naissance à quatre gamètes contenant chacun un exemplaire de chaque chromosome soit un contenu en ADN de Q/2.

Lors de la **recombinaison méiotique** des échanges croisés entre les deux chromosomes homologues aboutissent à un réassortiment des gènes parentaux dans les gamètes qui seront à l'origine de la génération suivante.

En revanche, lorsque la ségrégation des chromosomes est déséquilibrée, les gamètes possédant un nombre incorrect de chromosomes deviennent généralement infertiles.

Les protéines de la recombinaison méiotique

L'enzyme Spo11 introduit des cassures double brins dans l'ADN au moment où les chromosomes homologues dupliqués s'apparient. Les coupures les plus fréquentes se produisent dans les régions faiblement empaquetées en nucléosomes (régions promotrices des gènes) ainsi que les régions contenant les sites chi. La coupure double brins est légèrement décalée et implique la formation d'un complexe entre chacune des deux sous-unités de Spo11 et chaque brin d'ADN clivé (Fig. 2-17). Le complexe nucléasique MRX génère ensuite de longues extrémités simples brins dans le sens 5' → 3' qui sont alors colonisées par des homologues de RecA, nommées Rad51 et Dmc1. Dmc1 est spécifique des cellules entrant en méiose. Elle induit préférentiellement une recombinaison entre les chromatides des chromosomes homologues et non entre les chromatides-sœurs.

La recombinaison en des sites spécifiques et la transposition

Il existe à côté de la recombinaison homologue d'autres types de recombinaison, parfois désignés par le terme de réarrangements ou **recombinaison non homologue**. Deux processus sont particulièrement importants : la **recombinaison en des sites spécifiques** et la **transposition** (Fig. 2-18). La première désigne une recombinaison entre deux éléments de séquence bien définis qui se réarrangent tout en conservant l'énergie nécessaire au clivage et à la reconstitution de la liaison phosphodiester. La seconde concerne un réarrangement de séquences spécifiques en des sites non spécifiques.

La recombinaison en des sites spécifiques

Chaque **site de recombinaison spécifique** est organisé en une paire de courtes séquences d'environ 20 pb disposées de façon symétrique. Elles sont reconnues par une **recombinase**. Elles encadrent une séquence dite asymétrique où s'effectuent le clivage et la ligature de l'ADN. Les sites de recombinaison sont disposés l'un par rapport à l'autre soit en orientation inversée (on parle de **répétitions inversées**, l'ADN intercalant étant inversé lors de la recombinaison) soit en orientation identique

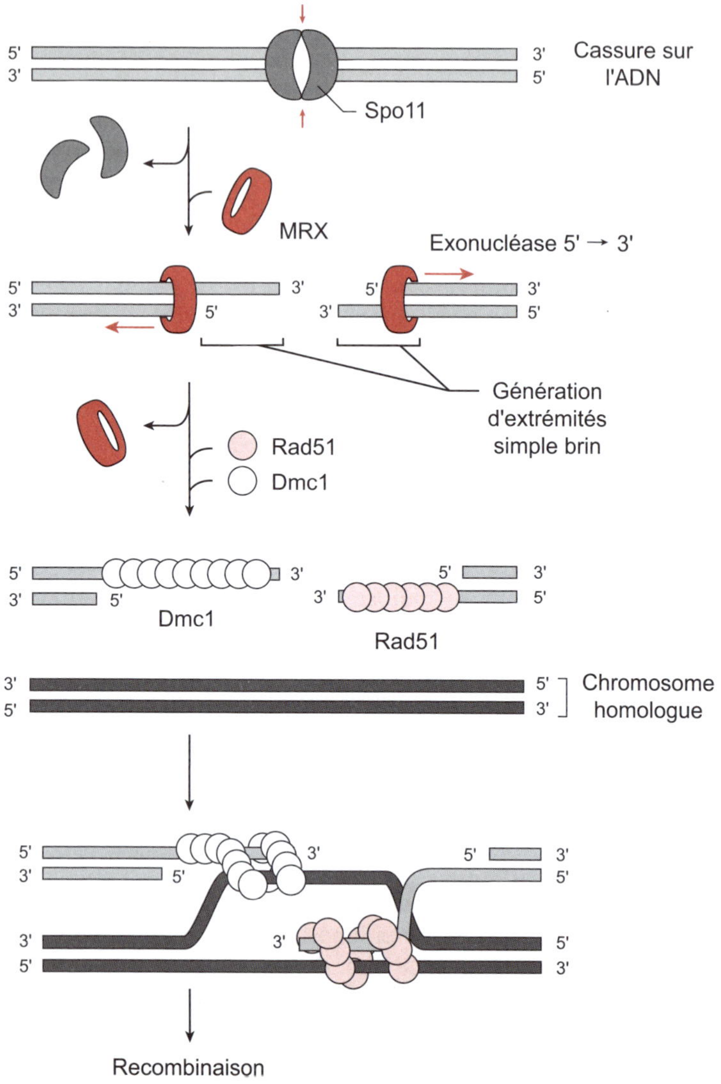

Figure 2-17 Mécanisme intime de la recombinaison méïotique.

(on parle de **répétitions directes**, l'ADN intercalant étant éliminé lors de la recombinaison) (Fig. 2-19).

Il existe deux classes de recombinases : les recombinases à sérine et les recombinases à tyrosine. Dans les deux cas, le mécanisme est basé sur la formation d'un intermédiaire covalent enzyme-ADN *via* l'amino-acide de leurs sites actifs. Le groupe OH de la sérine ou de la

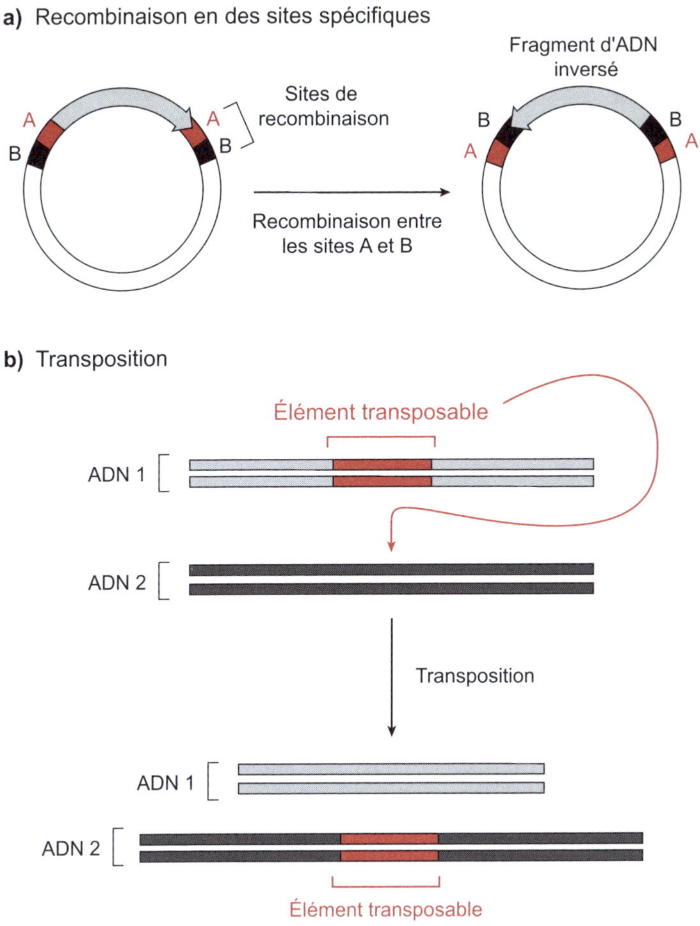

Figure 2-18 Deux types de recombinaison non homologues ; **a)** en des sites spécifiques d'un chromosome circulaire, **b)** par transposition entre deux sites ADN présents ou non sur le même chromosome.

tyrosine attaque le phosphate-α et clive la liaison phosphodiester au site de coupure. Les recombinases à sérine clivent et échangent simultanément les quatre brins d'ADN qui participent à la recombinaison, alors que les recombinases à tyrosine clivent et échangent une paire seulement de brins d'ADN à la fois.

La **recombinase Cre** du phage P1, et ses sites de recombinaison nommés ***lox,*** sont un exemple bien connu de recombinase à tyrosine. Elle est aujourd'hui très utilisée expérimentalement pour éliminer à volonté des gènes afin d'en étudier les fonctions dans les organismes eucaryotes.

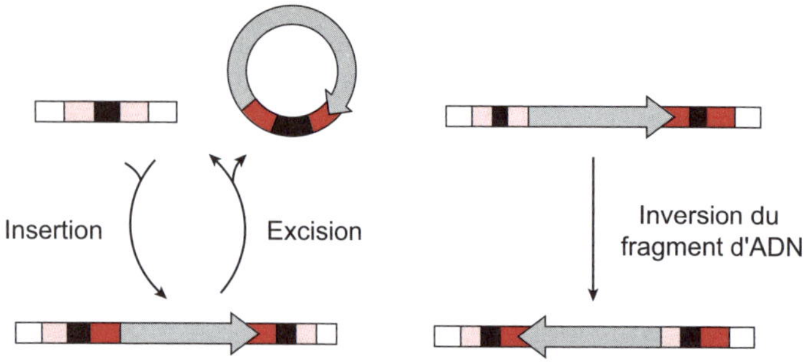

Figure 2-19 Les trois types de recombinaison en des sites spécifiques : insertion, excision et inversion de fragment.

Les mécanismes de transposition

> La transposition est une forme de recombinaison dans laquelle des fragments de séquences d'ADN se déplacent d'un site à un autre. Ces éléments mobiles sont appelés **transposons**.

La mobilité peut ou non s'accompagner d'une duplication de l'élément (Fig. 2-20). Parfois la recombinaison nécessite un intermédiaire d'ARN.

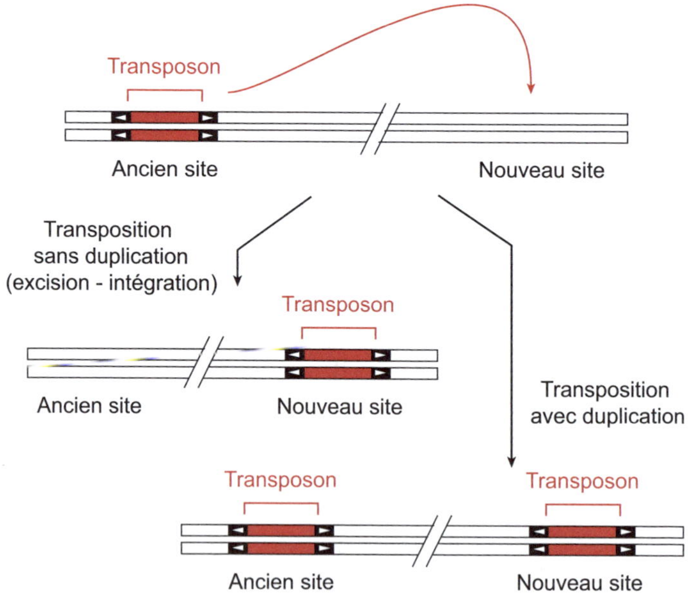

Figure 2-20 Transposition simple et transposition replicative.

Le site d'insertion est la plupart du temps aléatoire. Il peut par conséquent interrompre un gène dans sa partie codante ou régulatrice et ainsi modifier son expression. Au sein des génomes, la transposition est un événement fréquent (par exemple, le génome humain et celui du maïs, sont composés à plus de 50 % d'éléments mobiles). De ce fait les transposons constituent une source majeure de mutations.

Les transposons et les rétrotransposons

Il existe trois classes principales de transposons : les **transposons d'ADN**, les **rétrotransposons de type viral** et les **rétrotransposons non viraux** (Fig. 2-21).

Les sites de recombinaison des transposons ADN possèdent des séquences répétées inversées qui encadrent une séquence asymétrique portant des gènes codant la recombinase, appelée **transposase**, et parfois

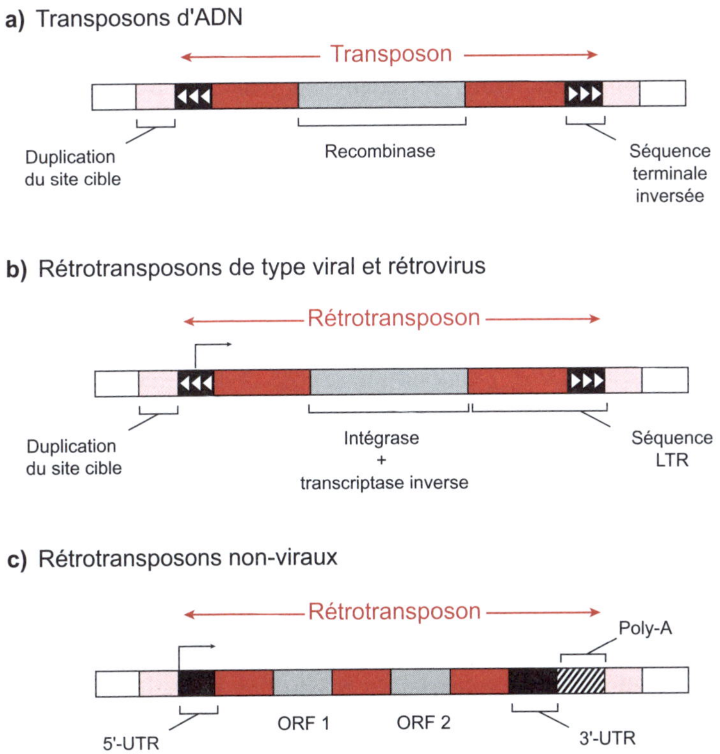

Figure 2-21 Structure interne des trois classes de transposons. ORF : « Open Reading Frame » ou cadre ouvert de lecture d'un gène.

d'autres protéines participant à la recombinaison. Ce sont souvent ces protéines additionnelles qui confèrent aux bactéries leur résistance aux antibiotiques. Les séquences flanquantes du transposon, portent une courte séquence qui résulte de la **duplication du site cible** au cours du processus de recombinaison.

Les transposons qui réalisent leur propre transposition sont appelés **transposons autonomes**. D'autres **transposons non autonomes**, n'ont pas de gène codant la transposase. Ils dépendent pour leur mobilité de la transposase d'un autre élément dit **transposon auxiliaire**.

Dans les rétrotransposons de type viral ainsi que pour les rétrovirus, les séquences répétées inversées des extrémités sont intégrées à des séquences plus longues appelées **LTR** (longues séquences répétées) qui sont à la fois des sites de fixation pour la recombinase et des sites de recombinaison. Elles encadrent les gènes de la transposase (**intégrase**) et une **transcriptase inverse**, les deux enzymes qui sont nécessaires à la réaction de transposition de ces éléments. La transcriptase inverse est une ADN polymérase qui utilise l'ARN comme matrice pour synthétiser l'ADN complémentaire. Les rétrotransposons sont mobiles entre des sites d'un même ADN. Par contre les rétrovirus ont un génome empaqueté dans une particule et infectent de nouvelles cellules.

Les rétrotransposons non viraux sont appelés aussi **rétrotransposons poly-A**. Ils n'ont pas les extrémités répétées inversées des autres transposons, mais ils possèdent une extrémité 5'UTR (UTR signifie région non traduite) et une extrémité 3'UTR, suivie par une séquence riche en paires AT appelée séquence poly-A. Disposés entre les UTRs, deux gènes (*ORF1* et *ORF2*) codent respectivement une protéine de liaison à l'ARN et une enzyme bifonctionnelle (transcriptase inverse et endonucléase). Ces rétrotransposons se présentent à la fois sous des formes autonomes et non autonomes.

La transposition simple et la transposition réplicative

La transposition simple ou transposition non réplicative, implique l'excision du transposon du site occupé dans l'ADN hôte, suivie de son intégration à un nouveau site de ce même ADN. Il s'agit donc d'un mécanisme réactionnel du type couper-coller (Fig. 2-22).

Dans la transposition réplicative, l'élément d'ADN à chaque cycle de transposition est répliqué avant d'être inséré. Ici, le mécanisme du couper-coller, bien que plus complexe, est similaire à celui de la transposition simple. Au final cependant, deux transposons identiques sont associés à l'ADN, en des sites différents. L'un est le site d'origine et l'autre, le nouveau site d'insertion.

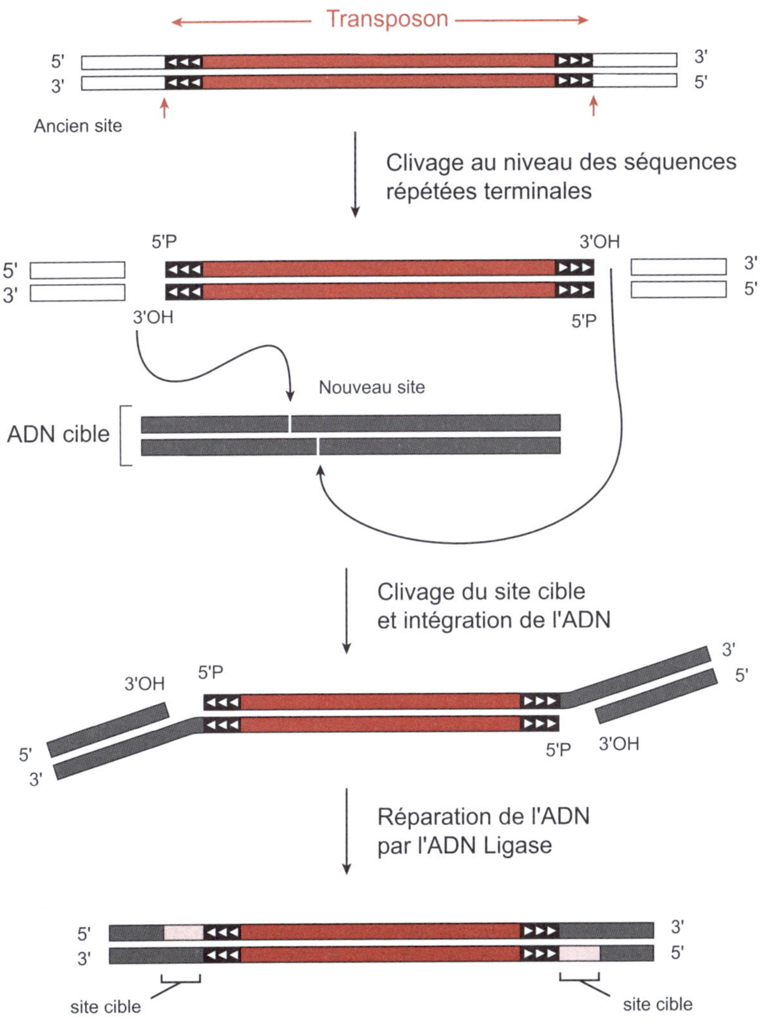

Figure 2-22 Mécanisme de transposition suivant le principe du couper-coller avec duplication des sites cibles.

Les mutations, la réparation de l'ADN et le cancer

C'est au début du XXe siècle, à la suite d'observations sur le nombre anormalement élevé de chromosomes présents dans les cellules somatiques cancéreuses (aneuploïdie), qu'un lien fut suggéré entre cancer et anomalies chromosomiques. On sait maintenant que de nombreux cancers résultent en effet d'anomalies de recombinaison, comme les translocations chromosomiques où une région d'un chromosome se trouve juxtaposée à un autre chromosome. La confirmation de cette hypothèse découle de la découverte, il y a 30 ans environ, que des défauts de corrections des détériorations occasionnées à l'ADN et par voie de conséquence l'accumulation de mutations, sont à l'origine de deux types de cancers héréditaires : le cancer de la peau et le cancer du colon. Le premier résulte d'un défaut de réparation par excision des nucléotides (REN) indésirables et le second d'un défaut de réparation des appariements incorrects.

Dans les années 1960 et 1970 il fut établi que les personnes atteintes de XP (Xeroderma pigmentosum), une maladie héréditaire de la peau, assez rare, due à une extrême sensibilité des individus aux rayons UV de la lumière solaire, présentaient une forte prédisposition à développer un cancer de la peau. Il s'avéra que ces patients étaient porteurs de mutations dans des gènes déterminant leur aptitude à effectuer la réparation de l'ADN par excision de nucléotides (REN). Pourtant un certain nombre d'individus malades cliniquement identiques à tous les autres, s'avéraient capables d'effectuer correctement le processus de réparation. Il fut alors établi que, chez tous ces patients XP variants, l'ADN polymérase η, l'une des ADN polymérases trans-lésionnelles, était systématiquement mutée et inactive. L'ADN polymérase η peut, non seulement forcer la réplication à travers les dimères de thymine, mais de plus, contrairement aux autres ADN polymérases trans-lésionnelles, elle introduit de façon correcte les résidus adénine complémentaires et empêche la formation de mutations aux sites des dimères de thymine. Ainsi, même chez les patients possédant un mécanisme REN actif, l'absence due à ces mutations d'une ADN polymérase η active, n'est pas compensée par les autres ADN polymérases trans-lésionnelles qui sont trop peu spécifiques pour venir à bout avec succès de l'arrêt de la réplication entraîné par les dimères de thymine. La prédisposition au cancer des individus XP découle donc essentiellement d'une charge excessive de mutations dans les cellules de la peau, en raison de leur exposition sans précaution à la lumière solaire.

Ces mutations s'accumulent soit parce que les dimères de thymine ne sont pas excisés par défaut du système de réparation, soit parce qu'en l'absence d'une ADN polymérase η, les dimères sont franchis de façon incorrecte par les autres ADN polymérases.

Aujourd'hui la mutagenèse, sous toutes ses formes, est reconnue comme la pierre angulaire fondamentale des bases moléculaires de tous les cancers.

POINTS CLEFS

- Deux types de substrats sont nécessaires à la synthèse d'ADN : les quatre désoxyribonucléotides triphosphates (dATP, dGTP, dTTP et dCTP) et une matrice modèle amorcée. La réaction très précise est catalysée par une ADN polymérase qui allonge l'extrémité 3′ de l'amorce en copiant la matrice dans le respect de la complémentarité des bases.
- L'ADN polymérase possède une activité d'exonucléase 3′ qui assure l'élimination des nucléotides introduits par erreur dans l'ADN naissant. Les deux brins de l'ADN parent sont dupliqués simultanément à la fourche de réplication. Le brin principal ou brin de tête est répliqué de façon continue. Le brin retardé est synthétisé sous la forme de courts fragments qui sont ensuite complétés et ligaturés.
- Chaque nouveau brin ou nouveau fragment est amorcé par un ARN, lui-même synthétisé par une primase. Les amorces ARN sont ensuite éliminées par une ribonucléase et remplacées par de l'ADN.
- La réaction de réplication est d'autant plus efficace que toutes les protéines participantes sont assemblées en un réplisome au site de la fourche de réplication. Le démarrage de la réplication s'effectue à une origine de réplication où le réplicateur, une séquence ADN spécifique, fixe une protéine initiatrice du déroulement et sur laquelle s'organise le réplisome.
- Chez les cellules eucaryotes, la formation et l'activation des complexes dits de pré-réplication sont assurées par des kinases du cycle cellulaire, de telle manière que chaque chromosome ne soit répliqué qu'une fois et une fois seulement.
- La stratégie de réparation la plus polyvalente consiste en une excision de la base ou du nucléotide indésirable, suivie de la reconstitution de la séquence par copie du brin complémentaire. Une méthode alternative, importante si aucune matrice modèle n'est disponible comme dans le cas des cassures doubles brins, repose sur la recombinaison avec copie d'un autre duplex ADN homologue.

- La recombinaison homologue existe chez tous les organismes. Elle assure la réparation des cassures doubles brins et des avortements aux fourches de réplication. Elle intervient aussi pour effectuer des échanges génétiques et la redistribution des gènes le long des chromosomes.
- Dans les cellules eucaryotes, au cours de la méiose, la recombinaison est essentielle pour l'appariement homologue des chromosomes, préalablement à la première division nucléaire. L'enzyme de clivage Spo11 et la protéine d'échange Dmc1 sont spécifiques de cette recombinaison.
- Deux classes de mécanismes pilotent de nombreux autres réarrangements de la molécule d'ADN : la recombinaison non homologue à des sites spécifiques et la transposition.
- La transposition est une classe de recombinaison qui consiste à déplacer des éléments génétiques mobiles, les transposons, à de nouveaux sites génomiques. Trois principales familles sont connues : les transposons ADN, les rétrotransposons de type viral et les rétrotransposons polyA. Ils se déplacent par un mécanisme de type couper-coller, auquel s'ajoute parfois un mécanisme de réplication. Les deux classes de rétrotransposons codent une transcriptase inverse et une recombinase et possèdent un ARN intermédiaire grâce auquel ils se déplacent. Les transposons provoquent de nombreux réarrangements et mutations des génomes.

QCM - QROC

2-1 En supposant qu'il existe une origine de réplication pour chaque fragment d'ADN d'une taille moyenne de 3 à 5×10^6 pb, que toutes les origines de réplication sont simultanément actives et que les deux brins sont répliqués à la même vitesse, en combien de temps les ADN polymérases hautement processives, répliqueront-t-elles :

a) un chromosome bactérien (taille moyenne : $4{,}6 \times 10^6$ pb).

b) les chromosomes d'une cellule de mammifère (taille moyenne : 3×10^9 pb). Vitesses de polymérisation : 50×10^3 nucléotides/s (bactérie) ; 3×10^3 nucléotides/s (mammifère).

2-2 Quels sont les douze appariements incorrects susceptibles d'intervenir lors de la réplication de l'ADN ?

2-3 Quelles sont, dans l'ADN, la ou les bases qui, en remplacement de l'adénine (A), sont la signature d'une simple mutation ?

a) La thymine (T).

b) La cytosine (C).

c) La guanine (G).

d) L'une ou l'autre des bases T ou C.

e) L'une ou l'autre des bases T, C ou G.

2-4 Chez les vertébrés, il arrive que la cytosine soit méthylée par une méthyltransférase en 5-méthylcytosine. Il arrive aussi que méthylée ou non la cytosine soit spontanément désaminée. Quelles sont les conséquences prévisibles dans l'un et l'autre cas.

2-5 Quelles sont les bonnes propositions ?

a) La synthèse de l'ADN s'effectue indifféremment dans le sens 5' → 3' ou 3' → 5'.

b) La synthèse d'ADN s'effectue dans le sens 5' → 3' sur le brin de tête et dans le sens 3' → 5' sur le brin retardé.

c) La synthèse d'ADN s'effectue toujours dans le sens 5' → 3'.

d) L'activité exonucléasique correctrice de l'ADN polymérase s'effectue en sens inverse de la synthèse.

e) L'activité exonucléasique correctrice de l'ADN polymérase s'effectue dans le même sens que la synthèse.

2-6 Quelle est la bonne proposition ?

a) La synthèse d'ADN exige obligatoirement une amorce d'ARN ou d'ADN.

b) La synthèse d'ADN exige obligatoirement une amorce d'ARN.

2-7 Quelle est la bonne proposition ?

a) La synthèse de l'ADN n'est pas simultanée sur les deux brins, d'où l'expression « brin de tête » et « brin retardé » ;

b) La synthèse de l'ADN est strictement simultanée sur les deux brins.

2-8 Parmi toutes les ADN polymérases eucaryotes quelle est celle qui peut forcer correctement la réplication des dimères de thymine ?

2-9 Quelle est la bonne proposition ?

L'ARN et non l'ADN, constitue le matériel génétique de certains virus souvent pathogènes (sida, grippe etc.). Il peut s'incorporer sous certaines conditions dans l'ADN des cellules-hôtes infectées. Cette incorporation nécessite :

a) la formation de molécules hybrides ARN-ADN ;

b) la formation de complexes ARN-ADN ;

c) la synthèse préalable d'un ADN complémentaire de l'ARN du virus ;

d) la synthèse préalable d'un ARN complémentaire de l'ADN de l'hôte ;

e) l'association de l'ARN viral à des protéines avant son incorporation dans l'ADN.

2-10 Quelle est la bonne hypothèse ?

Dans la découverte que l'ADN est bien le constituant moléculaire support de l'hérédité, Avery et ses collaborateurs procèdent en 1943-44, à une série d'expériences consistant à éliminer successivement les autres constituants et à vérifier que l'extrait de bactéries pathogènes reste bien capable de transmettre leur pathogénicité à des bactéries inoffensives. Quelle est parmi toutes les hypothèses ci-dessous la propriété de l'ADN qu'ils ne connaissaient pas à cette époque et qui leur permit pourtant de faire cette découverte capitale ?

a) L'ADN résiste à toutes les enzymes connues.

b) L'ADN même très fragmenté peut transmettre des informations génétiques.

c) L'ADN exogène peut pénétrer spontanément dans les cellules.

d) L'ADN peut se recombiner à l'extérieur des cellules et être ensuite réincorporé.

e) L'ADN est très fortement associé à des protéines essentielles à la pathogénicité.

RÉPONSES

2-1

a) Qu'il y est une ou deux origines de réplication, les ADN polymérases bactériennes processives mettront une seconde pour se fixer à ces origines et répliqueront dans le meilleur des cas environ 50×10^3 nucléotides par seconde, soit environ un temps total de 1 minute et 33 secondes pour répliquer le chromosome dans sa totalité.

b) Si les chromosomes d'une cellule eucaryote possèdent au total 1 000 origines de réplication ($3 \times 10^9/3 \times 10^6$), les ADN polymérases processives mettront comme précédemment une seconde pour s'y fixer et chacune répliquera environ 3×10^6 pb à la vitesse moyenne de 3×10^3 nucléotides par seconde, soit environ un temps de 16 minutes et 41 secondes pour répliquer la totalité de l'ADN correspondant.

2-2

A-C, A-G, A-A ; T-G, T-C, T-T ; G-T, G-A, G-G ; C-A, C-T, C-C.

2-3 a, b, c, d, e.

2-4

La désamination de la cytosine engendre l'uracile qui, par son aptitude à s'apparier avec l'adénine, provoquera lors de la réplication, l'introduction de cette base dans le brin néosynthétisé, ce qui aboutira finalement, à la deuxième réplication, à substituer une paire A-T à une paire G-C normale. Si l'ADN contenait de l'uracile à la place de la thymine, cela créerait une confusion pour le système de réparation qui ne pourrait pas discriminer entre la base normale et celle qui est engendrée par la désamination de la cytosine. Il y a là une explication possible pour la présence de la thymine dans l'ADN à la place de l'uracile.

La désamination de la 5-méthylcytosine engendre une thymine qui lors de la réplication, en s'appariant avec l'adénine, conduira à une substitution d'une paire mC-G par une paire T-A. Les 5-mC sont des points chauds de mutations spontanées chez les vertébrés.

2-5 **c** et **d.**

2-6

a) Le démarrage de la synthèse qui précède la division cellulaire nécessite une amorce d'ARN mais toutes les autres synthèses, notamment les synthèses réparatrices s'effectuent par allongement d'un fragment préexistant d'ADN.

2-7

b) L'expression « brin retardé » se réfère à la finition du brin c'est-à-dire au mécanisme d'élimination secondaire des amorces ARN et à leur remplacement par de l'ADN.

2-8

L'ADN polymérase η. Elle seule peut franchir le dimère de thymine en incorporant correctement deux adénines dans le brin néosynthétisé (voir aussi l'encadré).

2-9 **c.**

2-10 **c.**

CHAPITRE 3

La transcription de l'ADN

PLAN

OBJECTIFS

- Étudier les mécanismes grâce auxquels l'ADN dirige la synthèse des ARN, notamment des ARN messagers
- Étudier la transcription de l'ADN en ARN et la comparer avec la réplication

3.1 LES MÉCANISMES DE LA TRANSCRIPTION

Les mécanismes de la **transcription** reposent sur l'activité d'une famille d'enzymes, les ARN polymérases, qui réalisent le même type de réaction (une synthèse d'ARN à partir d'une matrice d'ADN) quelle que soit la cellule procaryote ou eucaryote considérée.

Les ARN polymérases se fixent à des régions de l'ADN désignées sous le terme de **promoteurs**, souvent avec l'aide de protéines additionnelles. Elles catalysent ensuite par différentes étapes bien définies la polymérisation des ribonucléotides triphosphates précurseurs en un polynucléotide monocaténaire dont la séquence est complémentaire du brin d'ADN ayant servi de matrice modèle (**brin transcrit**). L'autre brin d'ADN qui n'est pas transcrit est dit parfois **brin codant** (Fig. 3-1) car il possède une séquence identique à celle du transcrit d'ARN.

Les ARN polymérases

Elles adoptent une structure tridimentionnelle en forme de pince ce qui leur permet d'enserrer le brin d'ADN (orienté dans le sens 3' → 5') et en coulissant de le transcrire en un ARN orienté dans le sens 5' → 3'.

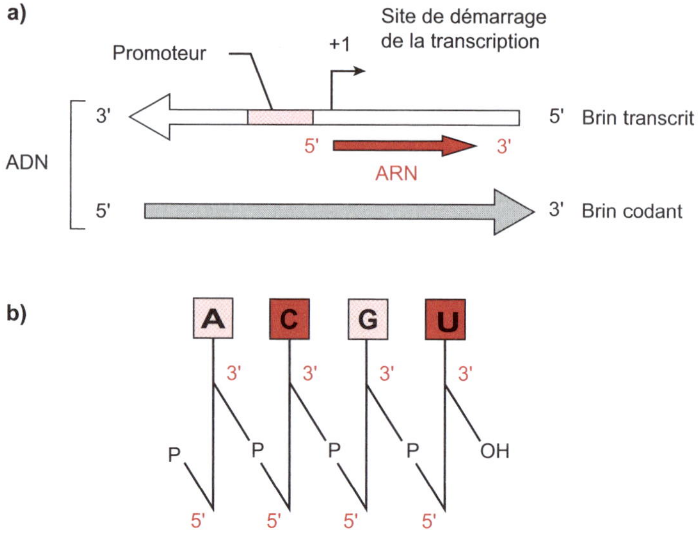

Figure 3-1 Transcription de l'ADN : caractéristiques du brin transcrit **(a)** et de l'ARN nouvellement synthétisé **(b)**.

Quelle que soit leur origine les ARN polymérases cellulaires sont des enzymes multimériques (composées de plusieurs sous-unités polypeptidiques, Tableau 3.1).

Chez les procaryotes (bactéries) une seule ARN polymérase assure la synthèse de tous les ARN.

Elle est constituée au total de 5 sous-unités polypeptidiques (2 sous-unités α et un exemplaire de chacune des sous unités β, β' et ω, Tableau 3.1). À ce noyau enzymatique capable de réaliser la réaction à partir de n'importe quelle région d'ADN s'ajoute transitoirement une protéine spécifique, le **facteur de transcription σ** (sigma) qui seul autorise le démarrage de la synthèse à partir d'un promoteur. La sous unité β possède le site actif de polymérisation des nucléotides alors que la sous-unité β' semble avoir un rôle dans l'attachement de l'enzyme à la matrice d'ADN.

Le rôle du facteur σ est de reconnaître le promoteur et d'amener l'ARN polymérase au site de démarrage de la transcription.

L'affinité pour les séquences promotrices, du complexe ARN polymérase - facteur sigma, est variable et définit la capacité plus ou moins forte des promoteurs à initier la transcription d'un gène et donc le taux d'expression de ce dernier.

L'activité de polymérisation s'effectue à la vitesse de 40 à 50 nucléotides par seconde pour la synthèse de l'ARNm chez *E. coli*, à 37 °C.

Chez les eucaryotes, trois ARN polymérases sont connues (Tableau 3.1). L'ARN polymérase II (souvent désignée par l'abréviation **Pol II**), la plus étudiée, assure la transcription de la plupart des gènes codant les protéines. Les deux autres ARN polymérases, **Pol I** et **Pol III**, transcrivent des gènes codant uniquement des ARN : le gène codant le très gros ARN ribosomique précurseur pour Pol I et les gènes des ARN de transfert, des petits ARN nucléaires et de l'ARN ribosomique 5S pour Pol III. Chacune de ces enzymes est également multimérique et possède des sous-unités homologues à celles de l'ARN polymérase bactérienne auxquelles s'ajoutent de nombreuses autres sous-unités plus spécifiques (Tableau 3.1).

TABLEAU 3-1 LES SOUS-UNITÉS DES ARN POLYMÉRASES.
RP : RNA POLYMÉRASE ;
A, B, C : DIFFÉRENTES SOUS-UNITÉS

Procaryotes		Eucaryotes		
Bactérie	**Archébactérie**	**ARN pol I**	**ARN pol II**	**ARN pol III**
β	A^1/A^2	RPA1	RPB1	RPC1
β′	B	RPA2	RPB2	RPC2
α1	D	RPC5	RPB3	RPC5
α2	L	RPC9	RPB11	RPC9
ω	K	RPB6 *+ 6 autres sous-unités*	RPB6 *+ 7 autres sous-unités*	RPB6 *+ 11 autres sous-unités*

Les différentes étapes de la transcription

Quelle que soit l'ARN polymérase on distingue toujours trois étapes dans le processus de transcription : une première phase de **démarrage** (formation d'un complexe entre l'ADN et l'ARN-polymérase), une seconde d'**allongement** du polyribonucléotide naissant, enfin une troisième phase d'**arrêt** et de libération de la copie ARN.

3.2 LA TRANSCRIPTION CHEZ LES BACTÉRIES

Les promoteurs bactériens

La plupart des promoteurs bactériens reconnus par le facteur σ (il existe plusieurs types de facteurs σ de masse moléculaire différente) possèdent deux séquences conservées, chacune de 6 paires de bases en amont du nucléotide +1. Ce sont les **séquences autour de –10** appelées aussi en raison de la prédominance des bases T et A, **boîtes TATA** et les séquences autour de **–35** (Fig. 3-2).

Des mutations dans ces séquences peuvent avoir de sérieuses conséquences sur le démarrage et l'efficacité de la transcription (Fig. 3-2). De plus la distance entre ces deux séquences s'avère optimale pour 17 nucléotides. Les **promoteurs forts**, capables de recruter fréquemment les ARN polymérases et donc d'initier de nombreuses transcriptions successives, sont des promoteurs possédant des séquences -10 et –35 proches des séquences consensus (Fig. 3-2) alors que les **promoteurs faibles** possèdent des séquences plus éloignées. Une fois l'ARN polymérase fixée à la région -35 (formation d'un complexe ADN - ARN polymérase dit fermé) un changement structural combiné s'opère qui entraîne la séparation des deux brins d'ADN autour de la région -10 (formation d'un complexe ADN - ARN polymérase, dit ouvert) autorisant le début de la transcription. Certains promoteurs forts, notamment ceux qui contrôlent la transcription des gènes des ARN ribosomiques possèdent un **élément UP** qui améliore la fixation de l'ARN polymérase (Fig. 3-2). Le premier nucléotide utilisé par l'ARN polymérase est souvent une purine. La comparaison de nombreuses molécules naissantes montre que 51 % d'entre elles commencent par A, 42 % avec G, 5 % avec C et seulement 2 % avec U.

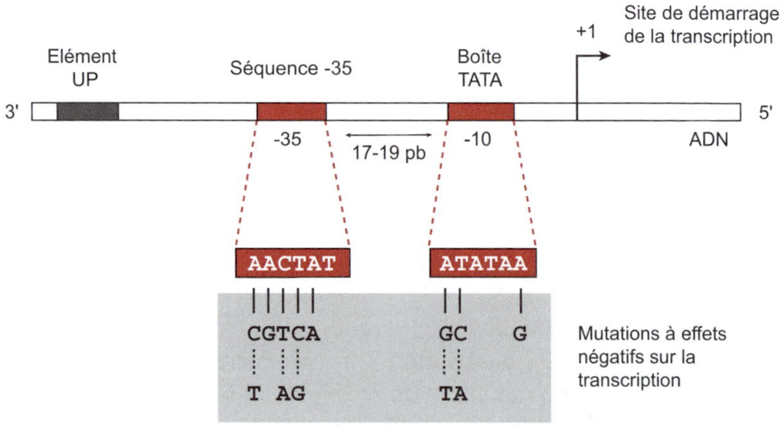

Figure 3-2 Principales caractéristiques des promoteurs bactériens.

Le démarrage de la transcription

> Contrairement au démarrage de la synthèse de l'ADN, le démarrage de la synthèse de l'ARN ne nécessite pas d'amorce.

Le premier nucléotide introduit (souvent une adénine) doit donc être solidement associé au complexe ADN - ARN polymérase pour servir de point de départ à la polymérisation. Cette dernière est caractérisée par une série d'essais avortés qui consistent en la synthèse de courts ARN (moins de 10 ribonucléotides) immédiatement libérés. L'ARN polymérase étroitement épaulée par le facteur σ reste cependant liée à l'ADN et reprend plusieurs fois le démarrage. Ce n'est que quand le nouvel ARN atteint la taille de 10 nucléotides que le complexe ternaire ARN polymérase-ADN-ARN devient stable et que la transcription peut alors continuer. C'est le début de la phase d'allongement.

La phase d'allongement

Le rôle du facteur σ s'achève après la polymérisation des 90 premiers nucléotides. Le facteur σ se détache alors de l'ARN polymérase pour s'associer avec une nouvelle molécule d'ARN polymérase et assurer le démarrage d'une nouvelle synthèse (Fig. 3-3).

Pendant la phase d'allongement, l'ARN reste lié à l'ADN dans la bulle formée par la séparation des deux brins d'ADN, sur une longueur de 8 à 9 nucléotides. Au fur et à mesure que l'ARN polymérase avance, la partie proximale de la molécule d'ARN se détache de l'ADN permettant ainsi à la double hélice d'ADN de se reconstituer (Fig. 3-4).

L'ARN polymérase agit d'une manière processive (voir chap. 2, l'ADN polymérase processive) et peut corriger les erreurs d'introduction d'un ribonucléotide indésirable en catalysant la réaction inverse de la première.

Le ribonucléotide triphosphate reconstitué est éjecté du site catalytique au profit d'un autre plus correct. L'enzyme peut également effectuer le clivage du court fragment d'ARN qui vient d'être synthétisé et qui contient le nucléotide erroné.

Lors de la synthèse d'un ARNm, l'extrémité 5' devenue libre est prise en charge par la machinerie de la traduction (ribosomes et facteurs de biosynthèse des protéines). Ce couplage physique de la transcription et de la traduction est spécifique des procaryotes.

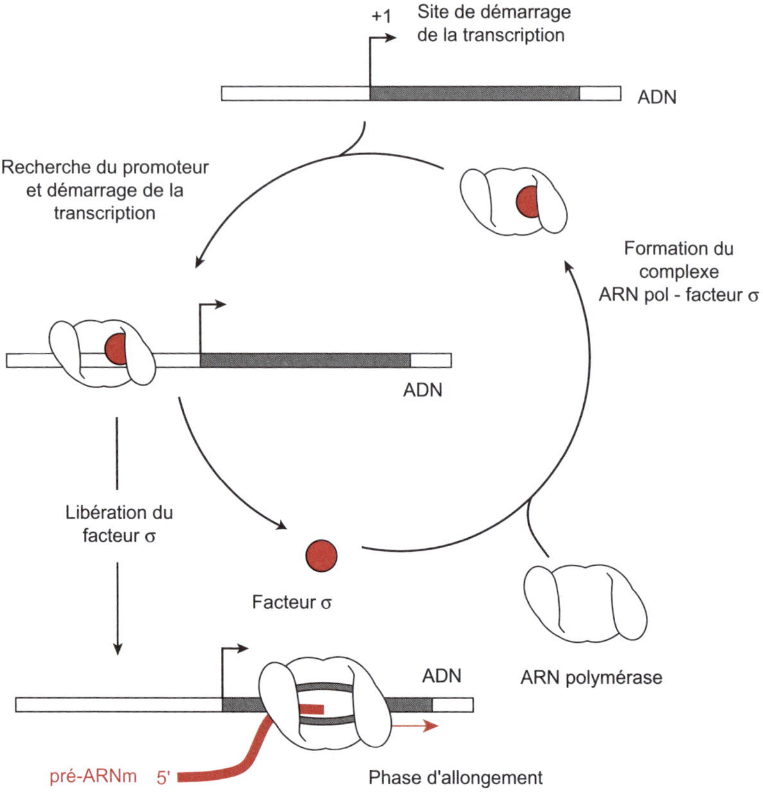

Figure 3-3 L'association cyclique du facteur σ avec des molécules successives d'ARN polymérase assure des démarrages répétés de la transcription.

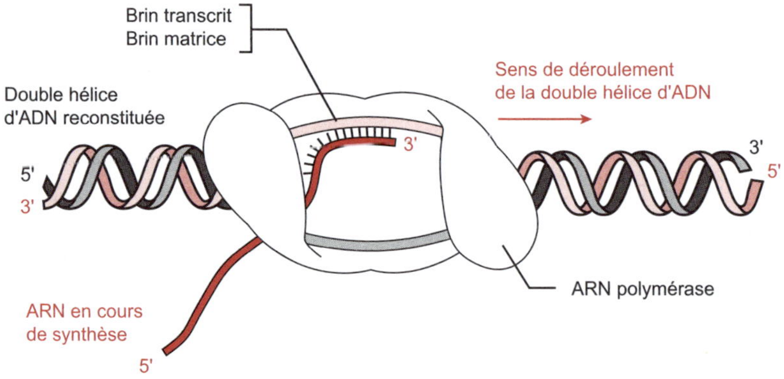

Figure 3-4 Récapitulatif de la dynamique de l'ADN, de l'ARN polymérase et du transcrit ARN au cours de la phase d 'allongement de la transcription.

L'arrêt de la transcription

L'**arrêt** de la transcription est signalé par des séquences ADN spécifiques appelées **terminateurs**. Chez les bactéries, les terminateurs sont de deux types suivant qu'ils fonctionnent en présence ou non du facteur d'arrêt ρ (Rhô).

Les terminateurs Rhô-indépendants appelés également **terminateurs intrinsèques**, sont constitués de deux séquences répétées inversées d'environ 20 nucléotides séparées par une région riche en bases Adénine et Thymine. Quand cette séquence est transcrite en ARN, elle forme un appariement intra-brin en épingle à cheveux (Fig. 3-5). Cette structure favorise le décrochage de l'ARN polymérase, de l'ADN et de l'ARN, à la condition que le terminateur soit suivi sur le brin transcrit d'une séquence riche en adénine. En effet, l'appariement A-U entre ADN et ARN se trouvera plus facilement dissocié que l'appariement G-C.

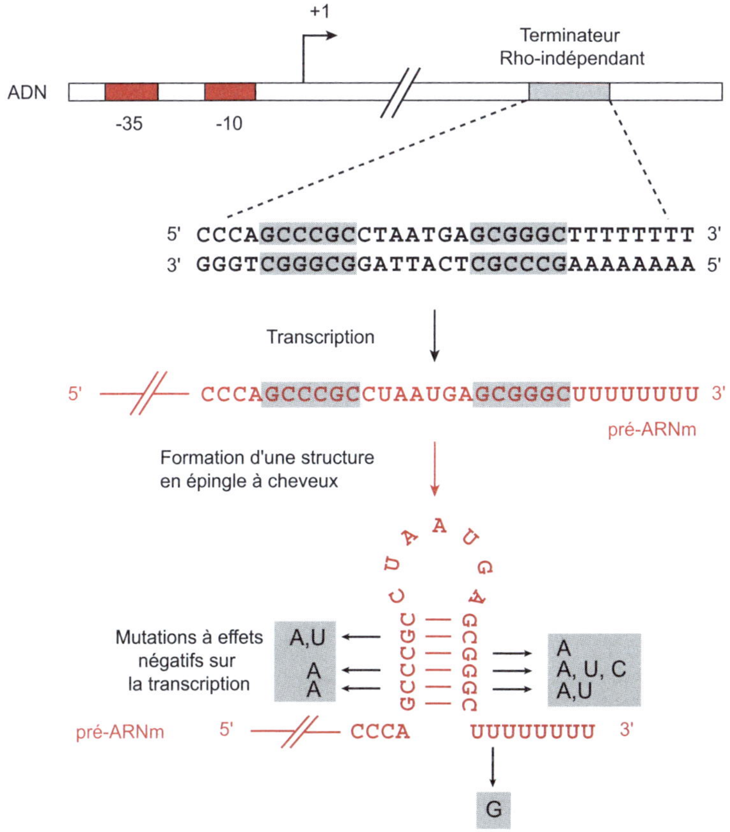

Figure 3-5 Séquence d'un terminateur intrinsèque et formation de la structure en épingle à cheveux favorisant le décrochage de l'ARN polymérase et la libération de l'ARN.

Les terminateurs Rhô-dépendants nécessitent la présence du facteur Rhô, une protéine spécifique dotée d'une activité ATPase qu'elle utilise pour dissocier l'ARN polymérase et l'hybride final ADN-ARN.

Quel que soit le mécanisme utilisé, l'arrêt de la transcription libère une molécule d'ARN appelée aussi **transcrit primaire**.

3.3 LA TRANSCRIPTION CHEZ LES EUCARYOTES

Bien que le mécanisme général chez les eucaryotes s'apparente à celui des procaryotes, il s'en distingue cependant par une intervention beaucoup plus complexe de nombreux facteurs de transcription indispensables à la formation spécifique de l'association entre ARN polymérases et promoteurs et au démarrage efficace de la transcription. On distingue à cet effet les **facteurs généraux de la transcription** suffisants pour reconstituer le processus *in vitro* et les **facteurs additionnels** organisés en **complexes médiateurs** indispensables à la transcription *in vivo*.

Les promoteurs eucaryotes et la polymérase II

L'ARN polymérase II transcrivant la grande majorité des gènes, les connaissances les plus avancées sur le mécanisme de la transcription eucaryote ont été obtenues sur cette enzyme. La région promotrice d'environ 40 nucléotides reconnue par cette polymérase comporte en général 4 séquences situées en amont et en aval du site de démarrage de la transcription proprement dit (Fig. 3-6). Ces éléments de séquences

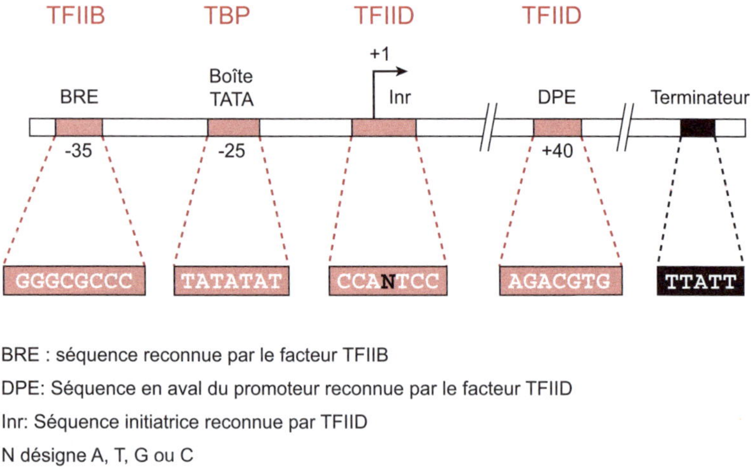

Figure 3-6 Principales caractéristiques d'un promoteur eucaryote.

conservées, reconnus par des facteurs généraux de transcription, sont **BRE** (TF IIB Recognition Element), la **boîte TATA**, **Inr** (Initiator Element) et **DPE** (Downstream Promoter Element). Typiquement un promoteur donné n'inclut que 2 à 3 de ces éléments. D'autres éléments de séquences sont indispensables pour une transcription efficace *in vivo.* Lorsqu'ils sont liés par les facteurs additionnels ces éléments régulateurs peuvent être des éléments stimulateurs ou bien répresseurs de la transcription. Certains constituent de véritables frontières entre les régions transcrites ou sont des isolateurs régulant l'expression alternative de régions particulières. Ils sont parfois très éloignés linéairement (à des centaines de milliers de bases) des promoteurs qu'ils contrôlent, mais se retrouvent par le jeu des surenroulements chromatiniens de l'ADN à proximité physique des régions ADN contrôlées (voir chapitre 5).

Le démarrage : facteurs de transcription et complexe médiateur

À l'instar de ce qui existe chez les bactéries, dans le cas des eucaryotes l'ensemble des facteurs généraux de la transcription et Pol II se lient entre eux et à l'ADN pour former un complexe de pré-démarrage au site de la boîte TATA.

Cette dernière est reconnue par le facteur TF IID qui, comme tous les autres facteurs généraux de la transcription, est un facteur constitué de multiples sous-unités (Tableau 3-2). L'un de ses composants, la protéine de liaison à TATA (**TBP**, pour TATA Binding Protein) se lie à l'ADN. Les autres composants de TF IID, dénommés **TAFs** (pour TBP Associated Factors) participent de façon variable au mécanisme

TABLEAU 3-2 LES FACTEURS GÉNÉRAUX DE LA TRANSCRIPTION ASSOCIÉS À L'ARN POLYMÉRASE II.

Facteurs de Transcription	Nombre de sous-unités
TBP	1
TFIIA	2
TFIIB	1
TFIIE	2
TFIIF	3
TFIIH	9
Autres TAFs	11

de reconnaissance. L'ensemble constitue une plateforme qui recrute au site promoteur les autres facteurs généraux de la transcription, dont TF IIH, et aussi la Pol II elle-même déjà complexée ou non aux facteurs additionnels constituant le complexe médiateur (Fig. 3-7).

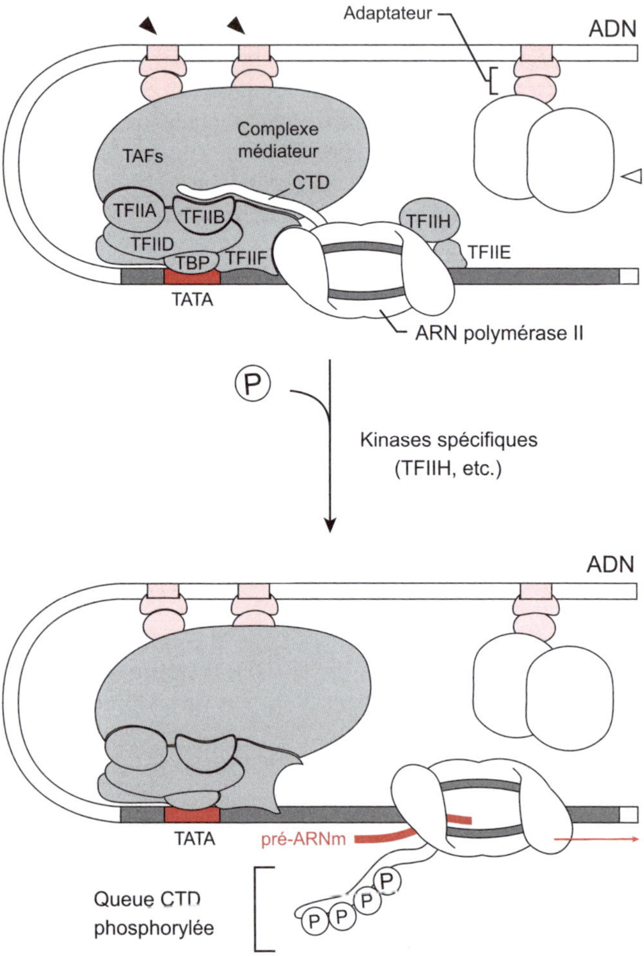

Figure 3-7 Assemblage du complexe de pré-démarrage de la transcription chez les eucaryotes. Outre les nombreux facteurs de transcription, noter la position intermédiaire du complexe médiateur établissant des liens avec des activateurs ou des répresseurs de la transcription liés eux-mêmes à leurs sites de reconnaissance sur l'ADN (têtes de flèches noires). À noter aussi les liens du médiateur avec des complexes remodeleurs ou modificateurs de la structure des nucléosomes et de la chromatine (tête de flèche blanche). La phosphorylation de la queue CTD (domaine carboxy-terminal) de la polymérase déclenche les phases de démarrage et d'allongement.

TF IIH assure la transition entre le complexe de pré-démarrage et le démarrage proprement dit. C'est un facteur complexe, porteur d'activités ATPase et kinases. Il déroule la double hélice d'ADN et assure le démarrage effectif de la transcription. Il participe à la réparation des appariements incorrects de l'ADN et empêche ainsi le blocage de la transcription.

Comme pour les bactéries, le démarrage se caractérise par une série d'essais avortés jusqu'à ce que la taille de l'ARN soit suffisante. Mais chez les eucaryotes, le démarrage nécessite de plus la phosphorylation de la polymérase. La grande sous-unité de l'enzyme possède un domaine carboxy-terminal (CTD) qui se prolonge par une queue où sont disposées les nombreuses répétitions (52 chez l'homme) de l'heptapeptide Y-S-P-T-S-P-S. Chaque répétition porte des sites de phosphorylation (sérine ou thréonine) reconnus par diverses kinases, dont celle qui est associée à TF IIH. L'extrémité CTD est faiblement phosphorylée lorsque la polymérase est recrutée au site promoteur. Sa phosphorylation ultérieure déclenche la phase d'allongement. Au cours de celle-ci la régulation du niveau de phosphorylation par d'autres kinases et phosphatases assure un contrôle serré des modifications que le transcrit doit subir pour devenir mature.

Le démarrage de la transcription *in vivo* nécessite obligatoirement la participation des facteurs additionnels réunis dans le complexe médiateur.

D'autres protéines régulatrices et des enzymes modifiant les nucléosomes sont également souvent nécessaires. Les nombreuses protéines du complexe médiateur, organisées au contact de la queue CTD, jouent à cet effet un rôle essentiel. En connectant de multiples façons la polymérase aux stimulateurs ou répresseurs, liés eux-mêmes à l'ADN (Fig. 3-7) ce dispositif très complexe et éminemment variable suivant les promoteurs, constitue l'un des éléments majeurs du contrôle spatio-temporel de la phase de démarrage de la transcription et par voie de conséquence de l'expression des gènes.

Les phases d'allongement et d'arrêt

Dans la phase d'allongement, les facteurs généraux de la transcription et le complexe médiateur sont remplacés au contact de la Pol II par d'autres facteurs tels que TF IIS et hSPT5 qui stimulent la polymérisation. Ils contrôlent sa vitesse (la vitesse de transcription est d'environ 40 nucléotides par seconde) et participe à l'élimination des erreurs d'incorporation de nucléotides. D'autres protéines sont également recrutées par le domaine CTD de la grande sous-unité de Pol II et assurent les modifications (la maturation) de l'ARN. Qu'il s'agisse de l'allongement ou de la maturation de l'ARN, les nombreuses répétitions heptapeptidiques (Y-S-P-T-S-P-S) du CTD doivent être au préalable phosphorylées sur les sérines 2 et 5 par la kinase P-TEFb.

Les modifications des transcrits

Au cours de la transcription et avant même que l'ARN ne soit exporté hors du noyau pour être ensuite traduit, une série de modifications se produisent qui concourent à la production à partir du transcrit primaire d'un ARN dit mature, apte à assurer les fonctions auxquelles il est destiné.

Dans l'ordre où elles interviennent on distingue : l'addition d'une **coiffe** à l'extrémité 5', l'**épissage des introns** et l'addition d'une queue de **polyadénylation** à l'extrémité 3' (Fig. 3-8).

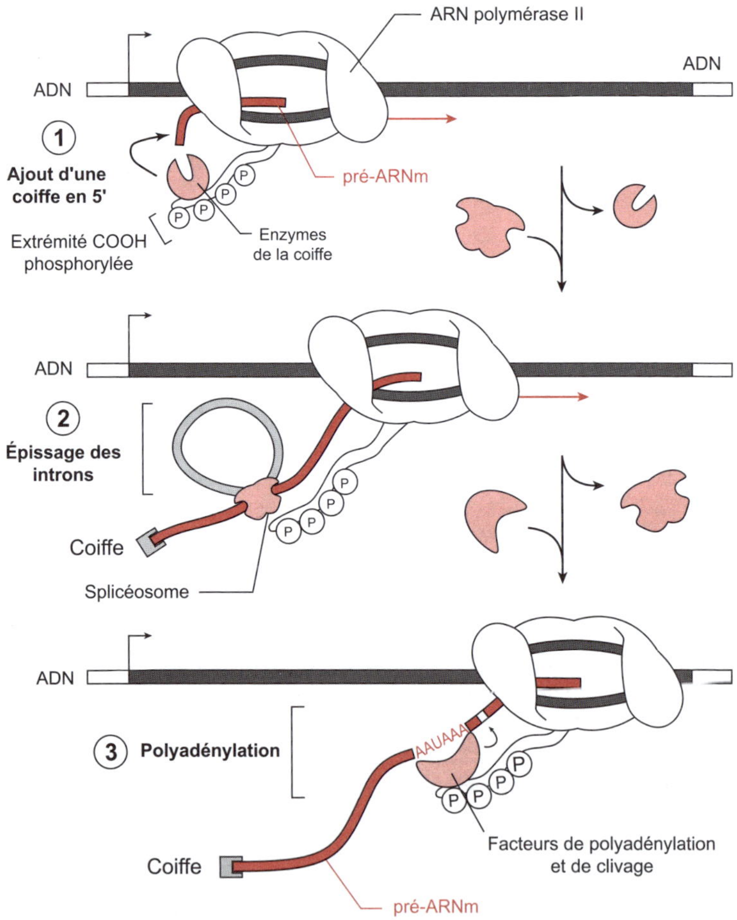

Figure 3-8 Les complexes enzymatiques qui modifient le transcrit en cours de synthèse (ajout d'une coiffe en 5', épissage des introns, polyadénylation de l'extrémité 3') sont recrutés successivement par la queue CTD de l 'ARN Pol II.

L'addition d'une coiffe à l'extrémité 5' protège l'ARNm et lui offre une durée de vie plus longue. La coiffe est composée d'une guanosine méthylée liée par un groupe triphosphate au premier ribonucléotide (Fig. 3-9). Cette modification intervient alors que le transcrit ne possède que 20 à 30 nucléotides seulement.

La déphosphorylation de la sérine 5 des répétitions heptapeptidiques du CTD de l'ARN polymérase II signale la fin de cette première modification et entraîne la dislocation du complexe enzymatique qui en est

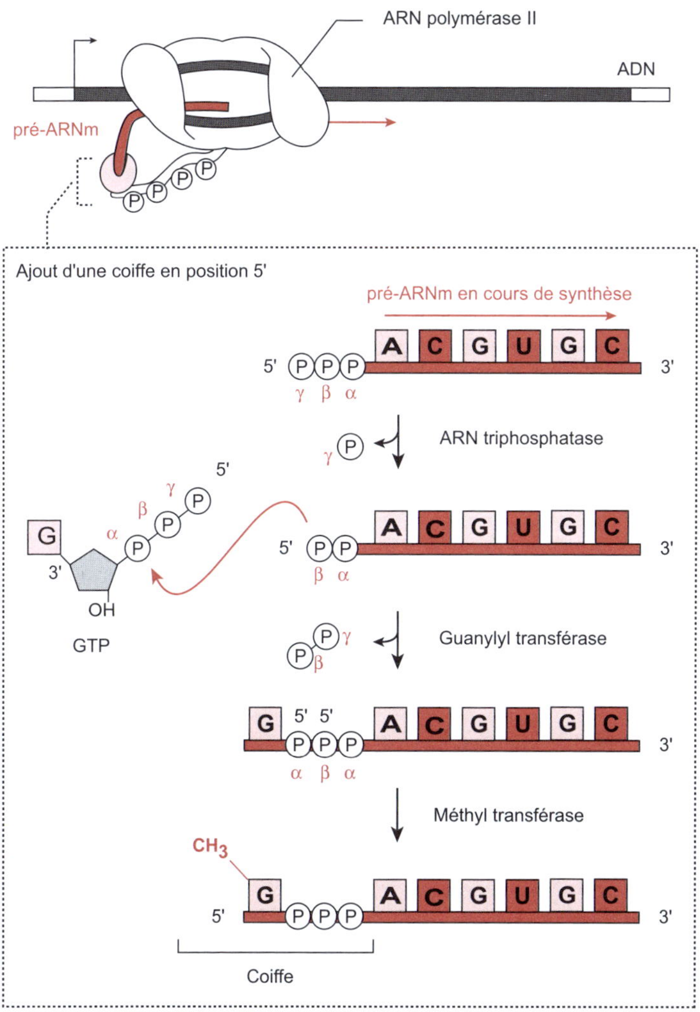

Figure 3-9 Ajout d'une coiffe à l'extrémité 5' du transcrit. Noter la liaison 5'-5' des phosphates terminaux et la méthylation de la guanine.

responsable. La coiffe de l'ARNm sera le moment venu reconnue par les ribosomes lors du démarrage de la traduction.

L'épissage des introns, processus capital de la plupart des transcrits des gènes eucaryotes est détaillé au point 3.4 de ce chapitre.

Enfin, la **polyadénylation** de l'ARN est une modification intimement liée à l'arrêt de la transcription. C'est encore le domaine carboxy-terminal de l'ARN polymérase II qui recrute la **polyA-polymérase**, enzyme responsable de la polyadénylation. Quand l'ARN polymérase transcrit les séquences signalant la fin de la transcription, les enzymes de la polyadénylation sont recrutées et réalisent 3 opérations majeures (Fig. 3-10) : (i) un clivage spécifique dans le proche aval d'une séquence AAUAAA ou site de polyadénylation ce qui élimine une partie de l'extrémité 3' du transcrit ARN ; (ii) l'addition à

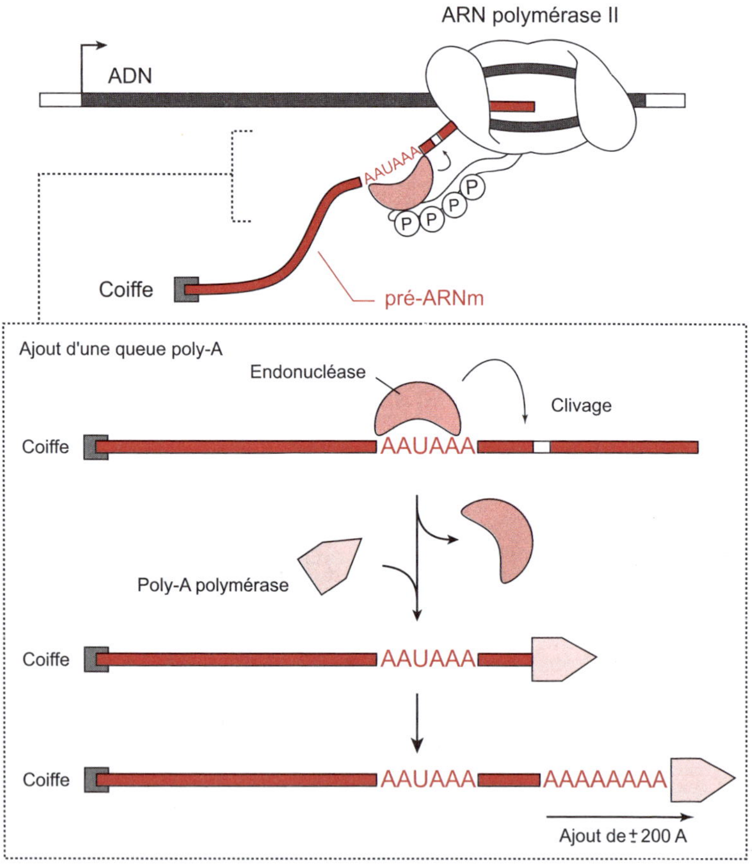

Figure 3-10 Ajout d'une queue polyA à l'extrémité 3' des transcrits.

l'extrémité 3'OH ainsi formée d'une séquence polyadénylique de 20 à 200 nucléotides appelée **séquence ou queue poly A** ; (iii) l'arrêt de la transcription.

À noter que les ARNm des histones (protéines de la chromatine) ne possèdent pas de queue poly A. La fonction de la queue poly A n'est pas complètement comprise, mais elle semble être utile pour la protection de l'ARNm contre des dégradations enzymatiques et jouerait un rôle dans la domiciliation du messager et sa traduction.

Les deux autres polymérases eucaryotes

Les ARN Pol I et Pol III assurent la transcription de gènes codant uniquement des ARN et non des protéines.

Elles possèdent de ce fait des promoteurs particuliers et des facteurs généraux de la transcription qui leur sont propres. Néanmoins elles utilisent comme la Pol II le facteur universel TBP. Pol I transcrit le gène codant l'ARN ribosomique précurseur, un gène présent en grand nombre de copies dans chaque cellule et plus fortement exprimé que n'importe quel autre gène. Pol III utilise des promoteurs qui ont la particularité d'être situés en aval du site de démarrage de la transcription. Cette enzyme transcrit les gènes des petits ARN en général.

3.4 L'ÉPISSAGE DE L'ARN

Contrairement aux gènes bactériens dont les séquences codant les protéines sont continues, la plupart des gènes eucaryotes ont une séquence organisée en régions codantes (les **exons**) interrompues par des régions non codantes (les **introns**).

On parle de gènes en mosaïques, ou de gènes morcelés ou éclatés. Cependant, comme les gènes bactériens, ils sont transcrits en une copie ARN continue, le transcrit primaire (appelé aussi **pré-ARNm**). Comme le système cellulaire de traduction en protéines fonctionne d'une manière à lire en continu les codons successifs, les ARN messagers eucaryotes sont préalablement débarrassés de leurs introns.

Les introns sont donc éliminés par un processus appelé **épissage de l'ARN**

La découverte des gènes morcelés, révélée par des images d'hybridation ADN-ARN complètement nouvelles (Fig. 3-11) comparées à celles des bactéries et virus ouvrit un nouveau chapitre de connaissance du fonctionnement des eucaryotes.

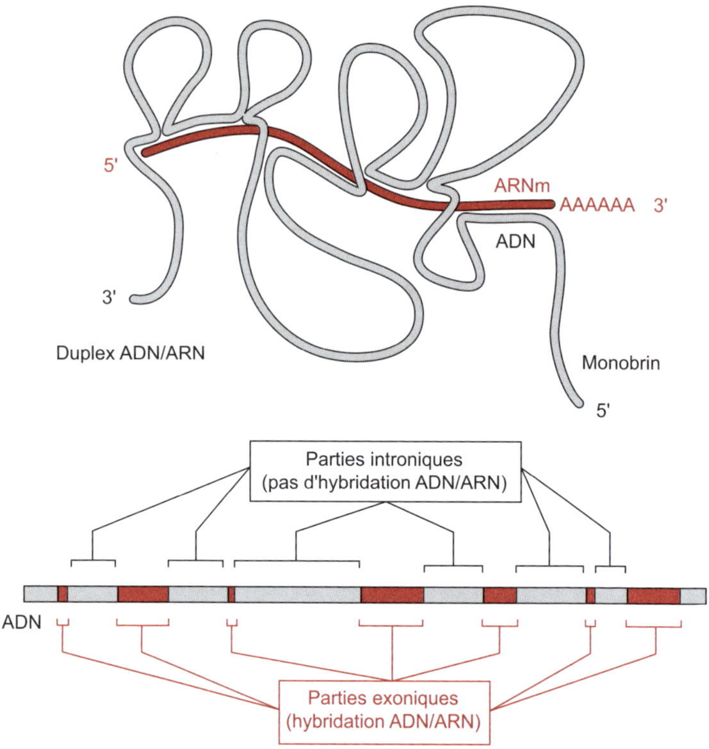

Figure 3-11 Le schéma du haut reproduit l'image d'une hybridation typique d'un d'ARN messager eucaryote mature avec la séquence matrice ADN correspondante. Noter les régions en boucles de l'ADN correspondant aux introns absents de l'ARN messager en raison de leur épissage. Le schéma du bas reconstitue la structure exons-introns de l'ADN telle qu'elle est déduite de l'image d'hybridation ADN-ARN.

Le pré-ARNm est converti en ARN messager mature grâce à une machine moléculaire, le splicéosome, agissant avec une extrême précision sans perte d'un seul nucléotide ce qui aurait pour effet de rompre le cadre de lecture indispensable à l'obtention d'une protéine conforme à l'information génétique initiale. Fréquemment l'épissage des introns peut se produire de manière alternative (différentes combinaisons d'introns sont éliminées) et donner naissance pour un même gène à divers ARN messagers matures qui tous sont susceptibles de conduire à des protéines fonctionnelles mais distinctes.

Aussi la conséquence admise de **l'épissage alternatif** est de diversifier très sensiblement l'expression des gènes eucaryotes, un phénomène qui est en accord avec la plus grande complexité des organismes qui les possèdent (voir pages 91 et suivantes).

Le mécanisme général

À l'intérieur de la séquence du transcrit primaire (pré-ARNm) au sein des introns, de courtes séquences consensus délimitent les frontières entre exons et introns (Fig. 3-12). À l'extrémité 5' de l'intron la séquence s'appelle « site d'épissage en 5'» et à l'autre extrémité « site d'épissage en 3'». Une troisième séquence consensus, le point de branchement, se trouve à l'intérieur de l'intron plutôt du côté 3' et elle est suivie d'une séquence riche en pyrimidines.

La réaction d'épissage s'effectue en deux étapes de transestérification au cours desquelles deux liaisons phosphodiesters sont successivement clivées pour éliminer l'intron. Puis une nouvelle liaison est formée pour réunir les deux exons devenus adjacents.

Dans sa version ancestrale, encore conservée chez certains procaryotes et pour certains gènes d'organites eucaryotes, la réaction d'épissage est catalysée par un ARN à fonction d'enzyme, le ribozyme. Ce mécanisme où le **ribozyme** est codé par une séquence intronique est connu sous le nom d'introns auto-épissables.

Le splicéosome

Dans les cellules, les réactions d'épissage sont très majoritairement effectuées par des particules ribonucléoprotéiques de très grande taille : les **splicéosomes**.

Chacune de ces « machines » moléculaires est aussi grosse qu'un ribosome et se compose d'environ 150 protéines et 5 ARN (U1, U2, U4, U5 et U6), dénommés petits ARN nucléaires (**snARN**). D'une taille de 100 à 300 nucléotides, ces derniers sont complexés à différentes protéines (« **snurps** » pour small nuclear ribonuclear proteins). U1 à U6 assurent les fonctions principales du splicéosome : reconnaissance des séquences bordures des introns et catalyse des réactions. Certaines protéines participent activement à la reconnaissance de la répétition de pyrimidines, d'autres à celle du point de branchement, d'autres encore à l'hybridation des snARN avec les séquences consensus, certaines enfin hydrolysent l'ATP et favorisent ainsi la réaction et les réarrangements qui en résultent.

La fiabilité de la réaction d'épissage dont dépend la qualité finale de l'ARNm repose sur la précision et l'efficacité avec lesquelles les sites d'épissage corrects sont sélectionnés.

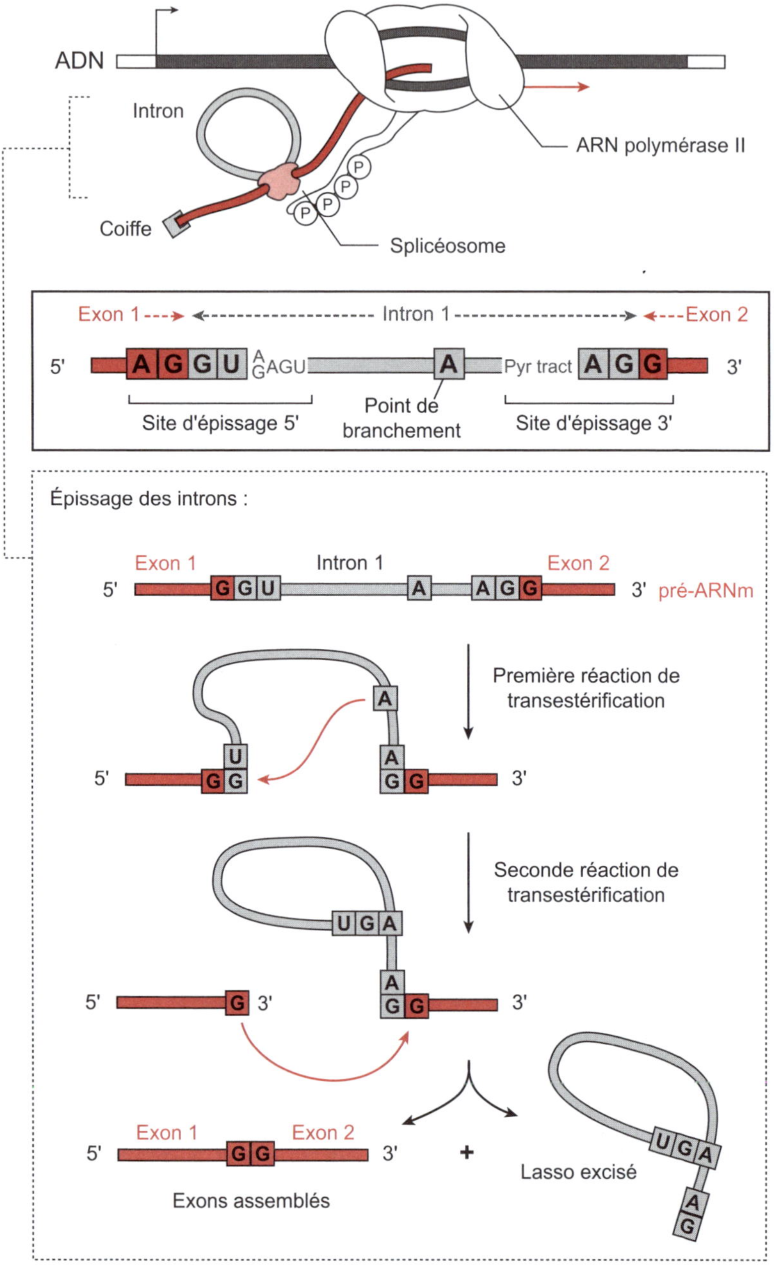

Figure 3-12 Principales étapes de la réaction d'épissage des introns. Noter (encadré du haut) les séquences consensus des bordures intron-exon et à l'intérieur de l'intron.

Deux mécanismes sont mis en œuvre pour cela : (i) l'identification de ces sites dès leur transcription par les protéines du splicéosome présentes sur le CTD de l'ARN polymérase et (ii) l'action des **protéines SR** (riches en sérine et arginine) qui grâce à leurs liaisons aux stimulateurs exoniques d'épissage sélectionnent les sites vraisemblables les plus proches des bordures exoniques. Elles jouent de plus un rôle essentiel dans le contrôle de l'épissage alternatif. Une fois l'épissage accompli, un complexe de jonction exonique (**EJC**) multimérique est déposé sur l'ARNm épissé. Il constitue un point d'ancrage stable pour les facteurs nucléaires et cytoplasmiques qui assurent le transport, la traduction et le contrôle de qualité des ARNm.

L'épissage alternatif et sa régulation

De nombreux gènes eucaryotes codent des ARN qui sont épissés de façon variable et engendrent ainsi différents messagers qui fourniront à leur tour des protéines certes apparentées mais différentes. Dans certains cas, à partir d'un seul gène, des centaines voire des milliers de transcrits différents sont engendrés et parfois autant de protéines distinctes. L'épissage alternatif peut intervenir de plusieurs manières différentes (Fig. 3-13). Il peut être constitutif ou régulé.

Dans le premier cas (épissage constitutif) les divers transcrits et protéines sont toujours engendrés à partir du gène transcrit. Dans le cas d'un épissage régulé, les différents transcrits sont libérés à différentes périodes au cours du développement, sous différentes conditions, dans différentes cellules ou tissus. Cette régulation dépend de protéines (parfois de protéines SR) qui ont la capacité de se fixer à des stimulateurs introniques ou exoniques d'épissage (SIE ou SEE) ou des répresseurs (RIE ou REE).

Les différentes protéines résultant de la transcription d'un seul gène sont des **isoformes protéiques**. Elles peuvent avoir des fonctions similaires, différentes ou antagonistes. Un gène peut donner parfois naissance alternativement à plusieurs transcrits. Certains s'avèrent parfois improductifs car ils portent un codon stop prématuré qui conduit à une protéine tronquée, non fonctionnelle et rapidement dégradée. Ce n'est pas toujours le cas. Les diverses modalités d'épissage connues (Fig. 3-13b) sont souvent à l'origine d'une grande diversité de protéines fonctionnelles.

Exemples de rôles biologiques de l'épissage alternatif

Un exemple bien documenté de ce mécanisme régulateur a été mis en évidence dans la détermination du sexe chez la drosophile. Au cours des premiers stades du développement de la mouche, l'un des exons

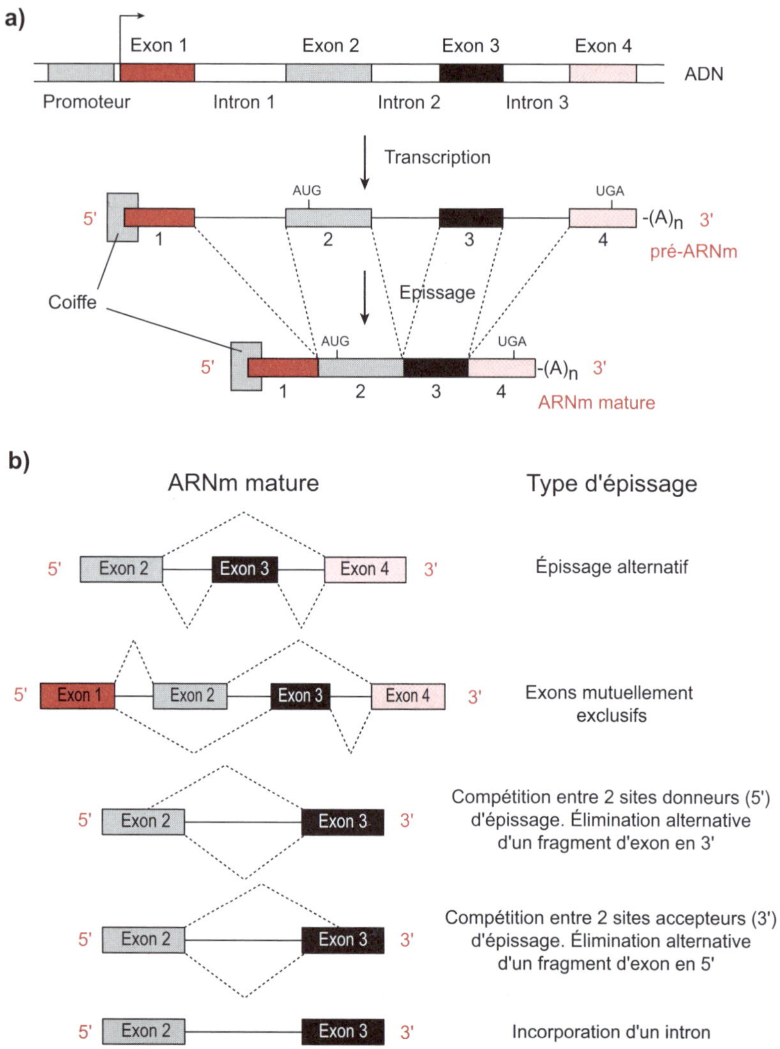

Figure 3-13 Récapitulation des principales possibilités d'épissage d'un transcrit ARN. **a)** Le transcrit primaire (pré-ARNm) subit un épissage qui élimine les introns et réassemble entre eux les exons. La séquence de l'ARN mature obtenu peut comporter une région codante, définie par la position des codons de démarrage (AUG) et d'arrêt (UGA) de la traduction (voir chap. 4). Les régions non codantes se situent en amont 5' du codon de démarrage (5'UTR) et en aval 3' du codon d'arrêt (3'UTR) ; **b)** exemples de différentes modalités d'épissage entraînant des variations dans la séquence d'un ARN (messager ou non). Les pointillés au-dessus ou en dessous indiquent deux possibilités d'épissage. Pour un transcrit primaire donné seules certaines de ces possibilités sont réellement observées *in vivo*.

des pré-ARNm du gène *Sxl* (*Sex lethal*), portant un codon Stop dans le cadre de lecture, est épissé chez la femelle alors qu'il est maintenu chez le mâle. La protéine SXL qui en résulte sera de ce fait tronquée et non fonctionnelle chez ce dernier alors qu'elle sera complète et fonctionnelle chez la femelle. Capable comme d'autres protéines de se lier aux ARN et de réguler leur épissage, la protéine SXL contribuera alors chez la femelle, à l'épissage des transcrits primaires du gène *tra* (*transformer*) pour donner une protéine qui à son tour contribuera à l'épissage des pré-ARNm du gène *dsx* (*doublesex*) et à la production finalement d'une protéine DSX-F (DSX-Femelle) qui réprimera l'expression des gènes spécifiques des mâles. Au contraire, en l'absence d'une protéine SXL fonctionnelle, l'épissage des pré-ARNm du gène *tra* aboutit, chez le mâle, à une protéine TRA inactive et grâce à un épissage alternatif des transcrits primaires de *dsx*, à la production d'une protéine DSX-M (DSX-Mâle) qui réprimera l'expression des gènes spécifiques des femelles.

On observe ainsi que la détermination du sexe chez la drosophile est régulée, à partir du gène commutateur *sxl* et de son exon particulier, appelé parfois l'exon mâle, par une série d'épissages alternatifs s'appliquant sur une cascade de transcrits primaires.

Un autre exemple du rôle exercé par l'épissage alternatif des pré-ARNm est illustré par le contrôle de la maturation du transcrit primaire de la pyruvate kinase au cours du processus de tumorisation. Les exons terminaux 9 et 10 du pré-ARNm codant cette enzyme sont soumis à un épissage alternatif selon que la cellule est normale ou cancéreuse. Dans la cellule normale, l'ARNm mature porte l'exon 9 ce qui favorise la biosynthèse de l'isoforme tétramérique M1 de la pyruvate kinase, très active pour la production d'énergie. Dans la cellule cancéreuse, c'est l'exon 10 qui est préférentiellement maintenu dans le transcrit mature ce qui favorise la formation de l'isoforme dimérique M2 de l'enzyme qui peut interagir par ailleurs directement avec divers oncogènes. Quand la pyruvate kinase M2, peu favorable à la production d'énergie, prédomine malgré les conditions aérobies, les intermédiaires glycolytiques s'accumulent et deviennent disponibles pour la biosynthèse des nucléotides, des amino-acides et des phospholipides. Ainsi le rapport tétramère-dimère de la pyruvate kinase dépend d'un épissage alternatif qui détermine finalement si le glucose est utilisé en priorité pour produire de l'énergie (forme tétramère M1 de la cellule normale) ou pour la synthèse des constituants cellulaires majeurs (forme dimère M2 prédominante de la cellule cancéreuse) ce qui favorise la croissance de la tumeur.

3.5 L'« EDITING DES TRANSCRITS »

Il s'agit d'un mécanisme qui, à l'instar de l'épissage, modifie la séquence d'un ARN après sa transcription. La protéine qui en résulte est différente de celle qui est prédite par la séquence du gène.

Deux principales modalités sont connues : d'une part, la désamination d'une cytosine en uracile ou d'une adénine en inosine et d'autre part l'insertion ou la délétion d'uridine à l'aide d'un ARN guide (Fig. 3-14, voir aussi l'encadré).

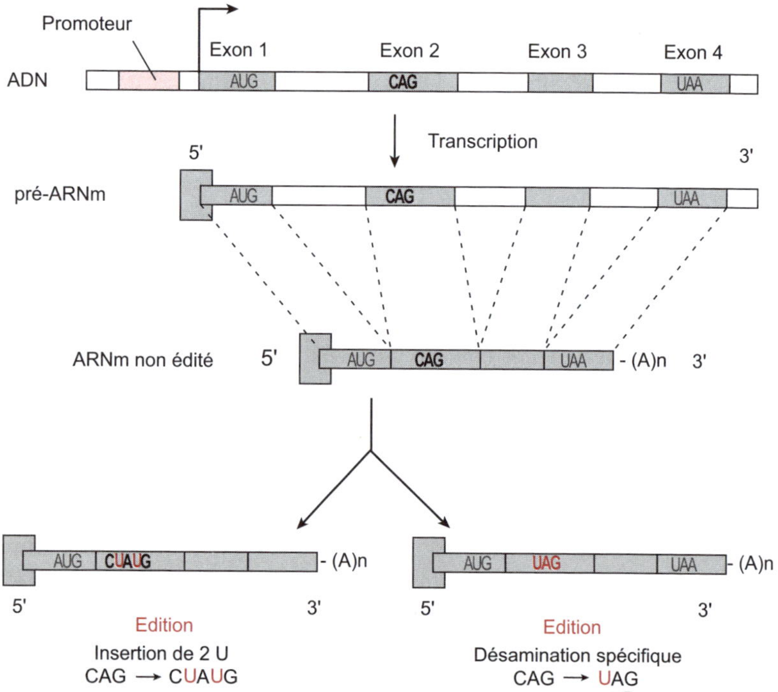

Figure 3-14 Deux exemples de réactions d'« editing » d'un codon CAG par insertion (à gauche) de deux uridine phosphate, ce qui change le cadre de lecture du messager et la séquence de la protéine correspondante ou par désamination d'une cytosine en uracile (à droite et Fig. 3-15), ce qui entraîne l'apparition d'un codon stop prématuré.

La désamination de la cytosine est réalisée par la **cytidine désaminase** (Fig. 3-15). Elle conduit à la formation d'un codon « stop » prématuré et à une protéine tronquée dont la fonction sera modifiée ou abolie.

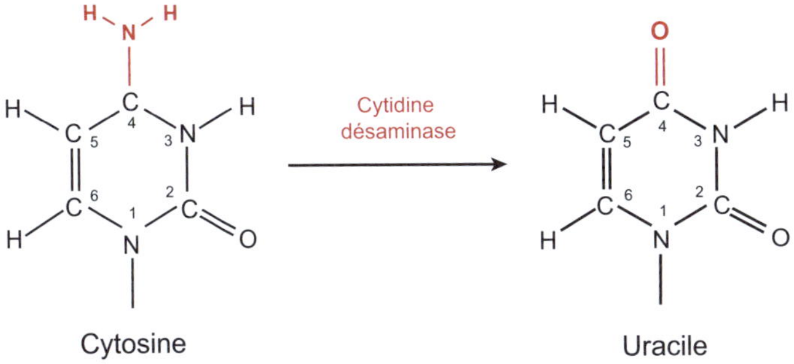

Figure 3-15 Désamination de la cytosine en uracile

Une telle modification peut concerner une adénine. L'adénosine désaminase (ADAR) transforme directement sur l'ARN l'adénine en inosine. Au moment de la traduction, l'inosine sera reconnue comme une guanine et la séquence de la protéine en sera modifiée ainsi que sa fonction. Dans les transcrits mitochondriaux du trypanosome, des insertions d'uridine peuvent se produire et changer les codons et le cadre de lecture. Le mécanisme en cause fait intervenir un ARN modèle porteur de séquences riches en adénine qui servent de guide à la suite de mésappariements pour l'insertion d'uracile dans les sites appropriés de l'ARN édité.

L'édition alternative des ARN messagers : une source de diversité des protéines. L'exemple du trypanosome

Parasite unicellulaire, le trypanosome vit dans le sang des mammifères et passe d'un animal à un autre en utilisant un insecte comme vecteur. La chaîne respiratoire mitochondriale de ce protozoaire ne fonctionne cependant que lorsque le parasite est porté par l'insecte. Dans le sang de l'hôte mammalien, la chaîne respiratoire n'est pas fonctionnelle et la production d'énergie est restreinte à la voie glycolytique. Ainsi au cours de son cycle de vie, le trypanosome a la capacité de réguler l'assemblage de ses complexes respiratoires mitochondriaux. Le mécanisme mis en œuvre fait appel à l'édition post-transcriptionnelle en plusieurs positions de divers ARN messagers. Ils fourniront après leur traduction, une grande diversité de protéines de la membrane interne mitochondriale.

C'est le cas notamment de l'ARN messager de l'enzyme COX III (cytochrome c oxydase III), un composant de la chaîne respiratoire mitochondriale. Son édition est un exemple étonnant de mécanisme moléculaire engendrant à partir d'un unique ARN messager une grande diversité de protéines différentes. Un complexe macromoléculaire spécial (l'éditosome 20S), composé de nombreuses protéines, assure le clivage du pré-ARNm, l'insertion ou la délétion d'uridines, et finalement la ligature de l'ARNm édité. Pour réaliser ces opérations, de nombreux petits ARN spéciaux s'hybrident en diverses positions du pré-ARNm. Ils guident les centaines d'insertions et de délétions d'uridines nécessaires à la production d'un ARNm COXIII complet. La protéine qui en résulte, lorsque ce dernier est entièrement édité, se localise dans la membrane interne mitochondriale. Elle y contribue au bon fonctionnement de la chaîne respiratoire du protozoaire hébergé par l'insecte vecteur. Le pré-ARNm du trypanosome hébergé par le mammifère n'est par contre que partiellement édité. Il possède néanmoins un cadre ouvert de lecture dont une grande partie est commune avec l'ARNm entièrement édité. La protéine qui en résulte dans ce cas, en partie différente de COXIII, se trouve également adressée à la membrane interne mitochondriale. Le pré-ARNm de COXIII peut donc être alternativement édité et donner de nombreuses enzymes fonctionnellement distinctes. L'« editing » des ARN n'est donc pas seulement un moyen simple pour réparer des mutations survenues au niveau de l'ARNm. C'est aussi un nouveau mécanisme capable d'engendrer une diversité de protéines aux fonctions potentiellement différentes.

POINTS CLEFS

- La transcription est la première étape de l'expression d'un gène et fournit une copie ARN de l'ADN. Ce processus est catalysé par une famille d'enzymes, les ARN polymérases qui polymérisent des ribonucléotides triphosphates dans le sens 5′ → 3′ conformément à la séquence du brin matrice de l'ADN.
- Les procaryotes ont un seul type d'ARN polymérase alors que les eucaryotes en possèdent trois, les ARN Pol I, Pol II et Pol III. Les structures de l'enzyme bactérienne et de l'enzyme eucaryote Pol II sont similaires et sont en forme de pinces enserrant le brin matrice de l'ADN. Mais l'enzyme Pol II seule possède une « queue » riche en séquences heptapeptidiques à l'extrémité C de la grande sous-unité.

- Un cycle de transcription comporte typiquement trois phases : un démarrage, une phase d'allongement puis un arrêt. Bien que les ARN polymérases soient capables de synthétiser l'ARN sans aide extérieure, des facteurs de démarrage (σ chez les bactéries, les nombreux facteurs généraux de la transcription chez les eucaryotes) sont nécessaires pour assurer un démarrage précis et efficace aux sites appropriés appelés promoteurs.
- Chez les eucaryotes, l'ADN est enroulé en nucléosomes, structure de base de la chromatine, ce qui nécessite l'intervention de protéines additionnelles, modificatrices et stimulatrices, notamment celles qui sont organisées dans le complexe médiateur.
- À la suite de plusieurs démarrages avortés, la phase d'allongement commence et l'ARN polymérase ouvre et ferme successivement la double hélice, polymérise les ribonucléotides, et après avoir contrôlé leur insertion correcte, libère le nouvel ARN.
- Chez les eucaryotes, le départ du site promoteur dépend de l'état de phosphorylation du domaine carboxy-terminal de l'ARN polymérase.
- Plusieurs événements de maturation des messagers (dépôt d'une coiffe en 5', épissage des introns, « editing ») se produisent simultanément à l'allongement de l'ARN.
- L'arrêt de la transcription dépend de deux sortes de séquences d'arrêt d'où l'ARN se détache avec l'aide ou non d'une ATPase, le facteur Rhô. Arrêt de la transcription et polyadénylation en 3' du messager sont deux processus couplés chez les eucaryotes.
- L'ARNm primaire des bactéries et des phages comporte une série ininterrompue de codons, alors que celui des eucaryotes (transcrit primaire) est morcelé en séquences codantes (exons) alternant avec des séquences non codantes (introns).
- Lorsqu'un gène eucaryote morcelé est transcrit, le transcrit primaire contient les introns qui doivent être éliminés par un processus nommé épissage pour donner naissance à l'ARNm mature.
- À partir d'un même transcrit primaire, un épissage alternatif peut engendrer divers ARN matures qui fourniront eux-mêmes des isoformes protéiques fonctionnelles ou non.
- Des séquences consensus formant les sites d'épissage sont présentes à l'intérieur des introns, en bordure et au centre des exons.
- L'élimination d'un intron s'opère par deux réactions d'estérification qui libèrent l'intron sous la forme d'une structure branchée nommée lariat.
- L'épissage d'un pré-ARNm eucaryote nécessite un assemblage de protéines et d'ARN nommé splicéosome, composé lui-même de sous-ensembles nommés snRNPs où sont présentes dans chacun d'eux différentes protéines associées à de petits ARN nucléaires U1 à U6. Ces ARN reconnaissent les introns et catalysent leur élimination.

➤ La précision et la régulation du processus d'épissage sont largement augmentées par des protéines riches en sérine et arginine, les protéines SR dont certaines sont actives en présence seulement d'un signal physiologique. Comme les facteurs transcriptionnels, les protéines SR sont soit des activateurs ou des inhibiteurs de l'épissage.

QCM - QROC

3-1 Quelles sont les bonnes propositions ?

a) Un ARN est composé de ribonucléotides.
b) Un ARN ne forme jamais de double brin.
c) L'ARN contient la base uracile.
d) L'ARN n'assure jamais de fonction enzymatique.

3-2 La séquence ci-dessous appartient à un segment d'ADN en cours de transcription. La flèche indique le sens de transcription de ce segment.

Brin A :

5'-CTAGTAAGGAGGTGCGAATGCTATGAAAGCAACTAAACTAGTACTTGGGGCGGTGAT-3'
⟶

Brin B :

3'-GATCATTCCTCCACGCTTACGATACTTTCGTTGATTTGATCATGAACCCCGCCACTA-5'

Quel est le brin matrice ?
Quel est le brin codant ?
Donner la séquence du transcrit.

3-3 Chez les eucaryotes, la transcription s'arrête quand :

a) L'ARN polymérase atteint un codon Stop sur l'ARNm.
b) L'ARN polymérase atteint un codon Stop sur l'ADN.
c) L'ARN polymérase se lie au facteur Rhô.
d) L'ARNm a reçu l'extension polyadénylée.

3-4 Que signifient les notions de promoteur fort et de promoteur faible ?

3-5 Quel est le brin d'ADN qui sert de matrice pour la transcription ?

3-6 Un chercheur envisage d'exprimer dans une bactérie une séquence codante eucaryote. Citer deux précautions majeures qu'il devra prendre en compte ?

3-7 L'ADN d'un gène morcelé est hybridé avec l'ARNm mature correspondant. Il se forme alors une structure avec des régions complémentaires (ARN-ADN) séparées par des boucles d'acide nucléique monocaténaire. Parmi les propositions suivantes, lesquelles sont bonnes ?

a) Les boucles sont faites d'ADN.

b) Les boucles correspondent aux exons du gène

c) Quand ils sont hybridés, l'ADN et l'ARN sont antiparallèles

d) Le brin d'ADN qui s'hybride à l'ARNm est le brin codant.

3-8 On se propose d'étudier un gène composé de 6 exons (*a*, *b*, *c*, *d*, *e* et *f*). Dans l'ARNm mature de ce gène tous les exons sont présents et seul l'exon *e* est traduit.

a) s'agit-il d'un gène eucaryote ou procaryote ?

b) comment appelle-t-on les régions de l'ARNm définies par les exons *abcd* et *f* ?

3-9 Selon vous, est-ce que le promoteur et le terminateur de la transcription sont présents sur l'ADN ou l'ARN ?

RÉPONSES

3-1 a, c

3-2

a) Brin B

b) Brin A

c)

```
5'-CUAGUAAGGAGGUGCGAAUGCUAUGAAAGCAACUAAACUAGUACUUGGGGCGGUGAU-3'
```

3-3 La seule bonne réponse est (d). L'ARN polymérase ne reconnaît ni le codon Stop qu'elle polymérise (a), ni sa matrice portée par l'ADN (b). Le facteur Rhô est impliqué dans l'arrêt de la transcription chez les procaryotes et non chez les eucaryotes.

3-4 La force d'un promoteur désigne la capacité de recrutement de l'ARN polymérase. Un promoteur fort recrute fortement l'ARN polymérase alors qu'un promoteur faible offre peu d'affinité pour l'ARN polymérase.

3-5 Selon la région d'ADN à transcrire, c'est l'un ou l'autre des deux brins qui sert de matrice pour la transcription. Ce sont les positions du promoteur et des signaux de démarrage de la transcription qui définissent le brin d'ADN matrice. Le brin matrice sera lu dans le sens 3' → 5' et l'ARN est synthétisé dans le sens 5' → 3'.

3-6 Pour que la transcription puisse avoir lieu il faut placer cette séquence eucaryote sous le contrôle d'un promoteur bactérien qui pourra être reconnue par l'ARN polymérase bactérienne. La séquence codante devra être débarrassée des séquences introniques, car les bactéries ne sont pas équipées pour assurer l'épissage des introns.

3-7 Les bonnes propositions sont suivantes : a et c. Les boucles correspondent aux introns et le brin d'ADN qui s'hybride à l'ARNm est le brin matrice.

3-8

a) Il s'agit d'un gène eucaryote puisqu'il comporte plusieurs exons.

b) Les régions de l'ARNm définies par les exons *abcd* et *f* sont appelées régions non traduites (5'UTR et 3'UTR, Untranslated Regions).

3-9 Le promoteur est une séquence d'ADN qui permet l'attachement de l'ARN polymérase. La séquence qui constitue le promoteur n'est pas transcrite ; elle est donc absente de l'ARN. Par contre, le terminateur est transcrit et c'est sa présence dans l'ARN qui permet par des mécanismes divers d'arrêter la transcription.

CHAPITRE 4

La traduction des ARN messagers

PLAN

OBJECTIFS

- Comprendre le principe du code génétique utilisé par les procaryotes et les eucaryotes pour établir une relation entre ARNm, ARNt et acide aminé
- Définir les principaux acteurs de la traduction (ARNm, ARNt, ARNr, ribosomes)
- Étudier les mécanismes moléculaires en jeu dans la traduction de l'information génétique en protéines
- Comparer les mécanismes de la biosynthèse des protéines chez les bactéries et les eucaryotes

Le terme **traduction** désigne le processus qui assure au sein de la cellule vivante, la synthèse des protéines, conformément aux instructions codées dans la séquence de l'ADN et qui sont au préalable transcrites en ARN messagers (voir le chapitre 3 pour la transcription de l'ADN).

Il s'agit d'un processus cellulaire essentiel, mobilisant des moyens énergétiques considérables, les protéines représentant une part majoritaire de la matière constitutive des cellules vivantes. La traduction du message nucléotidique nécessite, pour chaque protéine synthétisée, la mise en œuvre d'une machinerie complexe, composée de plusieurs dizaines de partenaires dont les ARN (ARNt, ARNr et ARNm), les ribosomes et de nombreuses enzymes et facteurs protéiques de traduction. Au cœur de ces mécanismes se trouve un système d'exploitation des instructions génétiques, appelé **code génétique**. Ce système assure que le « langage » à 4 lettres des acides nucléiques (les bases puriques et pyrimidiques A, T ou U, G et C) sera transformé, grâce à un code de

B. U. METZ

correspondance en forme de triplets (les **codons**), dans le « langage » à 20 lettres des protéines (les 20 amino-acides désignés par les symboles à une lettre, A, R, N, D, C, Q, E, G, H, I, L, K, M, F, P, S, T, W, Y, V).

4.1 LE CODE GÉNÉTIQUE

La notion de code génétique s'est imposée après qu'il fut établi en 1944 que l'ADN était le support chimique de l'hérédité et en 1953 que sa structure linéaire en double hélice portait sous une forme encore inconnue les instructions génétiques assurant leur transmission de génération en génération. La logique du vivant pouvait donc se décliner dans la séquence des nucléotides et cette hypothèse fit émerger l'idée que la séquence était informative et que son contenu devait être matériellement organisé de telle manière qu'une correspondance existe entre les séquences nucléotidiques et les séquences des protéines, puisque ce sont ces dernières qui assurent les fonctions de la « machine vivante ».

L'idée qu'un nucléotide (une base) de l'ADN pouvait correspondre à un amino-acide d'une protéine fut écartée rapidement car les 4 bases ne pouvaient spécifier que 4 amino-acides alors qu'il en existe 20 dans les protéines. L'idée nouvelle d'une combinatoire de nucléotides s'imposa alors. Pris par ensemble de deux, les nucléotides (les bases) autorisent $4^2 = 16$ combinaisons, une valeur encore inférieure aux 20 amino-acides différents. Pris par trois, $4^3 = 64$ combinaisons sont possibles, soit un nombre bien supérieur aux 20 amino-acides.

Le code génétique est dégénéré

C'est pourtant ce qui fut démontré ultérieurement. Le code génétique est bien un code à triplets et 61 des 64 combinaisons différentes de trois nucléotides (bases) spécifient les 20 amino-acides. Un même amino-acide possède donc plusieurs codons. Pour cette raison, on dit que le code génétique est **dégénéré**. Il en résulte que les deux premières bases de chaque triplet sont assez fréquemment spécifiques de l'amino-acide et que la troisième base peut être fréquemment l'une des quatre bases nucléiques (Fig. 4-1).

Pour chaque codon, il a été proposé qu'un **ARN adaptateur** spécifique devait exister, porteur d'un **anticodon** correspondant au codon, suivant le principe d'appariement des bases par des liaisons hydrogène. Il fut constaté ensuite que ce principe était seulement approximatif et que des flottements dans l'appariement pouvaient exister. La base G d'un anticodon pouvait s'apparier avec les bases C ou U d'un codon, la base U avec les bases A ou G, et la base I (l'inosine est une cinquième base, rare, dérivée de l'adénine) avec les bases A, U ou C. Ceci explique notamment, que le nombre d'**ARN de transfert** (nom

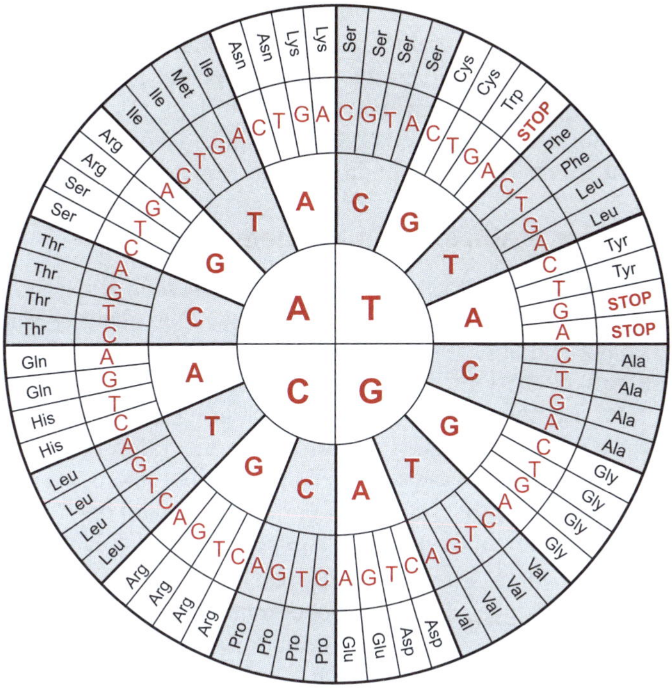

Liste des 20 acides aminés, abréviation et symboles

Nom	Abréviation	Symbole
Alanine	Ala	A
Arginine	Arg	R
Asparagine	Asn	N
Acide aspartique	Asp	D
Cystéine	Cys	C
Glutamine	Gln	Q
Acide glutamique	Glu	E
Glycine	Gly	G
Histidine	His	H
Isoleucine	Iso	I
Leucine	Leu	L
Lysine	Lys	K
Méthionine	Mét	M
Phénylalanine	Phé	F
Proline	Pro	P
Sérine	Ser	S
Thréonine	Thr	T
Tryptophane	Trp	W
Tyrosine	Tyr	Y
Valine	Val	V

Figure 4-1 Présentation du code génétique. La lecture des triplets de bases définissant les divers codons s'effectue du centre vers la périphérie. La première base des codons est au centre, la deuxième et la troisième se succédant vers la périphérie. Les amino-acides correspondant aux codons sont désignés en périphérie par leurs abréviations à trois lettres. La table donne la correspondance avec leur symbole à une lettre.

ultérieurement donné aux ARN adaptateurs) n'est pas exactement identique au nombre de codons. Les trois dernières combinaisons de triplets de bases ne spécifient aucun amino-acide. Elles ne sont pas reconnues par des ARNt mais par des protéines qui assurent l'arrêt de la lecture d'un message. Les codons en question (TAA, TAG et TGA, U remplaçant T dans l'ARN) sont dits **codons non sens** ou **codons stop**.

Le code a été établi expérimentalement

Ce sont des expériences *in vitro* avec des polynucléotides de synthèse qui ont permis le déchiffrage du code génétique. Nirenberg et Matthaei en 1961 ont tout d'abord synthétisé des polyribonucléotides monotones tels que poly U et fourni les conditions suffisantes pour leur traduction *in vitro*. Le polypeptide obtenu est une polyphénylalanine ce qui attestait que le triplet UUU était attribuable au codon de la phénylalanine. La même expérience répétée avec des polymères de A ou de C a donné des polylysines et des polyprolines révélant que les triplets AAA et CCC codaient donc respectivement la lysine et la proline.

Les autres codons furent élucidés par la traduction de polyribonucléotides à séquences dinucléotidiques ou trinucléotidiques alternées. Un poly AC alternant A et C par exemple ne porte que deux codons possibles ACA et CAC. Sa traduction fournit un polypeptide composé d'un mélange équimolaire d'histidine et de thréonine. L'identification des codons de ces acides aminés fut donnée par une autre expérience. Il s'agit de synthétiser un polymère de A et de C dans un rapport molaire de 5:1. Dans ce polymère le codon AAA sera statistiquement le plus représenté et le codon CCC le moins représenté. Les codons mixtes $(A_2)C$ (AAC, ACA et CAA) seront plus fréquents que $A(C_2)$ (CCA, CAC et ACC). L'analyse de la composition en acides aminés des produits de la traduction indique que l'histidine ne peut avoir que $A(C_2)$ comme codon. Il en fut déduit que CAC codait l'histidine et ACA la thréonine. Ces expériences et d'autres utilisant des polymères avec 3 ou 4 nucléotides ont finalement permis d'établir le code génétique dans son intégralité (Fig. 4-1).

Le code est lu sur l'ARN messager dans le sens 5'-3'

Il s'agit là de l'un des principes de base du code génétique. La séquence de l'ARN messager est transcrite dans le sens 5' → 3' et les codons qui la constituent sont lus par le ribosome et la machinerie traductionnelle également dans le sens 5' → 3'.

Il est donc particulièrement important dans l'examen d'une séquence nucléique codante de bien identifier son orientation avant de prédire sa traduction en protéine.

Les codons ne sont pas chevauchants

Lors de la traduction, les codons sont lus séquentiellement et aucun chevauchement dans la lecture des codons successifs ne se produit. Un nucléotide ayant servi pour la lecture d'un codon ne peut servir pour la lecture d'un autre codon (Fig. 4-2). Ainsi le codon de démarrage est très important puisque c'est lui qui définit le bon cadre de lecture pour le reste de la séquence. Puisqu'il n'y a pas de chevauchement, il n'existe que trois cadres de lecture possibles (Fig. 4-2). Selon le cadre considéré, la séquence en acides aminés est bien évidemment différente.

L'expression « cadre ouvert de lecture » (« open reading frame » ou **ORF**) est souvent employée pour désigner l'existence d'une séquence codante au sein d'un gène. Le terme « ouvert » signifie simplement qu'une possibilité de cadre de lecture existe, mais que les détails exacts ne sont pas définitivement établis.

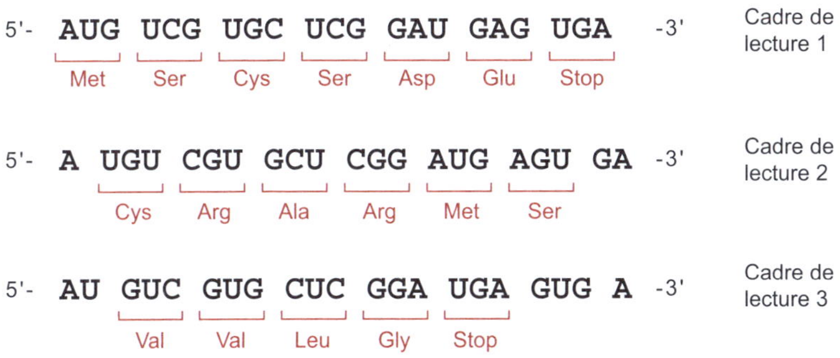

Figure 4-2 Les codons sont non chevauchants dans la lecture d'un cadre, mais trois cadres de lecture d'une séquence nucléique sont possibles.

Les mutations modifiant le sens des codons

Diverses mutations discrètes peuvent altérer la signification des codons. Il s'agit des mutations ponctuelles portant comme leur nom l'indique sur une base. En substituant une base à une autre, la signification d'un codon peut changer et un autre amino-acide que celui initialement défini sera spécifié. Cela n'est pas toujours vrai. Si la substitution porte sur la troisième base du codon, il y a peu de chance que l'acide aminé soit changé. On parle à ce propos parfois de mutation silencieuse. Mais si cela se produit fréquemment la composition globale en bases de l'acide nucléique s'en trouve modifiée. On explique ainsi que deux ARN messagers peuvent avoir des séquences en bases sensiblement différentes tout en spécifiant des séquences protéiques très proches en acides aminés. Si la substitution porte sur la première ou la deuxième base du codon, l'acide aminé spécifié en sera très souvent changé. On parle d'une **mutation faux sens**. Si la substitution entraîne l'apparition d'un codon « stop », on désigne la mutation sous le terme de **mutation non sens**. Lorsqu'une telle mutation intervient sur un codon localisé bien avant le codon stop naturel elle a pour conséquence d'entraîner un raccourcissement de la protéine codée par le messager ainsi muté. On dit que la protéine subit une troncature, qu'elle est tronquée. Souvent chez les eucaryotes, ce type de protéine a des effets délétères sur le métabolisme. Aussi un mécanisme d'élimination rapide du messager correspondant a été sélectionné au cours de l'évolution. Il est connu sous le nom de « **nonsense-mediated mRNA decay** » ou NMD.

Lorsque la mutation consiste en l'addition ou la délétion d'une base, le cadre de lecture initial n'est pas conservé. La séquence protéique en aval s'en trouve modifiée et très souvent un codon « non sens » prématuré apparaît dans le nouveau cadre de lecture. Une deuxième mutation de ce type (addition si la première est une délétion et *vice versa*) en aval de la première peut rétablir le cadre de lecture initial et donner une protéine contenant une séquence interne différente de la protéine sauvage. Ces **mutations par changement de cadre de lecture** introduisent une diversité parfois exploitée fonctionnellement.

Il arrive qu'une première mutation dont les effets sont sévères soit corrigée par une deuxième mutation qui rétablit la séquence correcte. Parfois comme évoqué ci-dessus, la mutation corrective ou suppressive intervient dans le même gène. Parfois elle intervient dans un autre gène bien que ses effets soient correcteurs de la première mutation. On dit d'un tel gène muté qu'il est **suppresseur** de mutation. Les plus connus sont les gènes codant des ARNt mutants. L'ARNt muté dans son anticodon devient capable de reconnaître un codon stop. Il introduit à ce site un acide aminé (celui qui correspond à sa spécificité) et permet à la synthèse protéique de se poursuivre au lieu de s'arrêter. L'ARNt mutant supprime ainsi les effets d'une mutation non sens.

Le code génétique est universel

L'**universalité du code génétique** est aujourd'hui solidement établie et s'appuie sur les données fournies par les séquençages des génomes entiers de nombreuses espèces et par les très nombreux contrôles d'analyse de séquences de protéines. Quelle que soit la cellule considérée les acides aminés sont codés par les mêmes codons. Il existe cependant quelques exceptions découvertes notamment dans la synthèse protéique mitochondriale. Ainsi UGA n'est pas un codon « stop » mais spécifie le tryptophane. La méthionine peut être codée par AUG ou AUA. Chez la mitochondrie de Mammifères, AGG et AGA ne sont pas des codons de l'arginine mais des codons « stop » comme UAA et UAG. Chez la mitochondrie de drosophile AGG et AGA sont des codons spécifiant la sérine et non l'arginine. Enfin d'autres exceptions au code génétique sont également présentes chez certaines bactéries et eucaryotes unicellulaires.

Il ne faut pas se méprendre sur le terme universel. Rien n'indique aujourd'hui qu'une autre forme de vie, si elle existe dans l'univers, repose sur un système de codage similaire à celui qui apparemment prévaut dans la biosphère terrestre.

4.2 LES PRINCIPAUX ACTEURS DE LA TRADUCTION

La relation entre les deux « langages » nucléique et protéique a d'abord été une hypothèse (celle de l'ARN adaptateur) puis est devenue une réalité physique, l'ARN de transfert (ARNt). Les aminoacyl ARNt synthétases attachent les amino-acides à des ARNt spécifiques qui reconnaissent à leur tour par un anticodon en forme de triplet de bases, les codons correspondants de l'ARN messager. Le ribosome, un énorme complexe fonctionnel, composé d'ARN et de protéines, coordonne l'ensemble des opérations qui aboutissent à la formation des liaisons peptidiques unissant les amino-acides en protéines dans l'ordre linéaire des instructions génétiques présentes initialement dans l'ADN.

Les ARN messagers

La séquence complète d'un ARNm a généralement une taille supérieure à la partie qui sera effectivement traduite en séquence protéique. Le terme « **cadre ouvert de lecture** » ou **séquence codante** (voir plus haut) désigne le segment d'ARNm qui est traduit (Fig. 4-3). Chaque séquence codante est délimitée par un **codon de démarrage** (très souvent AUG) et un **codon de terminaison** de la traduction qui est l'un des trois codons d'arrêt, UAG, UGA ou UAA.

La plupart des ARNm eucaryotes comportent un seul cadre ouvert de lecture ; ils sont de ce fait dits **monocistroniques**. Les ARNm procaryotes comportent fréquemment plusieurs ORF et sont dits pour cette raison **polycistroniques**. Ils codent généralement chez les bactéries des protéines impliquées dans une même voie métabolique (voir les opérons, chap. 5, Fig. 5-3 et 5-6). Pour certains ARNm polycistroniques, le codon d'arrêt d'un ORF chevauche le codon de démarrage de l'ORF suivant dans une séquence 5'-AUGA-3'contenant les deux codons. En règle générale les régions en amont 5' du codon AUG et en aval 3' du codon d'arrêt de l'ARNm sont cependant indispensables à la traduction. Elles sont différemment utilisées par les procaryotes et les eucaryotes pour le recrutement des ribosomes et des nombreuses protéines nécessaires à la traduction (voir plus loin).

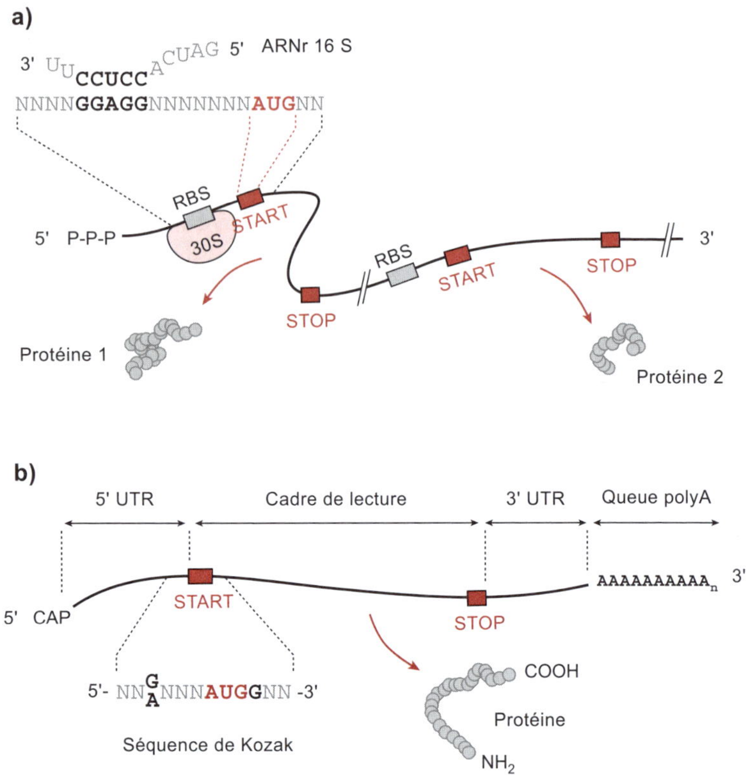

Figure 4-3 Organisation des ARN messagers. **a)** Chez les procaryotes : l'ARNm polycistronique contient plusieurs sites de fixation des ribosomes (RBS) et plusieurs codons de démarrage et d'arrêt définissant plusieurs cistrons contigus ; **b)** l'ARNm eucaryote possède une extrémité 5' protégée (CAP) où se fixe le ribosome avant de balayer l'ARN jusqu'au codon de démarrage situé généralement au sein d'une séquence dite de Kozak stimulatrice du démarrage tout comme la queue polyadénylée située à son extrémité 3'. START : région contenant le codon de démarrage ; UTR : région non traduite.

Les ARN de transfert

La structure en forme de L renversé des ARNt

Les acides aminés n'ont pas d'affinité spécifique directe pour l'ARNm. Ils s'attachent aux matrices d'ARNm par l'intermédiaire d'adaptateurs, les ARNt ou ARN de transfert. Chaque ARNt est spécifique d'un amino-acide et reconnaît le ou les codons de l'ARNm correspondant à cet amino-acide. Les ARNt sont des molécules de petite taille (75 à 95 ribonucléotides) qui représentent environ 15 % des ARN cellulaires. Ils possèdent la particularité d'être chimiquement modifiés après leur synthèse. Ainsi certaines de leurs bases sont méthylées, d'autres transformées en bases inhabituelles comme la pseudo-uridine (ΨU), la dihydrouridine (D), l'hypoxanthine ou inosine (I), la thymine (T).

Les ARNt possèdent une structure commune comportant 4 régions en forme de tiges faites de bases appariées par des liaisons hydrogène et trois régions en forme de boucles non appariées. La véritable configuration spatiale est en forme de L renversé bien qu'il soit fréquent de représenter l'ARNt en forme de feuille de trèfle (Fig. 4-4). L'extrémité 5' de tous les ARNt est occupée par une guanine (G) alors que l'extrémité 3' se termine par la séquence CCA dont la fonction 3'OH de l'adénosine peut être estérifiée par le groupement COOH d'un acide aminé.

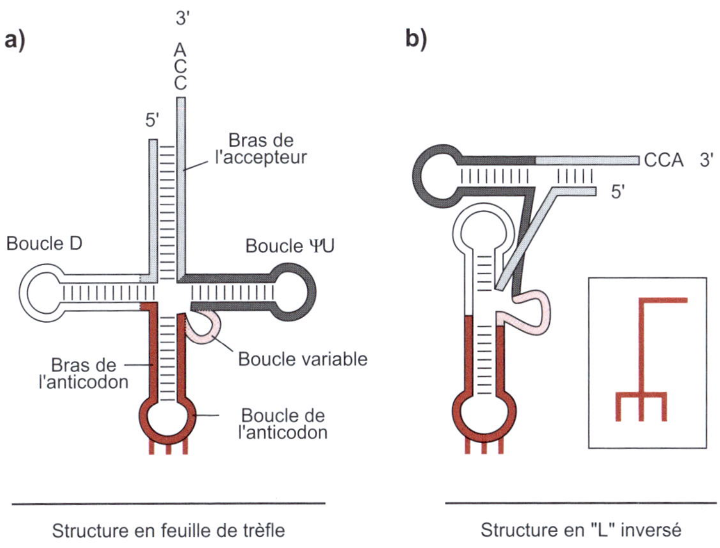

Figure 4-4 Représentation simplifiée de la structure d'un ARNt. Noter l'alternance de structures en forme de tige (bras de courtes pseudo double hélices formées par des appariements internes au simple brin d'ARN) et de boucles simple brin. **a)** Structure dépliée en forme de feuille de trèfle ; **b)** structure pliée en forme de L renversé, représentative de la structure active dans la cellule. L'une des extrémités du L porte en 3' la séquence CCA qui émerge du bras accepteur. À l'autre extrémité du L, la boucle de l'anticodon porte le triplet de bases qui s'apparie avec le codon complémentaire présent sur le messager. ΨU : pseudo-uridine ; D : dihydro-uridine.

La boucle de l'anticodon porte une séquence de 3 bases, encadrée par une purine (A, G, I) du côté 3' et une uracile du côté 5'. Cette séquence nommée l'**anticodon**, reconnaît et s'apparie avec le **codon** complémentaire porté par l'ARNm. L'acide aminé pris en charge par l'ARNt est donc étroitement associé à l'anticodon. L'ARNt constitue de ce fait un lien physique entre un acide aminé destiné à s'additionner à une protéine en cours de synthèse et un codon de l'ARNm. Certains ARNt possèdent le nucléoside **inosine** (nucléoside de la base hypoxanthine, dérivée de l'adénine). L'inosine forme des liaisons hydrogène avec les bases U, C et A. Ainsi le même ARNt peut s'apparier avec 3 codons différents correspondant au même acide aminé.

L'attachement des amino-acides aux ARNt

Avant de participer à la traduction de l'ARNm, les ARNt prennent en charge l'acide aminé correspondant à leur anticodon. C'est une famille d'enzymes, les **amino-acyl-ARNt-synthétases**, qui réalisent cette opération essentielle du décodage génétique. Chaque amino-acyl-ARNt-synthétase est spécifique de l'acide aminé qu'elle transfère sur un ARNt. La catalyse s'effectue en deux étapes (Fig. 4-5). Une **adénylylation**

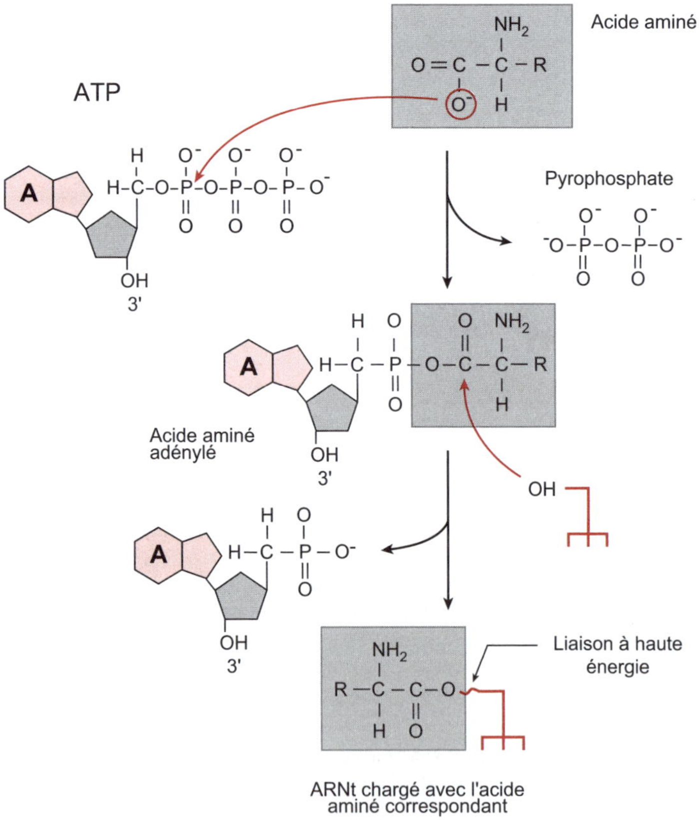

Figure 4-5 Les deux étapes de la réaction d 'aminoacylation des ARN de transfert.

conduit en premier lieu à la formation d'un **aminoacyl-AMP** qui reste lié à l'amino-acyl-ARNt-synthétase. Cette réaction constitue l'étape de l'activation de l'amino-acide. Un groupe carboxyl porteur d'une liaison à haute énergie est formé par transfert de l'AMP à partir de l'ATP. Dans la deuxième étape, l'acide aminé ainsi activé se lie par son groupement carboxyl à l'hydroxyl en 2' ou 3' de l'adénosine de l'extrémité CCA du bras accepteur de l'ARNt spécifique. Il se forme un **aminoacyl-ARNt**, nommé **ARNt chargé**. Sa dénomination précise tient compte du nom de l'amino-acide et de celui de l'ARNt spécifique. Ainsi, se forme l'alanylARNt^{Ala} (ou Ala-ARNt^{Ala}), le glycylARNt^{Gly} (ou Gly-ARNt^{Gly}), etc.

Dans une cellule, les 20 aminoacides sont chargés sur les divers ARNt cibles correspondants par une vingtaine d'amino-acyl-ARNt-synthétases spécifiques. Cependant, du fait même qu'à un amino-acide donné peuvent correspondre plusieurs codons différents, une amino-acyl-ARNt-synthétase peut charger plusieurs ARNt spécifiques différents avec le même amino-acide. Ces ARNt sont appelés **ARNt isoaccepteurs**. D'autres codons, les codons d'arrêt (UAA, UGA, UAG), ne sont reconnus par aucun ARNt. Cependant, certains ARNt dits **ARNt suppresseurs**, chargés avec l'amino-acide qui leur est spécifique, possèdent à la suite d'une mutation dans leur anticodon la propriété de s'apparier à un codon d'arrêt présent dans un ARNm. Ils suppriment de ce fait l'arrêt de la synthèse protéique qui aurait dû normalement se produire à ce codon.

Les amino-acyl-ARNt-synthétases au cœur du décodage

Les amino-acyl-ARNt-synthétases doivent reconnaître les différents ARNt spécifiques d'un amino-acide et les charger correctement. La boucle de l'anticodon contribue à l'évidence à cette tâche de reconnaissance spécifique, puisque c'est l'anticodon lui-même qui définit l'amino-acide que l'ARNt incorporera dans la protéine en cours de synthèse. Cependant, certains amino-acides possèdent plusieurs codons dont certains sont complètement différents (voir par exemple le cas de la sérine). L'anticodon ne peut donc pas à lui seul être suffisant pour assurer cette spécificité de reconnaissance. De façon étonnante, les amino-acyl-ARNt-synthétases possèdent, indépendamment de l'anticodon, une capacité supplémentaire pour reconnaître dans la structure des ARNt certaines particularités leur conférant un pouvoir de discrimination très élevé des différents ARNt isoaccepteurs. Ainsi, sur le bras accepteur, la base qui précède le triplet terminal CCA est dénommée le discriminateur. Elle contribue de façon décisive, avec d'autres déterminants structuraux additionnels, à donner la spécificité de reconnaissance du bon ARNt. Cette capacité, probablement très ancestrale, place les amino-acyl-ARNt-synthétases au cœur du processus évolutif ayant conduit à la formation du code génétique. En effet, ce sont elles et elles seules qui assurent la spécificité et la fidélité du codage entre un amino-acide et son ou ses ARNt. Ainsi si un cystéinyl-ARNt^{Cys} est modifié secondairement par réduction chimique (un hydrogène remplace le groupement thiol SH de la cystéine) en un alanyl-ARNt^{Cys}, ce dernier introduira une alanine en face du codon spécifique d'une cystéine. Le ribosome reconnaît l'ARNt^{Cys} mais pas l'amino-acide effectivement chargé par cet ARNt. La machinerie de la traduction des ARN messagers en protéines repose donc sur un décodage préalable et précis assuré par les amino-acyl-ARNt-synthétases.

Le ribosome

Les **ribosomes** sont les complexes nucléoprotéiques du cytoplasme cellulaire qui orchestrent l'action de tous les acteurs (ARNt chargés, ARNm, les diverses protéines régulatrices) indispensables à la synthèse protéique. Ils coordonnent la reconnaissance des ARNt et de l'ARNm et catalysent la formation de la liaison peptidique entre un acide aminé porté par un ARNt chargé et la chaîne peptidique en cours de synthèse.

Les sous-unités du ribosome

Quelle que soit leur origine (procaryote ou eucaryote), les ribosomes sont constitués d'une grande sous-unité et d'une petite sous-unité, constituées toutes deux d'ARN ribosomal (ARNr) et de nombreuses protéines (Tableau 4-1). Malgré la présence de ces protéines, l'ARNr demeure majoritaire en masse. De plus, par son arrangement spatial, imposé par sa séquence nucléotidique et l'appariement des bases complémentaires, l'ARNr assure l'essentiel de la structure du ribosome. Chez les bactéries, le **ribosome 70S** se compose d'une grande sous-unité, appelée **sous-unité 50S**, alors que la petite sous-unité est appelée **sous-unité 30S**. Chez les eucaryotes, le **ribosome 80S** est composé d'une grande **sous-unité 60S** et d'une petite **sous-unité 40S**. Les deux sous-unités du ribosome sont souvent libres ; elles s'associent au moment du démarrage de la traduction de l'ARNm et se dissocient quand la traduction est terminée. Le ribosome connaît donc un cycle particulier où alternent l'association et la dissociation des deux sous-unités à chaque opération unitaire de démarrage et d'arrêt de la traduction d'un messager. À chaque démarrage de traduction, l'assemblage des deux sous-unités s'opère de façon aléatoire. Un même ARN messager peut fixer successivement plusieurs ribosomes (jusqu'à plusieurs dizaines) pour réaliser plusieurs cycles de traduction. La présence simultanée de ces ribosomes sur le même ARN messager constitue une structure fonctionnelle en forme de chapelet, souvent enroulé en spirale, appelée **polysome** ou **polyribosome** (voir chap. 5, la Fig. 5-20).

TABLEAU 4-1 COMPOSITION DES RIBOSOMES PROCARYOTES ET EUCARYOTES. ENTRE PARENTHÈSES SONT INDIQUÉES LES MASSES MOLÉCULAIRES ; S DÉSIGNE LE SVEDBERG, UNE UNITÉ DE VITESSE DE SÉDIMENTATION

Ribosome	Sous-unité du ribosome	ARN ribosomal	Protéines ribosomales (nombre)
Procaryote 70 S **($2,5.10^6$)**	**30 S** ($0,9.10^6$)	**16 S** (1 540 nt)	21
	50 S ($1,6.10^6$)	**5 S** (120 nt)	34
		23 S (2 900 nt)	
Eucaryote 80 S **($4,2.10^6$)**	**40 S** ($1,4.10^6$)	**18 S** (1 900 nt)	33
	60 S ($2,8.10^6$)	**5,8 S** (160 nt)	49
		5S (120 nt)	
		28 S (4 700 nt)	

La transcription et la traduction des ARN messagers s'effectuent chez les procaryotes dans le même et unique compartiment cellulaire. Un couplage physique des deux processus est donc la règle. L'ARNm commence à être traduit en protéines bien avant la fin de la transcription. Cette situation est exploitée dans divers mécanismes de régulation de l'expression des gènes (voir chap. 5). La traduction chez les eucaryotes est au contraire physiquement distincte de la transcription. La première s'effectue dans le cytoplasme alors que la seconde a lieu dans le noyau de la cellule. Cette situation spécifique donne lieu également à de nombreux mais encore mal compris mécanismes de régulation liés notamment au transport des messages du noyau vers le cytoplasme.

La vitesse de synthèse des protéines est de 20 amino-acides par seconde chez les procaryotes, soit 60 nucléotides lus par seconde, ce qui est en harmonie avec la vitesse de transcription de l'ARN polymérase (50 à 100 nucléotides par seconde). Elle est seulement de 2 à 4 amino-acides par seconde pour les eucaryotes.

La formation de la liaison peptidique

La formation de la liaison peptidique nécessite la présence de deux ARNt chargés. L'un des ARNt est attaché à la chaîne peptidique en cours de synthèse, l'autre ARNt est chargé par le nouvel amino-acide entrant (Fig. 4-6).

Les ARN ribosomaux sont les déterminants majeurs de la fonction du ribosome, les protéines ne jouant qu'un rôle stabilisateur. En effet,

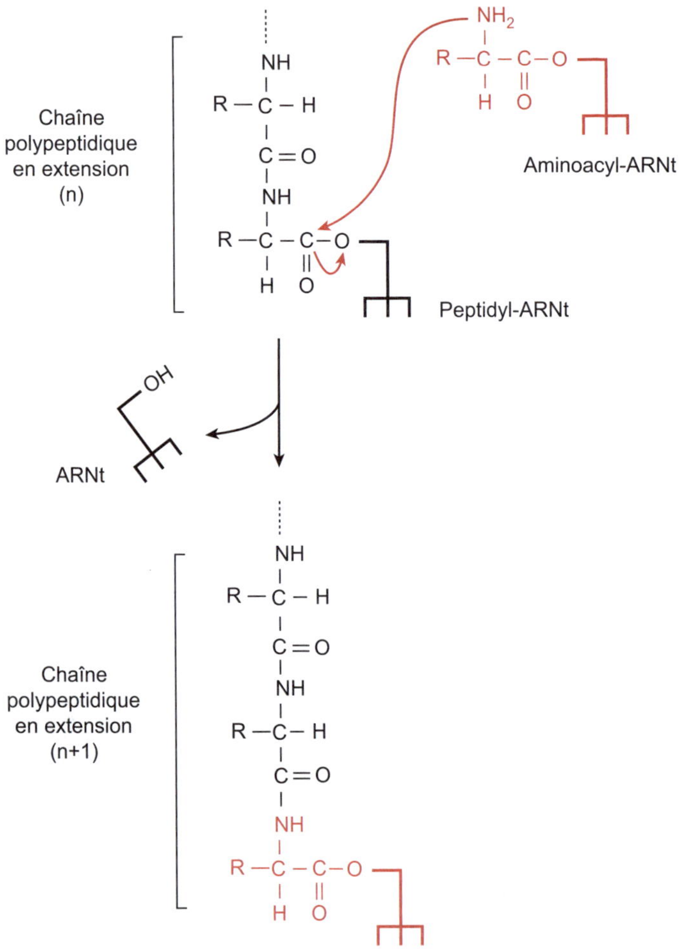

Figure 4-6 La réaction de la peptidyl transférase. Le groupe aminé de l'amino-acide entrant attaque le groupe carbonyl C = O porté par l'amino-acide terminal de la chaîne peptidique en formation. L'énergie nécessaire à cette réaction a été apportée à l'amino-acide entrant lors de l'activation (adénylylation par transfert d'un ATP) de ce dernier par l'amino acyl ARNt transférase correspondante.

la réaction dite de la peptidyl transférase est en réalité catalysée par l'ARN 23S du ribosome procaryote (ARN 28S du ribosome eucaryote). Par ailleurs, l'ARN 16S (l'ARN 18S du ribosome eucaryote) entre au cours du processus de la traduction en contact direct avec les boucles des anticodons des ARNt chargés et avec les codons de l'ARN messager. La découverte du rôle prépondérant des ARN ribosomaux dans la traduction des ARN messagers et, en particulier, que le ribosome est un ribozyme, c'est-à-dire un ARN enzyme, renvoie à l'hypothèse que la formation des bases moléculaires des systèmes vivants s'est organisée dans un monde ancestral où l'ARN prédominait.

Les trois sites de liaison des ARNt au ribosome

Chaque ribosome possède, à l'interface des deux sous-unités, 3 sites de liaisons pour les ARNt. Ils sont appelés **site A** « Aminoacyl », **site P** « Peptidyl », et **site E** « Exit ». Le site A permet la liaison de l'ARNt chargé, le site P héberge l'ARNt lié à la chaîne peptique en cours de synthèse et le site E contient l'ARNt déchargé avant sa libération par le ribosome (Fig. 4.7). Lors de la traduction, un ribosome parcourt l'ARN messager et assure la biosynthèse d'une seule chaîne polypeptidique.

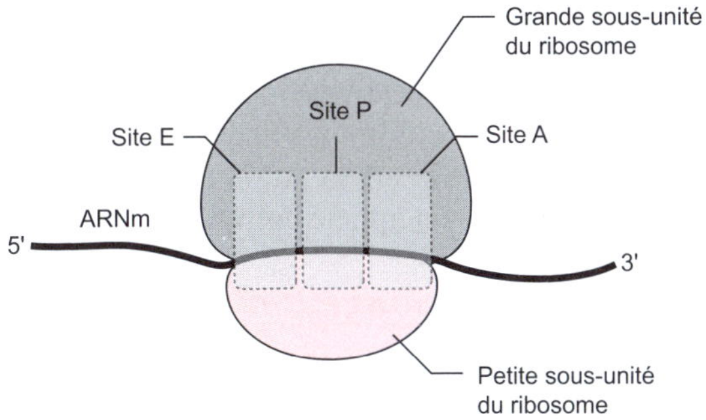

Figure 4-7 Les trois sites de liaison des ARNt au ribosome. Les trois sites chevauchent les deux sous-unités ribosomales.

4.3 LA TRADUCTION DES ARN MESSAGERS BACTÉRIENS

La traduction des ARN messagers est subdivisée en trois étapes essentielles : le **démarrage** ou **initiation**, l'**allongement** ou **élongation** et l'**arrêt** ou **terminaison**.

Le démarrage (initiation) de la traduction

Le **démarrage** de la synthèse protéique chez les bactéries débute par la formation d'un complexe entre la petite sous-unité 30S et une molécule d'ARNm. Cette association est facilitée par l'appariement de l'ARN ribosomal 16S avec une séquence caractéristique des ARN messagers procaryotes appelée **site de fixation du ribosome** ou **rbs** (« ribosome binding site ») ou encore **séquence de Shine et Dalgarno** (Fig. 4-3). La séquence rbs est située à l'extrémité 5' de l'ARNm à environ 3 à 9 nucléotides en amont du codon d'initiation de la traduction. Sont ensuite successivement recrutés, l'ARNt initiateur chargé et la grande sous-unité du ribosome. L'ARNm et le ribosome sont disposés de manière telle que l'ARNt initiateur et le codon d'initiation de la traduction se trouvent positionnés au site P du ribosome. Le codon d'initiation bactérien est souvent 5'-AUG-3', parfois 5'-GUG-3'. Dans les deux cas, un seul ARNt chargé par la N-formyl-méthionine (f-Met-ARNt$^{f\text{-}Met}$) est utilisé pour l'initiation.

Pour un démarrage correct de la traduction, des **facteurs** dits d'initiation **IF** (« Initiation Factors ») sont nécessaires. Il s'agit de protéines régulatrices dénommées IF1, IF2 et IF3. Le facteur IF1 se fixe au site A du ribosome et favorise de ce fait la liaison de l'ARNt initiateur au site P. Le facteur IF2 qui est une GTPase (protéine capable de fixer et d'hydrolyser le GTP) facilite la liaison de fMet-ARNt^{fMet} à la sous-unité 30S. Le facteur IF3 se lie à la petite sous-unité et l'empêche de s'assembler avec la grande sous-unité tant que l'ARNt initiateur ne s'est pas correctement positionné (Fig. 4-8). Quand fMet-ARNt^{fMet} est stabilisé par l'appariement entre codon et anticodon, la sous-unité 30S change de conformation et le facteur IF3 est alors libéré permettant l'association entre les deux sous-unités, l'hydrolyse du GTP ainsi que la libération des deux autres facteurs de démarrage IF1 et IF2. Le complexe obtenu est appelé **complexe d'initiation 70S**.

L'étape d'allongement (élongation) de la chaîne polypeptidique

L'**élongation** commence avec la formation de la première liaison peptidique entre la Formyl-méthionine et le deuxième amino-acide. Elle est concomitante du déplacement dans le sens 5' → 3' du ribosome le long de l'ARNm.

L'initiation de la traduction place l'ARNt initiateur (f-Met-ARNt^{fMet}) au site P grâce à l'appariement de son anticodon avec le codon 5'-AUG-3' de l'ARNm. Le site A disponible peut alors recevoir l'aminoacyl-ARNt chargé dont l'anticodon correspond au second codon de l'ARNm. Une liaison peptidique est alors établie entre f-Met et l'acide aminé porté par l'ARNt au site A. Du fait que le groupement amine de f-Met est bloqué par le groupement formyl, une telle liaison est obligatoirement réalisée entre le groupement COOH de f-Met et le groupe NH_2 du second acide aminé (Fig. 4-9). Le point de fixation de la chaîne peptidique en croissance est ainsi déplacé du site P au site A.

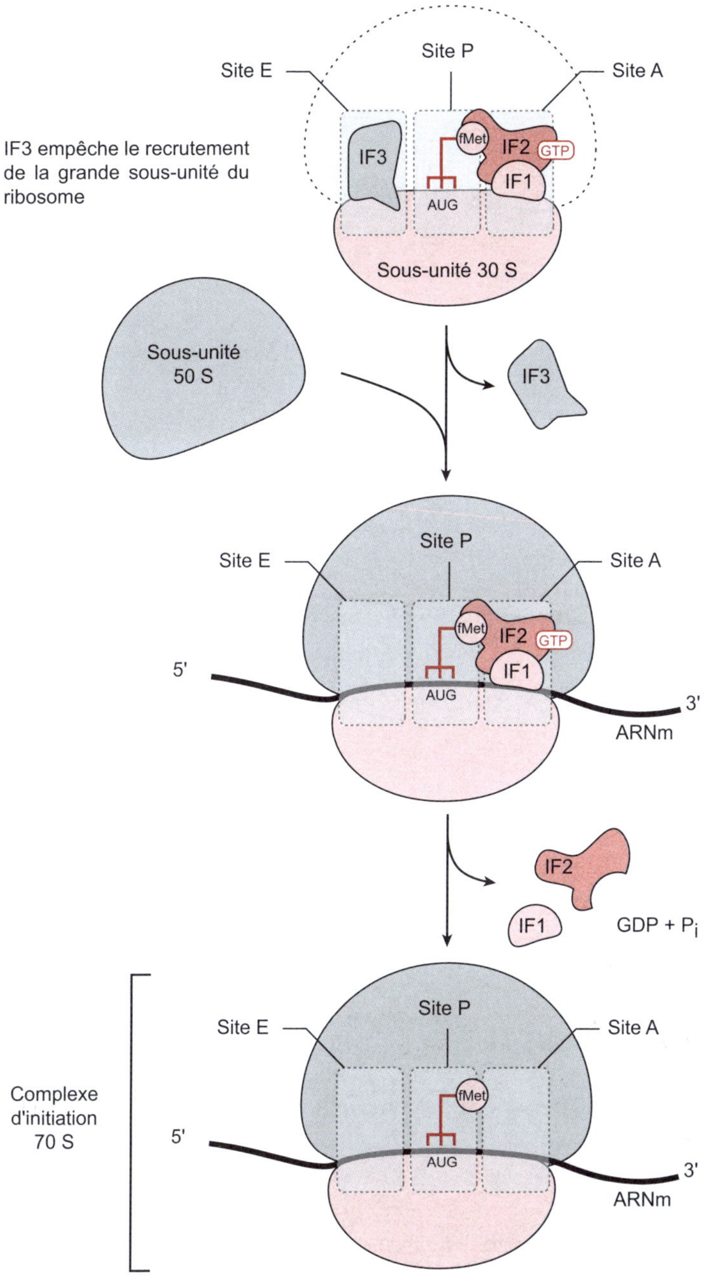

Figure 4-8 Démarrage de la traduction chez les procaryotes. Rôles respectifs des facteurs IF1, IF2 et IF3, du f-Met-ARNt^{fMet}, des deux sous-unités 30S et 50S et de l'ARN messager dans la formation séquentielle du complexe de démarrage 70S.

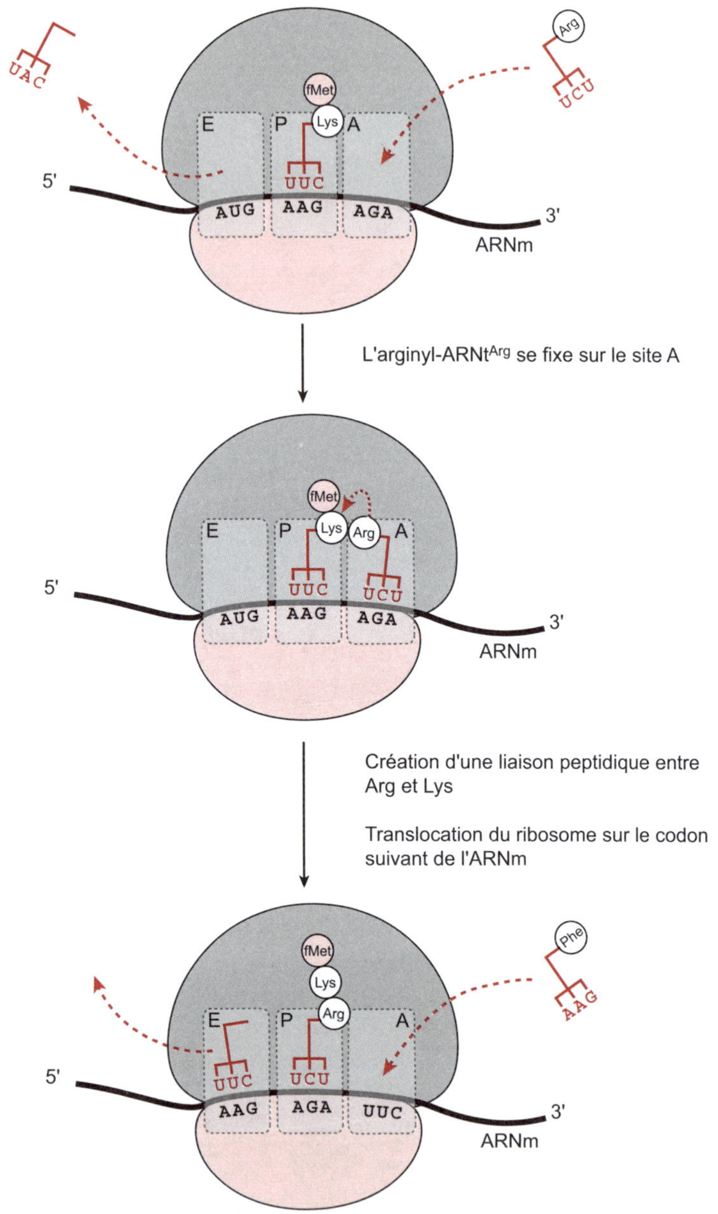

Figure 4-9 Représentation schématique des étapes qui voient l'allongement de la chaîne peptidique. Ces étapes sont très comparables chez les procaryotes et les eucaryotes. Noter le passage par le site E de l'ARNt^{Arg} déchargé avant son expulsion du ribosome. Après la translocation, le site P est occupé par le peptidyl ARNt^{Arg}. Le site A est disponible pour l'arrivée de l'ARNt^{Phe}.

Des données structurales et fonctionnelles sur le ribosome démontrent que la liaison peptidique est assurément catalysée par l'ARNr 23S. L'ARNr capable d'assurer une telle fonction, habituellement attribuée aux enzymes, est ainsi appelé **ribozyme**. Il résulte de cette première liaison peptidique que l'extrémité COOH de la chaîne en voie d'allongement se trouve toujours terminée par une molécule d'ARNt et que la chaîne peptidique est synthétisée à partir de son extrémité NH_2 vers son extrémité COOH.

Après que chaque liaison peptidique a été formée, un processus de **translocation** déplace l'ARNm par rapport au ribosome d'une longueur de trois nucléotides (Fig. 4-9). Ainsi, l'ARNt déchargé est déplacé du site P au site E et le peptidyl ARNt est déplacé du site A vers le site P. Le site A, devenu libre, peut alors recevoir l'aminoacyl-ARNt chargé correspondant au codon suivant. Une nouvelle liaison peptidique associe l'acide aminé à la chaîne peptidique au site P. La répétition de l'ensemble de ces mouvements engendre l'élongation du polypeptide et le déplacement relatif dans le sens 5' à 3' du ribosome sur l'ARNm.

Le bon déroulement de l'élongation de la traduction nécessite la contribution de deux facteurs d'élongation EF-Tu et EF-G (EF, « Elongation Factors »). EF-Tu délivre les aminoacyl-ARNt au site A du ribosome. Pour cela il fixe d'abord du GTP puis l'ARNt chargé pour former le complexe ARNt-GTP-EF-Tu. Quand l'appariement entre l'anticodon de l'ARNt et le codon de l'ARNm au site A est parfait, EF-Tu hydrolyse le GTP en GDP et place définitivement l'aminoacyl-ARNt au site A du ribosome. EF-Tu-GDP quitte alors le ribosome et sera régénéré en EF-Tu-GTP grâce à un facteur d'échange GTP/GDP, EF-Ts (Fig. 4.10).

EF-G, lié au GTP, assure le déplacement relatif du ribosome sur l'ARNm d'une distance d'un codon. Il permet ainsi la translocation de l'ARNt déchargé du site P au site E et du peptidyl-ARNt du site A au site P. Cette action nécessite également l'hydrolyse du GTP en GDP et la régénération ultérieure de EF-G-GTP qui s'opère spontanément, EF-G ayant plus d'affinité pour le GTP que pour le GDP. Au total, la formation d'une liaison peptidique consomme deux molécules de GTP auxquelles il faut ajouter une molécule d'ATP qui a servi pour activer l'amino-acide.

L'arrêt de la synthèse (terminaison)

Le cycle de recrutement des ARNt chargés au site A, la formation de la liaison peptidique entre le nouvel acide aminé et la chaîne peptidique en croissance, et la translocation se poursuivent jusqu'à ce que l'un des trois codons d'arrêt (UGA, UAA, UAG) soit positionné au site A du ribosome. Le processus de **terminaison** de la traduction

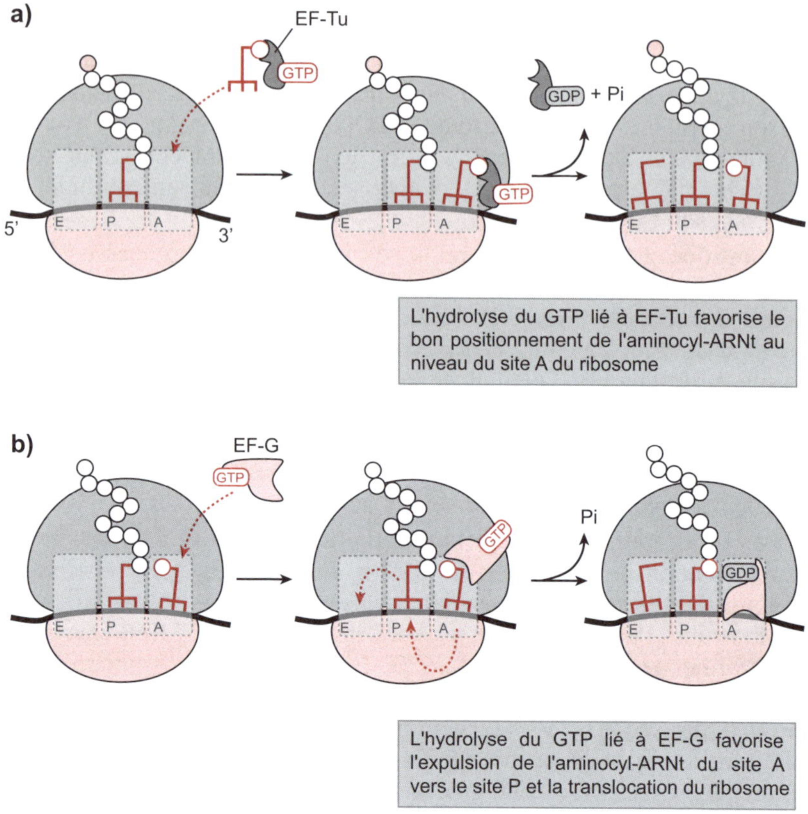

Figure 4-10 Rôle des facteurs EF-Tu **(a)** et EF-G **(b)** respectivement dans l'introduction du nouvel aminoacyl-ARNt au site A du ribosome et dans la translocation du peptidyl-ARNt du site A au site P, processus accompagné par le mouvement relatif du ribosome et de l'ARN messager qui rend à nouveau disponible le site A.

peut alors être mis en œuvre. La terminaison comprend le repérage du codon d'arrêt, la rupture de la liaison ester entre le dernier ARNt et la chaîne polypeptidique, et la libération de cette dernière. Elle nécessite la participation de facteurs spécifiques, les **facteurs de dissociation RF** (« Release Factor »). Il existe deux classes de Facteurs RF. Les facteurs de la classe I reconnaissent et se lient aux codons de terminaison. Ils catalysent ensuite l'hydrolyse de la liaison entre l'ARNt et le polypeptide synthétisé. Chez les procaryotes, la classe I est composée de RF1 qui reconnaît UAG et UAA et de RF2 qui reconnaît UGA et UAA. La classe II compte un seul facteur, RF3, qui utilise le GTP pour dissocier le ribosome des facteurs RF1 et RF2 et libérer la chaîne peptidique. Grâce aux analyses structurales il a été possible de montrer que la reconnaissance du codon d'arrêt était assurée par une petite séquence de trois acides aminés des facteurs RF1 et RF2 qui mime la structure d'un anticodon (un anticodon peptidique). Une autre courte région, Gly-Gly-Gln, commune aux facteurs RF1 et RF2, contribue également à la libération de la chaîne polypeptidique.

Le ribosome en fin de synthèse peptidique est encore lié à l'ARN messager et porte aux sites P et E deux ARNt déchargés. Le recyclage doit s'opérer pour permettre aux sous-unités de participer à un nouveau démarrage. Un **facteur de recyclage du ribosome**, nommé **RRF** (« ribosome recycling factor ») mime la structure d'un ARNt et en coopération avec EF-G et IF3 libère le ribosome des ARN et le dissocie en ses deux sous-unités.

4.4 LA TRADUCTION DES ARN MESSAGERS EUCARYOTES

Le démarrage de la traduction eucaryote

Dans son déroulement, le démarrage de la traduction chez les eucaryotes est très similaire à celui décrit chez les procaryotes. Cependant la reconnaissance de l'ARN messager et du codon de démarrage s'opère selon une méthode différente de celle des procaryotes.

La petite sous-unité 40S est déjà associée à l'ARNt initiateur (le Met-$ARNt_i^{Met}$) quand elle est recrutée à l'extrémité 5' protégée de l'ARN messager. Elle reconnaît la coiffe méthylée de l'ARNm grâce à des facteurs appelés **protéines fixatrices de la coiffe** (**cap binding proteins**). Un balayage du messager dans le sens 5' → 3' intervient alors jusqu'à la rencontre du premier codon initiateur, 5'-AUG-3', placé dans un contexte favorable dit de la séquence de Kozak (voir plus haut, Fig. 4-3) Les ARNm eucaryotes ne possèdent pas la séquence rbs qui positionne l'ARNm par rapport à la petite sous-unité du ribosome.

De nombreux facteurs d'initiation sont nécessaires pour le démarrage de la traduction. Ils se fixent soit à la tête de l'ARNm soit à la petite sous-unité 40S (Fig. 4-11). D'une part, l'ARNm fixe à son extrémité 5' le facteur eIF4F (composé de 3 sous-unités eIF4A, eIF4E, eIF4G) qui permettra ultérieurement sa reconnaissance par la sous-unité 40S du ribosome, et le facteur eIF4B dont le rôle principal est d'empêcher la formation des structures secondaires (épingles) susceptibles d'entraver le processus d'initiation. À son extrémité 3', portant la séquence polyA, l'ARNm fixe des protéines appelées PABP « PolyA Binding Proteins ». La traductibilité de l'ARNm dépend de l'interaction entre les protéines PABP et eIF4F, ce qui entraîne une circularisation de l'ARNm (connexion entre les extrémités 5' et 3' de l'ARNm). D'autre part, la sous-unité 40S va fixer les facteurs eIF1A et eIF3 respectivement aux sites A et E. Ces facteurs vont donc favoriser la fixation de l'ARNt initiateur (Met$ARNt_i^{Met}$) au site P et empêcher l'association des deux

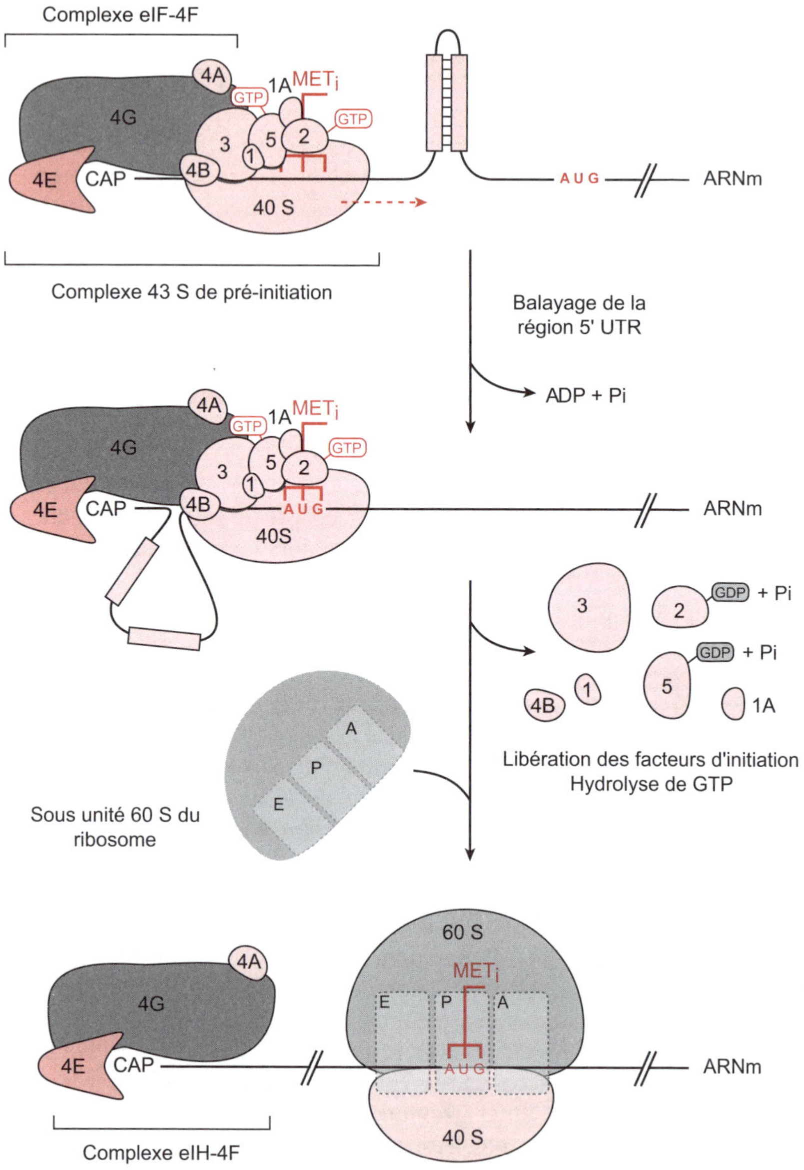

Figure 4-11 Séquence des événements de liaison des facteurs eucaryotes d'initiation (eIF) et du MetARNt$_i^{Met}$ conduisant à la formation du complexe 43S de pré-initiation de la traduction eucaryote, à son attachement à l'extrémité 5′ de l'ARN messager, puis au balayage de l'ARN messager jusqu'au premier codon AUG placé dans un contexte favorable pour le démarrage de la traduction

sous-unités du ribosome. Deux autres facteurs, eIF2 et eIF5B, dotés d'activité GTPase, assurent par la suite le recrutement de l'ARNt initiateur chargé, auprès de la sous-unité 40S. C'est alors que l'ARNm, grâce aux sous-unités eIF4A, eIF4E, eIF4G, s'associe à la sous-unité 40S du ribosome. La sous-unité du ribosome avec tous ces facteurs (elle forme dans cet état le complexe 43S dit de pré-initiation) va ensuite glisser sur l'ARNm, aidée par l'activité hélicase de eIF4B, jusqu'à la reconnaissance du premier codon 5'-AUG-3' par l'anticodon de l'ARNt initiateur. Le positionnement de $MetARNt_i^{Met}$ au site P du ribosome sera suivi de l'hydrolyse du GTP, la libération des facteurs d'initiation et le recrutement de la sous-unité 60S pour former le complexe d'initiation 80S fonctionnel.

Les étapes d'allongement et d'arrêt de la traduction eucaryote

Les mécanismes fondamentaux d'allongement (élongation) et de terminaison de la traduction sont sensiblement les mêmes que ceux décrits précédemment pour les procaryotes. Les principales différences se situent au niveau des facteurs mis en jeu. Au cours de la phase d'élongation, les facteurs eEF-1 et eEF-2 assurent chez les eucaryotes les mêmes rôles que EF-Tu et EF-G chez les procaryotes. Pendant la phase de terminaison, un facteur de dissociation de la classe I, eRF1, est présent et assure la reconnaissance des 3 codons d'arrêt de la traduction. La classe II est composée d'un seul facteur, eRF3, dont la fonction est similaire à celle du facteur procaryote RF 3.

Créer de nouvelles protéines par l'expansion artificielle du code génétique

Pour accomplir pleinement leurs fonctions biologiques, les protéines sont souvent associées à des cofacteurs (ions métalliques chélatés par exemple) et subissent naturellement diverses modifications post-traductionnelles (glycosylation, phosphorylation, et d'autres) optimisant leurs propriétés. Les mécanismes responsables de ces altérations positives sont en général complexes et sont apparus tardivement au cours de l'évolution. Pouvoir introduire de telles modifications pendant la synthèse protéique représenterait l'avantage d'améliorer nos connaissances encore fragmentaires sur l'acquisition par une protéine de sa fonction biologique. Il permettrait aussi de concevoir, construire et exploiter de nouvelles protéines dont les propriétés seraient dès l'origine définies sur « la table à dessin ».

Une telle stratégie innovante a vu récemment le jour. Elle consiste à fournir à la machinerie cellulaire de la traduction, des ARN de transfert aptes à fixer des amino-acides modifiés et à les introduire dans les protéines en utilisant un code génétique étendu. De nouveaux couples anticodon-codon, de nouvelles aminoacyl-ARNt synthétases et la fourniture aux cellules en culture d'amino-acides modifiés sont les moyens retenus. Les ARNt utilisés sont différents des ARNt naturellement présents dans la cellule de sorte qu'ils ne soient pas reconnus par les aminoacyl-ARNt synthétases endogènes et qu'ils ne puissent pas reconnaître les codons réservés aux 20 acides aminés naturels.

Une première approche, initialement développée chez les procaryotes, a consisté à utiliser le codon d'arrêt « UAG », le moins fréquent des codons d'arrêt dans les ARNm, pour spécifier le codon d'un amino-acide modifié. Chez *E. coli*, cette approche a nécessité l'introduction dans la bactérie de gènes d'Archébactéries codant pour l'ARNt^{Tyr} et l'aminoacyl-ARNt synthétase correspondante. Une mutation est d'abord introduite dans la séquence de l'ARNt^{Tyr} de telle manière que l'anticodon 5'-CUA-3' soit complémentaire du codon 5'-UAG-3'. Ensuite, grâce à un large programme de mutagenèse et de sélection, il a été possible d'isoler le clone d'*E. coli* possédant l'aminoacyl-ARNt synthétase d'Archébactéries ayant acquis la spécificité de transfert de l'amino-acide modifié sur l'ARNt^{Tyr} muté. Ce schéma de sélection a généré de nombreuses souches bactériennes mutantes, capables d'introduire fidèlement plus de 30 amino-acides modifiés en face du codon UAG des ARNm. Une démarche similaire a été utilisée, avec succès, pour intégrer chez la levure *S. cerevisiae*, 15 amino-acides modifiés dans les protéines. Divers par leurs structures, (ils sont glycosylés, phosphorylés, fluorescents, etc.) ces amino-acides modifiés procurent, aux protéines qui les portent, de nouvelles propriétés inconnues jusqu'ici.

Bien qu'innovante, cette première approche ne permet d'ajouter qu'un seul amino-acide dans une protéine, produite par une souche donnée. Pour incorporer simultanément 2 voire plusieurs acides aminés modifiés, il sera nécessaire d'utiliser d'autres couples codon-anticodon. Les stratégies aujourd'hui envisagées font appel à un code génétique étendu, avec des codons à 4 nucléotides et des ARNt porteurs des anticodons correspondants spécifiant une gamme élargie de nouveaux amino-acides.

POINTS CLEFS

- La traduction désigne le décodage de la séquence nucléotidique de l'ARNm en séquence d'acides aminés d'une protéine.
- La machinerie de la traduction est composée d'ARNm, d'ARNt, de ribosomes et de nombreuses enzymes et facteurs.
- Le code génétique, qui gère la correspondance entre codon, anticodon et acide aminé est universel et dégénéré (redondant).
- La traduction de la séquence codante d'un ARNm est basée sur la reconnaissance des codons, dont le premier est AUG et le dernier, l'un ou l'autre des codons non sens UAG, UGA ou UAA.
- Le ribosome comporte 3 sites de liaison des ARNt, le site P pour l'ARNt qui porte la séquence peptidique, le site A pour l'ARNt chargé qui va insérer son acide aminé dans la chaîne peptidique, et le site E pour l'ARNt qui vient d'être déchargé.
- Le ribosome est constitué de 2 sous-unités qui ne s'associent que pour accomplir la traduction. La petite sous-unité permet l'appariement entre le codon de l'ARNm et l'anticodon de l'ARNt, alors que la grande sous-unité établit les liaisons peptidiques grâce à la fonction de ribozyme de l'ARN ribosomal 23S (28S chez les eucaryotes).
- Chez les procaryotes, la position relative de l'ARNm et du ribosome est établie par l'appariement de la séquence rbs de l'ARNm, située en amont du codon d'initiation, à une séquence de l'ARNr 16S.
- Chez les eucaryotes, la position relative de l'ARNm et du ribosome implique des protéines qui se fixent à l'extrémité modifiée de l'ARNm.
- Lors de la traduction, les ARNt constituent des adaptateurs établissant des liens physiques entre les codons de l'ARNm et les acides aminés. Chaque ARNt possède un anticodon complémentaire d'un codon et porte à son extrémité 3' un acide aminé fixé par une aminoacyl-ARNt synthétase spécifique.
- La traduction est un processus complexe qui implique de nombreux facteurs protéiques qui contrôlent le démarrage, l'allongement et l'arrêt de la chaîne peptidique.

QCM - QROC

4-1 Valider les propositions suivantes :

Au démarrage de la traduction chez les procaryotes

a) l'ARN polymérase se fixe au promoteur ;

b) l'ARNm est recruté par la petite sous-unité du ribosome ;

c) l'ARNt initiateur se positionne sur le site A du ribosome ;

d) l'ARNt initiateur est chargé par la méthionine.

4-2 Considérons un gène eucaryote de 1 500 pb qui code pour une protéine de 300 amino-acides. Peut-on prédire les tailles respectives du transcrit primaire, des éventuels introns, de l'ARNm et des régions 3' et 5' non codantes ?

4-3 L'ARNt reconnaît-il directement l'amino-acide qu'il doit charger pour l'engager dans le processus de la traduction ?

4-4 Dans quel site du ribosome sont introduits les ARNt chargés lors de la traduction ?

4-5 Lors de la traduction chez les eucaryotes comment le Met-ARNt^{Met} discrimine-t-il le codon AUG de démarrage de la traduction des autres codons AUG de l'ARNm ?

4-6 Au démarrage de la traduction chez les eucaryotes, les extrémités 5' et 3' de l'ARNm se rapprochent fortement. Qu'est ce qui conditionne ce rapprochement ?

4-7 La séquence nucléotidique ci-dessous est une partie d'ARNm qui peut être traduite en utilisant le premier cadre de lecture. Quelles sont les conséquences sur la traduction de l'insertion d'une base d'adénine à la position indiquée par l'astérisque :

GGAUCC*GGACGUCGUGAUAAGCAU

4-8 Une cellule est exposée à des agents mutagènes. Une protéine produite par cette cellule est examinée avant et après le traitement. Il s'avère que dans la cellule traitée, la protéine contient un tryptophane (Trp) à la place d'une arginine (Arg).

En supposant que cette substitution soit due à une mutation ponctuelle, quelle est cette mutation ?

4-9 Compléter toutes les cases du tableau

ADN	3′	**C**												5′
	5′							**T**	**G**	**A**				3′
ARNm	5′		**C**	**A**				**U**						3′
Anticodon de l'ARNt	3′										**G**	**C**	**A**	5′
Acide aminé incorporé dans la protéine	NH_2				**Trp**									COOH

4-10 Quand une mutation par insertion ou délétion d'une ou deux nucléotides se produit dans un intron d'un gène, est-ce que cela affecte la séquence du transcrit et de la protéine qui pourrait en résulter ?

4-11 En considérant la séquence présentée Fig. 4-2, et en supposant qu'elle soit plus longue, notamment du côté 3', à quelle condition est-il envisageable que le 2e cadre soit le bon cadre ?

4-12 À quelles positions de la séquence présentée Fig. 4-2, (cadre de lecture 1), peut-on introduire une mutation ponctuelle (délétion, insertion ou substitution) créant un codon-stop prématuré avant le 7e codon du 1er cadre de lecture ?

4-13 Valider les affirmations suivantes :

a) les ribosomes eucaryotes et procaryotes sont construits sur le même principe ;

b) un ARN messager ne peut être traduit que par un seul ribosome à la fois ;

c) les vitesses de polymérisation des acides aminés sont comparables chez tous les organismes.

4-14 Le ribosome est un ribozyme parce que :

a) les dizaines de protéines dont il est formé sont des enzymes ;

b) l'un des ARN dont il est formé catalyse la liaison peptidique ;

c) le ribose est le catalyseur de la liaison peptidique ;

d) les protéines dont il assure la synthèse sont des enzymes.

RÉPONSES

4-1

a) Faux.

b) Vrai.

c) Faux, l'ARNt initiateur se positionne au site P du ribosome
d) Faux, l'ARNt initiateur est chargé par une Formyl-Méthionine

4-2 La taille du transcrit primaire est de 1 500 nucléotides. On ignore la présence et donc les tailles des introns. La séquence codante de l'ARN messager comporte, après un éventuel épissage, 903 nucléotides (900 correspondent aux 300 amino-acides et 3 au codon d'arrêt). La taille des régions non codantes en 3' et 5' ne peuvent pas être déterminées sur la base des informations fournies.

4-3 Les ARNt ne reconnaissent pas directement les acides aminés correspondants à leur spécificité. Ce sont les aminoacyl-ARNt synthétases qui assurent la reconnaissance croisée de l'ARNt et de l'acide aminé correspondant.

4-4 Tous les ARNt chargés sont introduits au site A (Aminoacyl) sauf l'ARNt initiateur qui est directement introduit au site P (Peptidyl).

4-5 Ce n'est pas l'ARNt initiateur (Met-ARNt^{Met}) qui définit le codon AUG de démarrage de la traduction. C'est le positionnement relatif de l'ARNm et du ribosome, imposé par les facteurs de démarrage, qui place le codon AUG au site peptidyl (site P) pour recevoir l'ARNt initiateur.

4-6 Ce sont les protéines qui se fixent aux deux extrémités de l'ARNm qui assurent ce rapprochement. En effet, les facteurs de démarrage de la traduction qui se fixent à la coiffe (membres du complexe eIF4F) interagissent avec les protéines de liaison à la queue polyA (PolyA Binding Proteins) et assurent de ce fait la circularisation de l'ARNm.

4-7 Si le premier cadre de lecture est utilisé, la séquence nucléotidique est traduite ainsi :

```
GGA UCC GGA CGU CGU GAU AAG CAU
Gly Ser Gly Arg Arg Asp Lys His
```

L'insertion d'une base A (en gras) décale le cadre de lecture et génère un codon stop prématuré.

GGA UCC **A**GG ACG UCG UGA UAA GCA U
Gly Ser Arg Thr Ser *

4-8

Arg a les codons suivants : CGU, CGC, CGA, <u>CGG</u>, AGA, <u>AGG</u>
Trp a un seul codon, <u>UGG.</u>

Aucun codon de l'Arg ne commence par U. La mutation doit par conséquent concerner cette position du codon. Étant donnée que la mutation est ponctuelle, il ne peut donc s'agir que du changement

C → U ou A → U. Au niveau de l'ADN c'est donc la paire C- G qui est mutée en paire T-A ou la paire A-T qui devient T-A.

4-9

ADN	3′	**C**	G	T	A	C	C	A	C	T	G	C	A	5′
	5′	G	C	A	T	G	G	**T**	**G**	**A**	C	G	T	3′
ARNm	5′	G	**C**	**A**	U	G	G	**U**	G	A	C	G	U	3′
Anticodon de l'ARNt	3′	C	G	U	A	C	C	*	*	*	**G**	**C**	**A**	5′
Acide aminé incorporé dans la protéine	NH_2	Ala			**Trp**			*			-			COOH

4-10 L'insertion ou délétion d'une ou deux nucléotides dans un intron d'un gène peut ne rien modifier dans les séquences de l'ARNm et de la protéine. Cependant si cette mutation modifie les sites donneurs et/ou accepteurs d'épissage, ou le point de branchement d'un intron, l'épissage en sera affecté et la séquence intronique pourra se retrouver dans l'ARNm. Dans ce cas, les séquences de l'ARNm et de la protéine qui en résulte seront modifiées.

4-11 Que le démarrage de la traduction s'effectue au 5e codon (AUG) du 2e cadre de lecture

4-12 Aucune délétion n'est productive ; insertion d'une adénine en 8e position ; substitution d'une adénine aux cytosines en positions 5, 9 ou 11.

4-13

a) Vrai.

b) Faux, plusieurs ribosomes sont simultanément actifs

c) Faux, 20 amino-acides par seconde chez les procaryotes ; 2 à 4 amino-acides par seconde chez les eucaryotes.

4-14 b)

CHAPITRE 5

Régulation de l'expression des gènes

PLAN

OBJECTIFS

- Étudier des mécanismes intervenant dans l'activation ou l'inhibition de l'expression d'un gène
- Considérer particulièrement la régulation de l'expression d'un gène à l'étape du démarrage de la transcription
- Aborder la régulation de l'expression à certaines étapes de la traduction, particulièrement chez les eucaryotes

5.1 PRINCIPES GÉNÉRAUX

Quel que soit l'organisme considéré, tous les gènes ne sont pas exprimés en même temps dans toutes les cellules qui le constituent. On parle habituellement de l'**expression différentielle des gènes** ce qui signifie que selon le stade de développement ou du cycle vital (c'est-à-dire, le moment) et selon le tissu ou l'organe ou le type cellulaire considéré (c'est-à-dire le lieu) tel ou tel gène sera plus ou moins exprimé et pas tel autre. Cela est vrai non seulement pour un organisme multicellulaire mais également pour une bactérie ou une levure.

Les protéines régulatrices : activateurs et répresseurs

De façon simple, parler de la régulation d'un gène c'est aborder les mécanismes grâce auxquels son expression augmente ou diminue en réponse aux besoins que la cellule ou l'organisme manifeste pour les produits de ce gène (c'est-à-dire les transcrits, les protéines correspondantes et les constituants dérivés de leur activité). Habituellement c'est du milieu environnant où cellules et organismes sont placés et où ils puisent les ressources et les informations indispensables à leur maintien en vie que sont émis les signaux extracellulaires qui contrôlent l'expression des gènes.

La relation entre signaux environnementaux et gènes est assurée par des protéines cellulaires régulatrices qui sont soit des **activateurs**, soit des **répresseurs**.

Deux types principaux de mécanismes règlent l'intervention de ces protéines régulatrices : le recrutement des ARN polymérases aux sites promoteurs d'une part et les changements conformationnels de ces mêmes polymérases et des facteurs de transcription qui leur sont associés d'autre part.

Le recrutement des ARN polymérases

Les ARN polymérases s'attachent aux promoteurs de façon faiblement spontanée et la transcription peu active, **constitutive**, qui en résulte se situe à un **niveau basal**. Un répresseur occupant un **opérateur**, c'est-à-dire un site chevauchant le promoteur sera alors suffisant pour inhiber la transcription. À l'inverse, un activateur occupant son site souvent à proximité du promoteur aidera la fixation de la polymérase (Fig. 5-1). Ce recrutement de l'enzyme par un activateur est un bon exemple de coopération entre protéines dans la réalisation d'une fonction moléculaire élémentaire : ici le démarrage de la transcription. La régulation de l'opéron lactose (voir plus loin) se rattache à ce type de mécanisme.

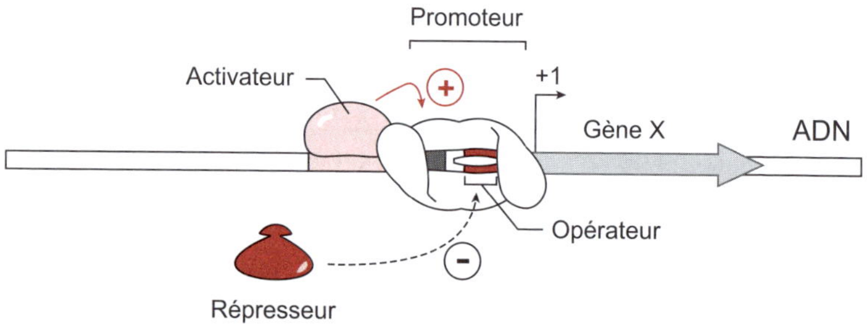

Figure 5-1 Schéma illustrant le rôle d'un activateur dans le recrutement d'une ARN polymérase à son promoteur. Lorsque le répresseur occupe son site, il exclut par compétition l'enzyme de son promoteur.

Les changements conformationnels induits ou **allostérie**

Il se peut que la fixation de la polymérase à son promoteur ne suffise pas à déclencher la transcription. Des changements conformationnels plus importants que ceux qui sont nécessaires pour fixer l'enzyme à l'ADN doivent se produire : les brins de l'ADN doivent se dissocier et l'ARN polymérase doit enserrer le brin à transcrire.

Ainsi certains activateurs recrutent la polymérase et induisent de plus les changements de structure indispensables pour provoquer la transition d'un état inactif à un état actif (Fig. 5-1).

Dans certains cas, les sites activateurs ou répresseurs sont distants du promoteur. Des protéines additionnelles facilitant la torsion de l'ADN ou de la chromatine contribuent à rapprocher les sites régulateurs du promoteur et permettent que s'établissent les interactions entre activateurs ou répresseurs et polymérase.

Il arrive que les activateurs ou les répresseurs agissant en groupe se recrutent eux-mêmes de façon coopérative en induisant des changements conformationnels croisés. Ces modalités qui s'observent pour de nombreux gènes assurent des régulations beaucoup plus fines (comme le ferait un rhéostat) que celles résultant d'un simple interrupteur marche/arrêt.

Autres exemples de facteurs de régulations

La régulation de l'expression des gènes n'est pas toujours gouvernée par des activateurs ou des répresseurs protéiques.

Il arrive parfois que des facteurs biochimiques plus simples comme l'ATP ou certains domaines commutateurs appartenant à des ARN messagers soient suffisants pour assurer une telle régulation.

L'adénosine triphosphate

Quand l'activité métabolique cellulaire est élevée, elle produit beaucoup d'ATP et l'ensemble des précurseurs de l'ARN, les ribonucléotides triphosphates (GTP, CTP, UTP et ATP) dont la synthèse dépend de l'ATP lui-même, sont abondants. La synthèse de l'ARN (la transcription des gènes) peut alors s'effectuer de façon très active. Ce phénomène est particulièrement important pour la transcription des gènes codant les ARN ribosomiques qui représentent près de 80 % des ARN cellulaires. De plus, comme l'adénine est souvent l'une des premières bases de ces ARN, le niveau de concentration en ATP de la cellule retentit de façon immédiate sur l'activité transcriptionnelle des ARN polymérases.

Les ARN commutateurs

Ces ARN sont constitués de séquences repliées en domaines assez complexes appartenant à des régions non codantes (principalement 5'UTR chez les procaryotes) d'ARN messagers de diverses voies métaboliques. Ces domaines ARN ont l'aptitude de lier le métabolite principal de la voie et contrôlent de ce fait la terminaison de la transcription ou le démarrage de la traduction de l'ARN messager correspondant. Leurs fonctions s'expriment par les changements conformationnels qu'ils opèrent à la suite de la liaison avec le métabolite. Leur anatomie révèle la présence de deux domaines fonctionnels. L'un constitue le domaine aptamère qui reconnaît le métabolite correspondant, l'autre est un domaine transducteur qui par des interactions avec l'aptamère induit les changements conformationnels régulateurs de la transcription ou de la traduction du messager. On trouve ces ARN commutateurs chez les bactéries et chez divers eucaryotes dont la liste est loin d'être complète.

Les ARN commutateurs agissent donc comme des capteurs du niveau des métabolites et contrôlent la transcription ou la traduction des gènes correspondants.

C'est le cas par exemple de la S-adénosyl-méthionine, de la guanine, de la lysine, du coenzyme B12, etc. D'autres exemples sont fournis par les domaines commutateurs qui, en se liant aux ARN de transfert non chargés, régulent la transcription des gènes codant les aminoacyl-ARNt-synthétases correspondantes. Ils contribuent ainsi à corréler les niveaux respectifs des ARN de transfert et des enzymes qui chargent les amino-acides correspondants.

5.2 RÉGULATION CHEZ LES PROCARYOTES

L'exemple historique : l'opéron lactose

L'opéron lactose comporte trois gènes adjacents dénommés *lacZ, lacY* et *lacA*. Le premier code la β-galactosidase, une enzyme qui hydrolyse le lactose en glucose et galactose, deux oses utilisés par la cellule pour ses besoins énergétiques ; *lacY* code une perméase membranaire qui importe le lactose dans la cellule ; *lacA* code une transacétylase qui purge la cellule des thiogalactosides toxiques introduits par la perméase. Un seul ARN messager polycistronique, transcrit à partir du promoteur situé en amont du gène *lacZ.*, fournit par traduction les trois protéines. Elles sont produites seulement quand le lactose est disponible (on dit que le lactose agit comme un **inducteur**) et que le glucose est absent.

Le répresseur Lac et l'activateur CAP ou CRP

La régulation de l'opéron lactose est assurée par deux protéines : l'**activateur CAP** et le **répresseur Lac**. Ces deux protéines se lient à l'ADN en des sites spécifiques et connectent les niveaux du glucose et du lactose, disponibles pour la cellule, à la transcription de l'opéron *lac*. La protéine CAP (catabolite activator protein) ou **CRP** (cAMP Receptor

Protein) est codée par un gène indépendant de l'opéron *lac*. Le répresseur Lac est codé par le gène *lacI*, proche physiquement de l'opéron *lac* et transcrit lui aussi indépendamment.

En présence de glucose, la bactérie utilise préférentiellement cet ose pour ses besoins métaboliques en énergie et en composés carbonés. Si de plus le lactose est absent, le répresseur Lac réprimera fortement la transcription de l'opéron *lac*. Les quantités de β-galactosidase et des deux autres protéines sont produites à un niveau basal, soit environ 5 molécules par cellule. En présence du lactose et en l'absence du glucose, le répresseur devient inactif et la transcription de l'opéron *lac* est déréprimée. Mais la protéine CAP activera l'opéron *lac* seulement en l'absence du glucose. On peut dénombrer jusqu'à 5 000 molécules de β-galactosidase par cellule lorsque l'opéron est pleinement actif.

Finalement, l'activateur et le répresseur agissent de concert, mais par des effets opposés, sur l'activité de la polymérase, pour assurer l'expression de l'opéron *lac* uniquement quand le lactose est disponible et le glucose absent (Fig. 5-2).

Le contrôle allostérique de l'opéron *lac* (Fig. 5-3)

En l'absence de lactose (ou mieux de l'**allolactose** un isomère du lactose, dont la formation est catalysée par la β-galactosidase elle-même agissant alors comme une isomérase) le répresseur Lac possède une conformation qui favorise son attachement à l'ADN. Lorsque la concentration intracellulaire de l'allolactose s'accroît, le diholoside provoque par sa fixation au répresseur Lac le changement conformationnel de ce dernier. Cette modification allostérique empêche le répresseur de s'attacher à l'ADN et l'opéron *lac* n'est plus alors réprimé.

De façon symétrique mais opposée, le glucose abaisse la concentration de l'AMP cyclique (AMPc) qui est l'effecteur allostérique de la protéine CAP. Cette dernière ne peut se fixer à l'ADN que sous sa forme complexée à l'AMPc. Lorsque la concentration du glucose est faible (et par contrecoup la concentration en AMPc élevée) la formation du complexe CAP-AMPc est favorisée et sa fixation à l'ADN active l'opéron *lac*. La faible disponibilité du glucose rend impérative l'activation de l'opéron *lac* ce qui a pour effet de réalimenter la cellule en glucose après hydrolyse du lactose par la β-galactosidase.

La protéine CAP n'intervient pas seulement dans la régulation de l'opéron *lac*. Elle exerce son rôle activateur en conjonction avec de nombreuses autres protéines régulatrices, souvent des répresseurs, qui interviennent dans le contrôle de plus d'une centaine de gènes chez *E. coli*, dont beaucoup ont un rapport avec le métabolisme énergétique (voir plus loin le contrôle de l'opéron arabinose).

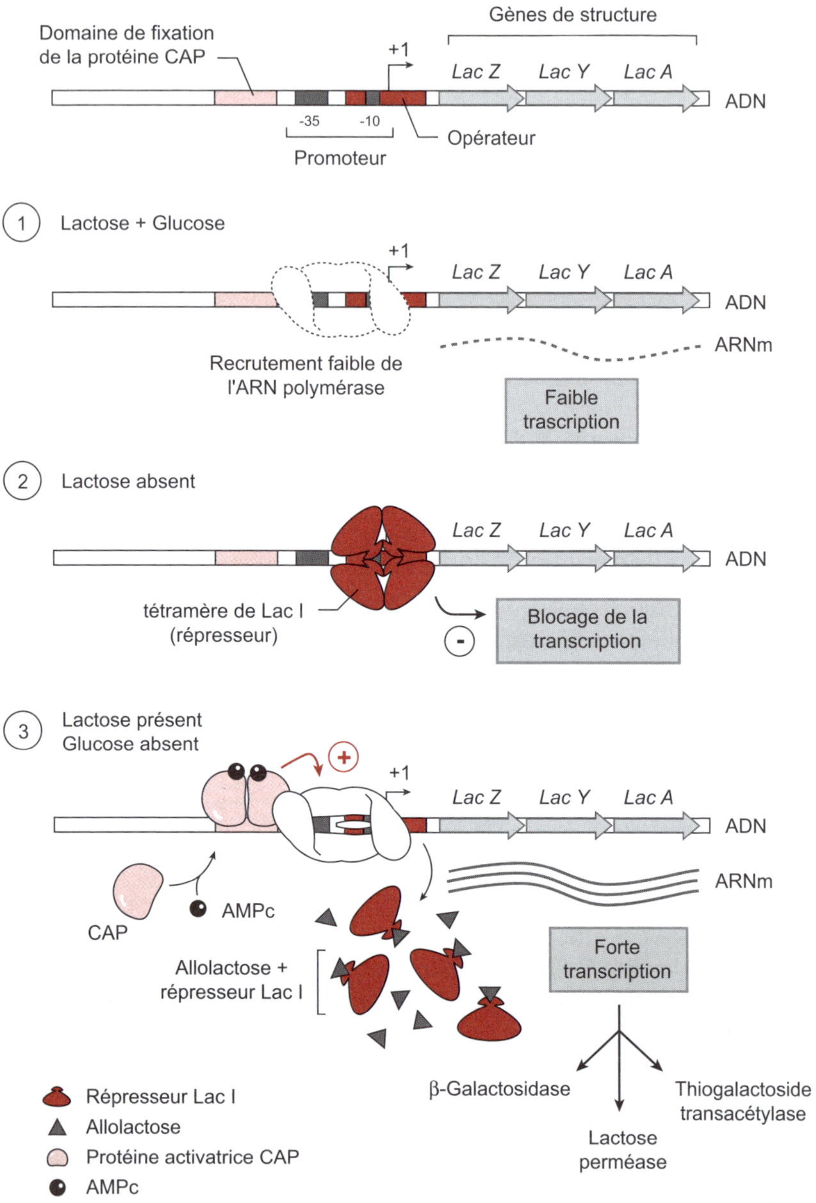

Figure 5-2 Régulation de l'expression de l'opéron *lac*. La protéine CAP recrute l'ARN polymérase en présence de lactose et en l'absence du glucose. Le répresseur Lac bloque la transcription de l'opéron en l'absence du lactose.

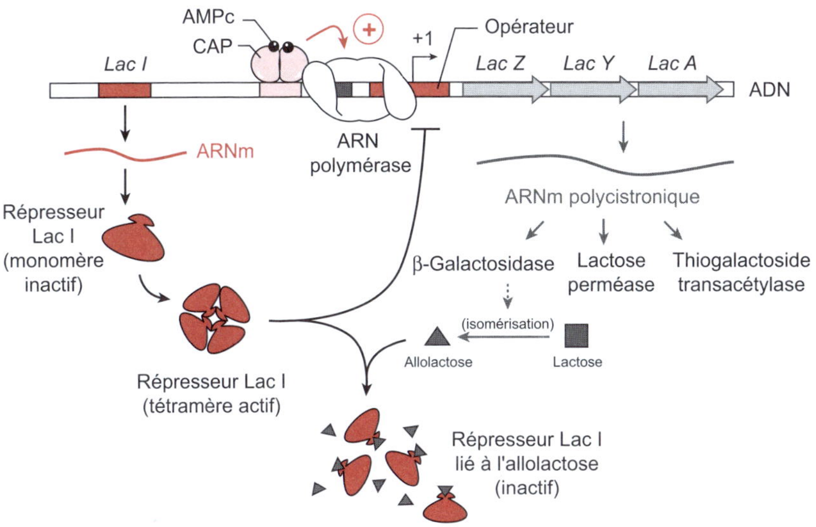

Figure 5-3 Positionnement des divers partenaires fonctionnels de l'opéron *lac*. La transcription des gènes *lacZ*, *lacY* et *lacA* n'est effective que lorsque le lactose est présent c'est-à-dire lorsque le répresseur est inactif et l'opérateur inoccupé. La protéine CAP complexée à l'AMPc stimule le recrutement de la polymérase uniquement en l'absence du glucose.

Les aspects structuraux de la régulation de l'opéron *lac*

Le répresseur Lac et la protéine CAP sont deux exemples de protéines liant l'ADN en des sites spécifiques et uniques par leurs séquences en bases. Le site de l'opérateur *lac*, reconnu par le répresseur Lac, est une séquence partiellement palindromique de 21 paires de bases répétées et inversées, à double symétrie (Fig. 5-4).

Chacune des deux sous-unités du répresseur comporte une structure spatiale très conservée par beaucoup de protéines liant l'ADN. Elle se compose de deux hélices α qui sont séparées par une boucle. Ce motif nommé hélice-boucle-hélice s'attache à un demi-site de l'opérateur par l'une des hélices (l'hélice de reconnaissance) qui s'engage dans le grand sillon de l'ADN à l'aplomb de la séquence correspondante (Fig. 5-4). La reconnaissance spécifique entre l'hélice protéique et la séquence en bases de l'ADN met en jeu des liaisons hydrogène et des interactions électrostatiques qui stabilisent la fixation de l'hélice au demi-site de l'opérateur *lac*.

La séquence de l'opérateur chevauche la séquence du promoteur et lorsque le répresseur est présent, il empêche l'ARN polymérase de se fixer et inhibe la transcription de l'opéron *lac*. Le contact entre la protéine CAP et son site d'attachement à l'ADN obéit à ces mêmes

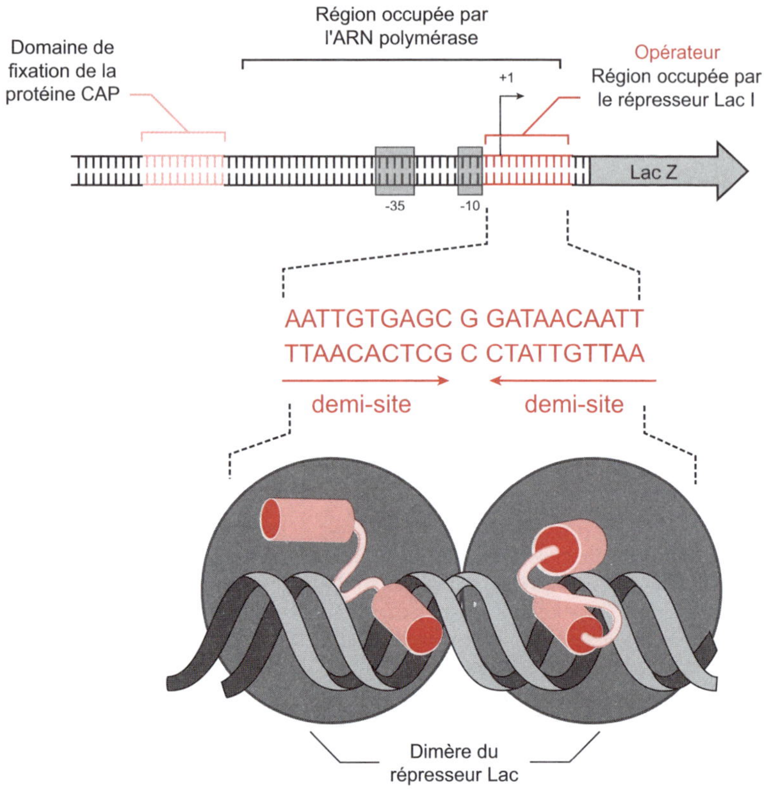

Figure 5-4 Organisation sommaire de la région de contrôle de l'opéron *lac* montrant les séquences d'ADN occupées par les protéines régulatrices et l'ARN polymérase. La structure palindromique en demi-sites de l'opéron lac est détaillée. L'interaction du répresseur Lac sous sa forme dimérique montre le positionnement des hélices α dans le grand sillon de l'ADN.

principes structuraux. On note la présence d'un motif hélice-boucle-hélice et des interactions basées sur des liaisons faibles et nombreuses entre les amino-acides de l'hélice engagée dans le grand sillon et les bases de l'ADN. L'action activatrice de la protéine CAP s'exerce par une interaction directe entre une région de la protéine (le domaine activateur) et le domaine carboxy-terminal de la polymérase. Le promoteur *lac* ne possède pas en effet d'élément UP (voir chap. 3) et de ce fait, l'ARN polymérase s'y attache faiblement. On dit que le promoteur *lac* est un promoteur naturellement faible. Lorsque le site CAP est occupé par la protéine CAP celle-ci recrute activement par son domaine d'interaction l'ARN polymérase et stimule ainsi la transcription.

Autres exemples

L'anti-activation de l'opéron arabinose

Pour être utilisé comme source de carbone, l'arabinose est transformée en xylulose 5-phoshate par trois enzymes dont la synthèse dépend des gènes B, A et D de l'opéron arabinose (*araBAD*). La régulation de l'expression de cet opéron met en œuvre la protéine régulatrice AraC. Celle-ci se lie à l'arabinose et adopte une conformation qui lui donne une fonction activatrice de l'opéron. Sous la forme d'un dimère, AraC se fixe alors aux sites ADN adjacents $araI_1$ et $araI_2$ proches du promoteur et stimule la transcription de l'opéron par l'ARN polymérase. Si de plus le glucose est absent, la protéine CAP qui s'attache à un site proche des sites $araI_1$ et $araI_2$ participe à l'activation de la polymérase et à la stimulation de la transcription. En l'absence d'arabinose, l'opéron arabinose est réprimé par la protéine régulatrice AraC dont la forme dimérique adopte alors une conformation qui la lie au site $araI_1$ et simultanément à un site $araO_2$ situé 194 bases en amont des autres sites de liaison de AraC. $araI_2$ qui est le site directement stimulateur de la polymérase se trouve inoccupé et celle-ci n'est plus stimulée. Selon la conformation qu'elle adopte en présence ou en absence de l'arabinose, AraC agit donc comme un activateur ou comme un anti-activateur (Fig. 5-5).

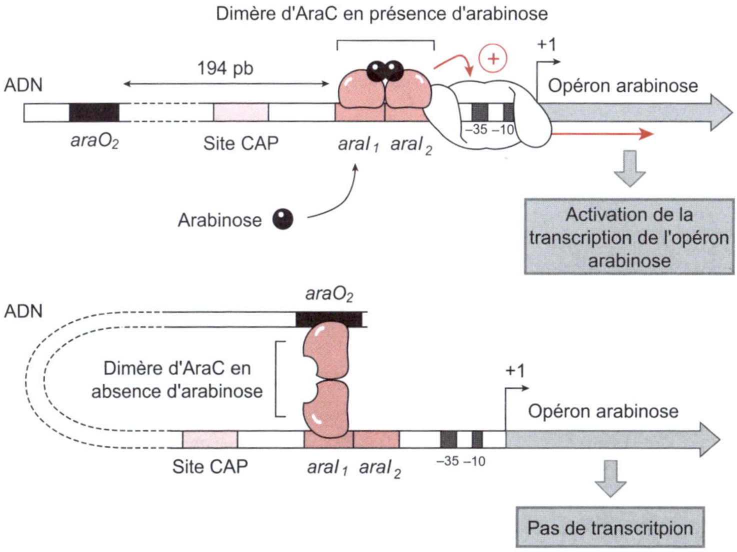

Figure 5-5 Positionnement de la protéine régulatrice AraC montrant l'activation et l'anti-activation de l'opéron arabinose en présence et en l'absence d'arabinose. La protéine CAP n'est pas représentée.

L'arrêt prématuré de la transcription de l'opéron tryptophane

Les 5 gènes de l'opéron tryptophane codent les enzymes nécessaires à la synthèse du tryptophane (Trp) à partir du chorismate, un intermédiaire clé dans la synthèse des amino-acides aromatiques. L'opéron est actif quand le tryptophane dont la cellule a besoin commence à manquer. Lorsqu'il est présent, le tryptophane se fixe au répresseur Trp qui peut alors, par l'effet d'un changement conformationnel, s'attacher à l'opérateur *trp*. À l'inverse, quand le tryptophane fait défaut, le répresseur Trp adopte une conformation structurale, différente de la première, qui lui interdit de se lier à l'opérateur *trp*. L'opéron n'est plus réprimé et sa transcription conduit à la production des enzymes nécessaires à la synthèse du tryptophane. La régulation de cet opéron ressemble donc à celle de l'opéron *lac* à la différence que le métabolite terminal n'assure pas la même fonction régulatrice. Pour l'opéron *lac*, le lactose est un inducteur alors que pour l'opéron *trp*, le tryptophane est un **co-répresseur** (Fig. 5-6).

Un deuxième mécanisme régulateur ajuste de manière plus fine le niveau de la transcription de l'opéron *trp* à la teneur intracellulaire en tryptophane, grâce à un couplage avec la traduction de l'ARN.

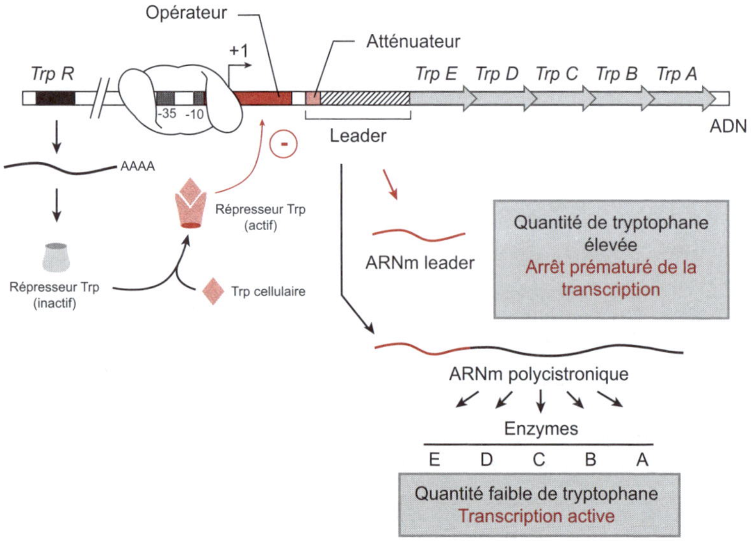

Figure 5-6 Positionnement des divers partenaires fonctionnels de l'opéron *trp*. La transcription des gènes *trpE, trpD, trpC, trpB* et *trpA* n'est effective que lorsque le tryptophane fait défaut c'est-à-dire quand le répresseur Trp n'est pas associé à son co-répresseur Trp et que l'opérateur est inoccupé. De plus l'ARN leader doit être au niveau de l'atténuateur dans une configuration d'anti-terminaison de la transcription (voir Fig. 5-7).

Il faut se rappeler ici que chez les bactéries existe un couplage physique entre la transcription et la traduction d'un ARNm. Celui-ci est traduit par les ribosomes bien avant la fin de sa propre transcription par l'ARN polymérase.

Le mécanisme décrit à propos de l'opéron *trp*, dénommé **atténuation**, nécessite la participation des ribosomes et repose sur l'existence d'une séquence ADN particulière, nommée **séquence « leader »**. Elle est située en amont du premier gène de l'opéron *trp* (Fig. 5-6) et contient un **atténuateur** (Fig. 5-7) qui fonctionne comme un **terminateur de**

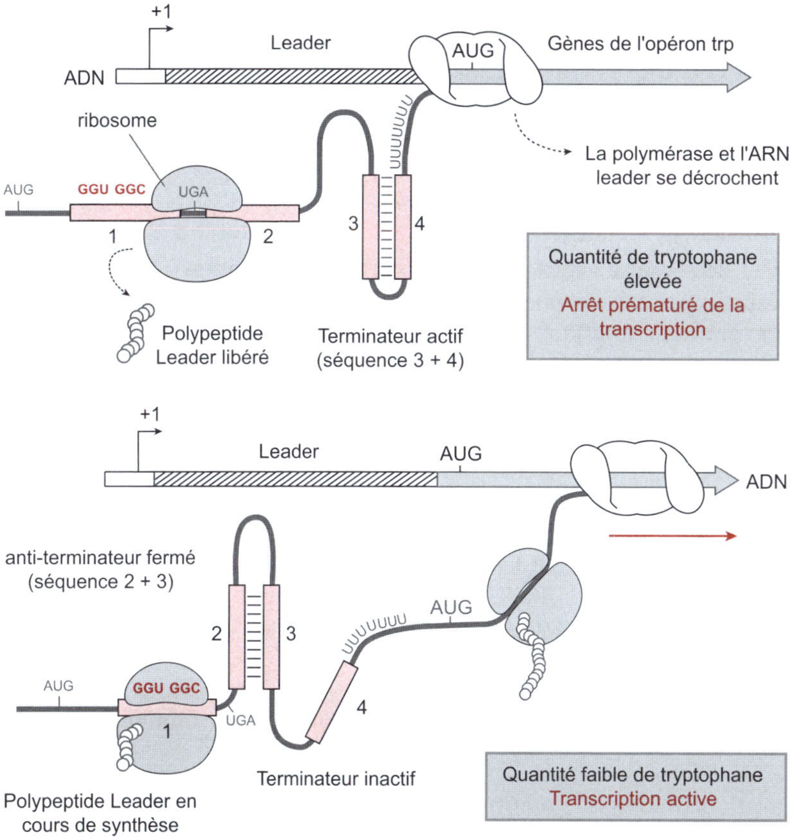

Figure 5-7 Structure simplifiée de l'ARN leader de l'opéron *trp* et modèles d'organisation des terminateur et anti-terminateur de la transcription en fonction de la plus ou moins forte concentration cellulaire en tryptophane. Selon les cas, les motifs de séquence notés 1, 2, 3 et 4 peuvent s'apparier 1 avec 2, 2 avec 3, 3 avec 4 pour former les structures dont dépendra la suite de la transcription. Noter le rôle du ribosome traducteur de l'ARN leader qui favorise par sa vitesse de traduction du motif 1 l'une ou l'autre de ces structures. GGU et GGC sont les deux codons contigus du tryptophane.

transcription (formation d'un appariement en épingle à cheveux entre les motifs ARN transcrits 3 et 4, le motif 4 étant suivi d'une répétition d'uridine) ou comme un **anti-terminateur de transcription** (formation d'un appariement entre les motifs ARN transcrits 2 et 3). La formation de l'un ou l'autre de ces appariements dépend de la vitesse avec laquelle le ribosome assure la traduction de l'ARN leader. Celui-ci contient en effet au niveau du motif de séquence 1 (Fig. 5-7) deux codons tryptophane (GGU et GGC). Si l'ARNt^{Trp} chargé par le tryptophane est trop faiblement représenté dans la cellule, le ribosome se mettra en pause lorsqu'il arrivera à leur niveau. Dans ce cas, l'anti-terminateur de transcription (appariements entre 2 et 3) pourra se former et l'ARN polymérase continuera la transcription. Par contre, en présence d'un niveau élevé d'ARN^{Trp} chargé, le ribosome franchit sans ralentir la séquence ARN contenant les codons tryptophane, l'anti-terminateur ne se formera pas. Le motif 3 pourra alors s'apparier avec le motif 4 pour former le terminateur de transcription. L'ARN leader décrochera et la transcription des 5 gènes de l'opéron *trp* avortera.

Ces deux mécanismes de régulation de la transcription (répression et atténuation) coexistent pour de nombreux opérons bactériens, notamment ceux qui sont impliqués dans la synthèse des amino-acides. Avec quelques différences parfois mineures ils sont également rencontrés pour divers gènes eucaryotes. Le rôle joué dans le mécanisme par la structure de l'ARN doit être rapproché de la régulation opérée par les ARN commutateurs (voir plus haut). Par un changement de conformation de leurs 5' UTR, certains ARNm sont à même de capter et de traduire fonctionnellement des informations environnementales (concentration du métabolite en cause, température, etc.). Ils régulent ainsi par la formation de structures appropriées, la fin précoce de la transcription ou le blocage du démarrage de la traduction de la séquence du messager en aval.

La répression de la traduction des protéines ribosomales

Constituants majeurs de la cellule, les ribosomes qui sont des ribonucléoparticules de grande taille (voir chap. 4) associent de façon spécifique selon une rigoureuse stœchiométrie 4 ARN ribosomaux et une cinquantaine de protéines ribosomales. La synthèse de ces constituants mobilise les principales ressources matérielles et énergétiques de la cellule et celle-ci optimise en permanence leurs niveaux à ses propres conditions de croissance puisqu'elles dépendent en grande partie, *via* la synthèse protéique, de l'activité des ribosomes eux-mêmes. La régulation de cet ensemble complexe doit aboutir à la production de quantités de protéines ribosomales juste suffisantes pour former les ribosomes nécessaires au stade considéré du cycle cellulaire. Elle s'opère principalement au niveau de la traduction des ARN messagers des protéines ribosomales par les propres protéines ribosomales dont ils codent la synthèse. Ces dernières sont donc des répresseurs traductionnels de leur propre synthèse. Une protéine ribosomale donnée possède donc la double propriété de pouvoir se lier de façon compétitive à un ARN ribosomal pour participer à l'assemblage d'un ribosome d'une part, et à son propre ARN messager, en général au début de la séquence, pour inhiber sa traduction, d'autre part.

D'un point de vue structural, cette étonnante régulation n'est rendue possible que par la communauté de structure secondaire des régions de l'ARN messager et de l'ARN ribosomal où se lie la protéine. Comme son lien avec l'ARN ribosomal est plus fort qu'avec son propre ARN messager, la traduction de ce dernier ne sera réprimée que lorsque le ribosome aura été entièrement assemblé et que le besoin en cette protéine ne sera donc plus nécessaire.

La régulation complexe du cycle vital du bactériophage λ

Pour survivre et se propager, le bactériophage ou virus λ (lambda) infecte la bactérie *E. coli*. Il opère, en fonction des circonstances environnementales, selon deux modes de développement distincts. Dans le **mode lytique**, il duplique son ADN après l'avoir introduit dans la bactérie et les protéines de sa capside sont fabriquées par la machinerie métabolique de la cellule ainsi infectée. Les nouveaux virus sont ensuite libérés dans le milieu environnant par la lyse bactérienne. Dans le **mode lysogène**, l'ADN du phage s'intègre par recombinaison à l'ADN bactérien où il sera passivement répliqué comme ce dernier, à chaque division de la bactérie. On dit que le phage est dormant et se trouve à l'état de **prophage**. Un tel état, très stable durant de nombreuses générations, peut cependant se convertir rapidement en un mode de croissance lytique si l'ADN bactérien vient à subir des altérations (voir chap. 2) mettant en cause la survie de la bactérie (par exemple une exposition à un rayonnement UV ou ionisant provoquant des cassures dans l'ADN). Le phénomène se nomme **induction lysogénique** (Fig. 5-8).

Les deux modes de développement obéissent à un programme d'expression génique particulier et la commutation de l'un à l'autre fait l'objet d'une régulation très précise. L'étude de cette régulation fournit un exemple simple mais particulièrement éclairant des bases moléculaires guidant le choix des alternatives de développement d'un système vivant élémentaire.

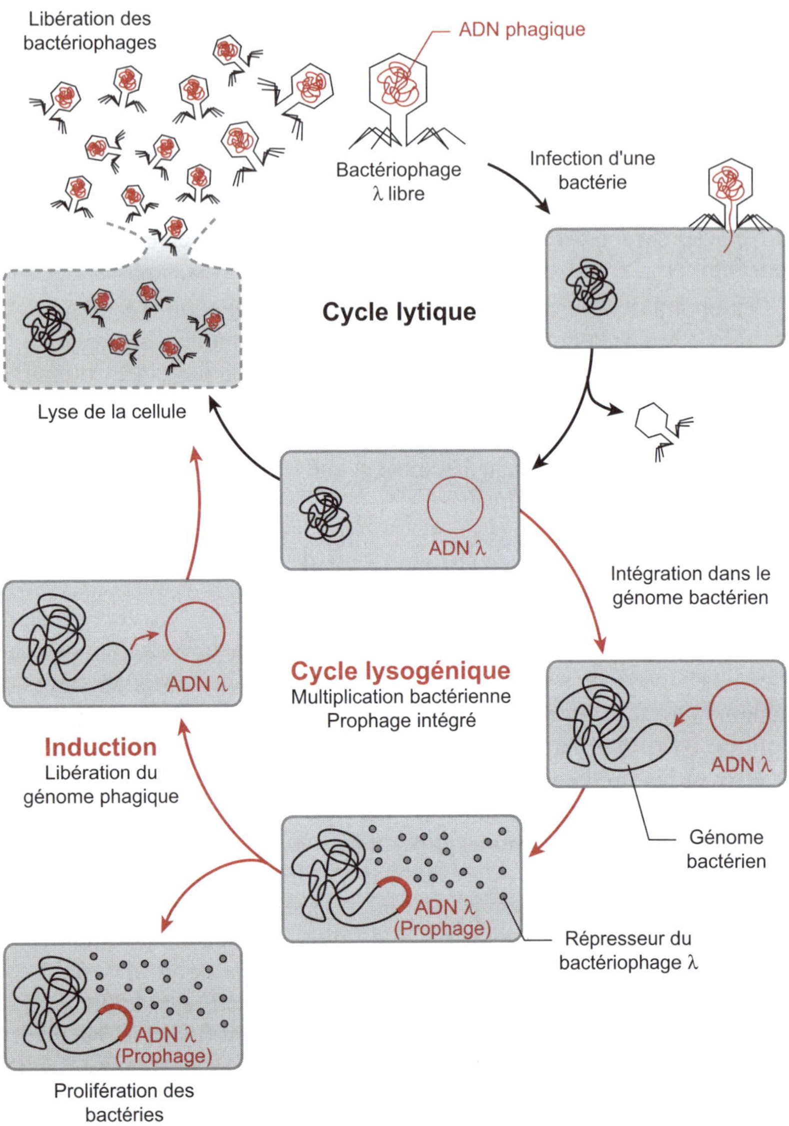

Figure 5-8 Croissance et induction lysogénique du bactériophage λ.

Les deux principales protéines régulatrices

La protéine « répresseur » du bactériophage λ, nommée le **répresseur λ**, est codée par le gène *cI* (Fig. 5-9). Malgré son nom, cette protéine qui possède deux domaines, un domaine de liaison à l'ADN couvrant 17 pb et un domaine d'activité, peut activer ou réprimer la transcription.

Elle existe habituellement sous la forme d'un dimère. Lorsqu'elle réprime, elle fonctionne comme le répresseur Lac et se fixe à un opérateur chevauchant le promoteur excluant ainsi l'ARN polymérase. Lorsqu'elle active la transcription, elle fonctionne comme la protéine CAP et recrute l'ARN polymérase.

La **protéine Cro** (Control of repressor and others things) est codée par le gène *cro* (Fig. 5-9). Elle possède un seul domaine de liaison à l'ADN couvrant 17 pb et existe aussi sous la forme d'un dimère. Plus simple que le répresseur λ, elle réprime la transcription comme le fait le répresseur Lac.

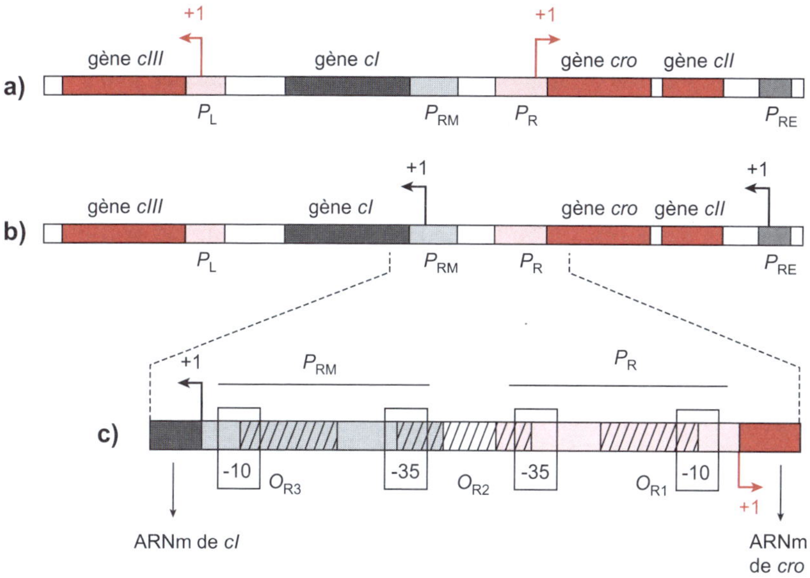

Figure 5-9 Organisation des gènes dans la région de contrôle orientant le développement lytique ou lysogénique du phage λ. Activité des promoteurs : **a)** de la phase lytique ; **b)** de la phase lysogénique ; **c)** agrandissement de la région de droite montrant le chevauchement des opérateurs et des promoteurs. P_R : promoteur de droite ; P_L : promoteur de gauche ; P_{RM} : promoteur du maintien de la répression ; P_{RE} : promoteur de l'établissement de la répression. O_{R3}, O_{R2}, O_{R1} : opérateurs de droite dans un ordre croissant d'affinité pour le répresseur λ et décroissant pour la protéine Cro.

L'une et l'autre de ces deux protéines régulatrices peuvent se fixer sous la forme de dimères, aux 6 mêmes opérateurs (3 dans la région de contrôle de droite, nommés O_{R1}, O_{R2} et O_{R3} et 3 dans celle de gauche) mais avec des affinités différentes. Le répresseur a une affinité qui décroît dans l'ordre, pour O_{R1}, O_{R2} et O_{R3}. C'est l'inverse pour la protéine

Cro. De plus leur **fixation** est **coopérative**, ce qui signifie que la fixation d'un premier dimère du répresseur λ sur O_{R1} favorise la fixation d'un deuxième dimère sur O_{R2}. Le mécanisme est identique mais inverse pour la protéine Cro.

Le contrôle des phases lytique et lysogénique par le répresseur λ et la protéine Cro

Dans le développement lytique, la protéine Cro domine en quantité. Elle se lie préférentiellement à O_{R3}. Elle inhibe le promoteur P_{RM}. O_{R1} et O_{R2} sont libres et l'ARN polymérase peut occuper le promoteur P_R et transcrire les gènes de la lyse. Un scénario identique se produit à gauche avec le promoteur P_L. Dans le développement lysogénique, le promoteur P_{RM} est activé et les promoteurs P_R et P_L sont inactifs. En effet, le répresseur λ bloque O_{R1}.et O_{R2} tout en activant par sa liaison à O_{R2} la transcription à partir de P_{RM} (Fig. 5-10). Si une détérioration de l'ADN bactérien intervient, le processus de réparation mettant en œuvre la protéine RecA se déclenche (voir chap. 2). RecA possède la propriété de stimuler l'auto-protéolyse de LexA qui est un répresseur des gènes de la réparation de l'ADN. Cet événement fait partie du processus désigné par le terme de **réponse SOS**. Mais RecA stimule également l'auto-protéolyse du répresseur λ également ce qui a pour effet de lever la répression qu'il exerce sur les promoteurs P_R et P_L et de provoquer la transcription des gènes de la phase lytique. C'est donc l'ajustement très fin du niveau du répresseur λ qui s'avère être le facteur clé de la commutation des phases lytique et lysogénique (Fig. 5-10). À une concentration trop basse en répresseur, l'induction de la phase lytique peut s'opérer spontanément. À une concentration trop élevée, l'auto-protéolyse sera insuffisante pour déclencher la phase lytique. La concentration du répresseur λ s'avère donc contrôlée à la fois de façon positive et négative. Lié à O_{R2} il stimule sa propre synthèse à partir de P_{RM} par un processus d'**autorégulation positive**. Si sa concentration est trop élevée, il occupe alors O_{R3} ce qui bloque son propre promoteur P_{RM} par un processus d'**autorégulati**on négative.

L'événement inducteur primordial

Juste après la pénétration de l'ADN du phage λ dans une bactérie, la décision orientant le cycle vital du virus vers les modes lysogène ou lytique fait intervenir les protéines régulatrices cII et cIII, codées respectivement par les gènes *cII* et *cIII* (Fig. 5-9). La protéine cII est un activateur. Elle est produite à partir du promoteur P_L, le même promoteur d'où est produite la protéine Cro. En se fixant sur un site en amont du promoteur P_{RE}, la protéine cII stimule à partir de ce dernier la transcription du gène *cI*. Ainsi, le gène du répresseur λ peut donc

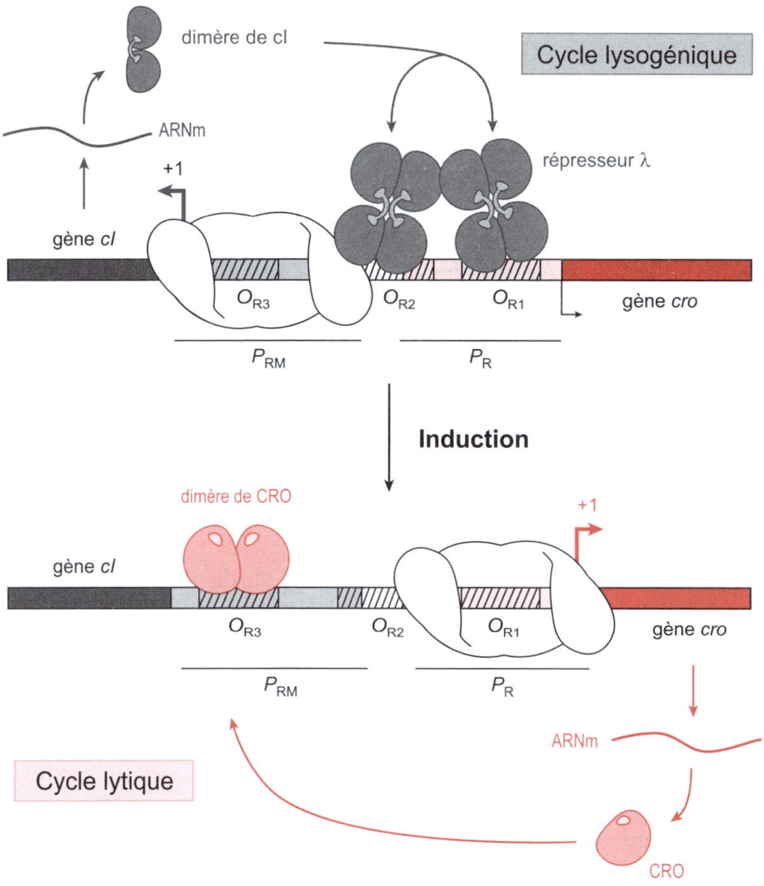

Figure 5-10 Représentation schématique de l'action respective du répresseur λ et de la protéine Cro. Noter les mécanismes d'autorégulation positive et négative du répresseur λ. Par l'occupation coopérative des opérateurs O_{R2} et O_{R3} il active ou réprime sa propre synthèse à partir de P_{RM}.

être transcrit à partir des promoteurs P_{RM} et P_{RE}. Si la production du répresseur λ à partir de P_{RE} est suffisante, l'occupation des opérateurs O_{R1} et O_{R2} sera effective, la synthèse du répresseur se poursuivra à partir de P_{RM} et la lysogénie s'installera. Si au contraire c'est la synthèse de la protéine Cro qui prend le dessus, elle inactivera le promoteur P_{RM} et la phase lytique pourra se développer. C'est donc l'efficacité avec laquelle la protéine cII stimule le promoteur P_{RE} qui décide de l'orientation du développement.

Les protéines cII et cIII sont les cibles préférentielles et alternatives d'une protéase bactérienne nommée FtsH qui est elle-même très sensible aux conditions environnementales qui prévalent au moment de l'infection. Lorsque ces conditions sont favorables à la prolifération bactérienne, la protéase s'avère très active et dégrade les protéines phagiques cII et cIII. Le répresseur λ ne sera pas synthétisé en quantité suffisante concurremment à Cro, c'est la phase lytique qui s'installe. Lorsque les conditions sont au contraire peu favorables, la protéase bactérienne est peu active, dégrade faiblement d'abord cIII, très peu cII qui peut alors stimuler efficacement et concurremment à Cro la synthèse du répresseur à partir de P_{RM}. Le génome du phage devient dormant et la phase lysosénique peut s'installer. Elle se transmettra de génération en génération jusqu'à ce qu'un événement altérant l'intégrité de l'ADN bactérien déclenche la réponse SOS qui concernera également la dégradation du répresseur λ.

5.3 RÉGULATION CHEZ LES EUCARYOTES

La régulation de l'expression des gènes eucaryotes ressemble dans ses grandes lignes, en plus élaborée cependant, à celle des gènes procaryotes. Elle présente aussi quelques particularités qui lui ajoutent des degrés de complexité parfois très grands. Ainsi, le fait que les gènes eucaryotes soient pour la plupart d'entre eux morcelés et que les transcrits primaires doivent subir un épissage alternatif destiné à éliminer tout ou partie des introns en ne conservant que tout ou partie des exons (voir chap. 3) ajoute une étape supplémentaire majeure de régulation selon le mode d'épissage choisi. À cela s'ajoute le fait que le génome des eucaryotes est constitué de chromatine, associant dans des structures assez compactes, les nucléosomes, ADN et histones (voir chap. 1). L'accessibilité de l'ADN dépend de toute une batterie d'enzymes et de protéines modificatrices de la structure chromatinienne qui sont autant de cibles pour des régulations multiples de leurs activités et par conséquent au final de l'expression des gènes. Enfin, les gènes eucaryotes possèdent en règle générale de nombreuses séquences régulatrices en amont mais aussi en aval des promoteurs, parfois fort éloignées des sites de démarrage de la transcription. Regroupées souvent en ensembles régulateurs à fonction stimulatrice (« **enhancers** ») ou répressives (« **silencers** ») ces séquences régulent, particulièrement chez les organismes multicellulaires, l'expression des gènes à la fois au cours du développement et selon le type cellulaire. Le contrôle de leur action effective sur tel gène particulier nécessite souvent la présence d'éléments régulateurs d'un autre type, les **isolateurs**, qui créent des barrières entre « enhancers » et promoteurs afin d'adresser correctement la fonction régulatrice au bon gène ciblé et pas à un autre.

Les régulateurs transcriptionnels

L'organisation et le mode d'action des activateurs

Les activateurs eucaryotes sont assez proches dans leur organisation et dans leur fonctionnement de leurs homologues procaryotes. Ils possèdent comme eux, deux principaux domaines assurant d'une part la liaison à l'ADN (domaine de liaison ou « binding domain » ou BD) et d'autre part un domaine d'activation de la transcription (« activation domain » ou AD) qui interagit directement avec l'ARN polymérase ou indirectement par l'intermédiaire de facteurs transcriptionnels (voir chap. 6, le test dit du double hybride). L'organisation et le fonctionnement de l'activateur de la levure Gal 4 contrôlant la transcription des gènes du métabolisme du galactose sont parmi les exemples les mieux connus (Fig. 5-11).

Les protéines régulatrices eucaryotes fonctionnent dans leurs interactions avec l'ADN comme leurs homologues procaryotes. Le motif hélice-boucle-hélice, très répandu chez les protéines bactériennes (voir Fig. 5-4) est également présent chez les eucaryotes. Une **hélice α** (l'hélice de reconnaissance) s'engage dans le grand sillon de l'ADN où les groupes latéraux de ses amino-acides interagissent spécifiquement, par des liaisons hydrogène et de type électrostatique, avec les groupes accessibles des bases puriques et pyrimidiques appariées. L'autre hélice établit des contacts du même type avec le squelette externe de l'ADN ce qui contribue à positionner correctement l'hélice de reconnaissance et renforce son attachement à l'ADN.

Chez les protéines eucaryotes, certaines hélices de reconnaissance de l'ADN s'associent à diverses autres structures hélicoïdales ou en **feuillets β**. Les domaines de liaison à l'ADN sont donc plus variés et caractérisent les protéines qui les possèdent. On distingue ainsi les protéines à homéodomaines (l'hélice de reconnaissance est associée à deux autres hélices) très importantes dans l'exécution des programmes génétiques contrôlant le développement des organismes multicellulaires. Ces protéines fonctionnent souvent à l'état d'hétérodimères (deux domaines distincts de liaison à l'ADN) ce qui a pour conséquence d'accroître la variété des mécanismes régulateurs dont elles sont la cible et la cause. Il y a aussi les protéines à domaines de liaison contenant un atome de zinc. Le zinc est souvent coordonné par des résidus histidine de l'hélice de reconnaissance et des résidus cystéine de feuillets β adjacents. Les structures formées sont dites « en doigt de zinc » ou en « cluster de zinc ». Elles sont présentes par exemple chez l'activateur Gal4. D'autres protéines associent plusieurs longues hélices de reconnaissance en des structures élaborées formant des motifs complexes où les amino-acides basiques sont bien représentés, tels les « leucine zipper » ou les motifs « HLH ».

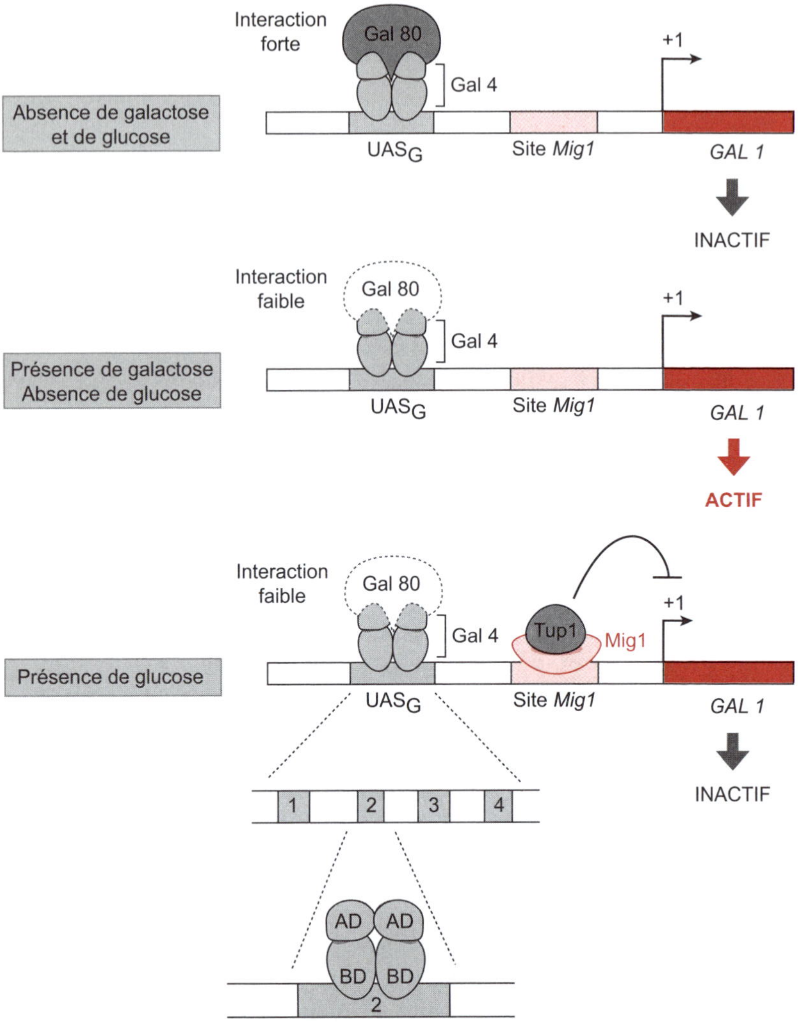

Figure 5-11 Organisation des séquences régulatrices de l'activateur Gal4 et mode de fonctionnement. Gal4 possède 4 sites de liaison à l'ADN, de 17pb chacun, regroupés en une séquence activatrice d'amont (UAS_G) située 275 nucléotides en amont de *GAL1*. En l'absence de galactose, Gal4 sous la forme de dimères est lié à ses sites UAS_G. Mais il ne peut pas activer *GAL1* car le domaine d'activation de Gal4 est dans ces conditions occupé par la protéine Gal80. En présence de galactose, la protéine Gal80 change de conformation et relâche son interaction avec Gal4. Ce dernier peut alors stimuler la transcription de *GAL1* d'un facteur 1 000. En présence de glucose, Mig1 se fixe à son site et recrute le complexe répresseur Tup1. La répression de *GAL1* résulte d'une désacétylation locale des nucléosomes par une désacétylase du complexe Tup1 et par des interactions inhibitrices directes bloquant le démarrage de la machinerie transcriptionnelle.

Au contraire des domaines de liaison à l'ADN, les domaines d'activation sont très variables et constitués plutôt d'amino-acides à propriétés acides ou hydrophobes. Ils présentent des surfaces adhésives capables de recruter diverses protéines, leur spécificité résultant plus de l'agencement des surfaces que de leur affinité réelle pour les protéines recrutées. Il y a donc dans ces mécanismes de régulation basés sur les activateurs des degrés de liberté qui sont une caractéristique du fonctionnement des systèmes vivants et qui en font leur extrême complexité.

L'une des fonctions réellement spécifiques des activateurs eucaryotes est celle de modifier la structure de la chromatine, parfois à longue distance. Par leur aptitude à recruter des enzymes de modification comme les histones acétylases (Fig. 5-12) mais aussi les histones désacétylases,

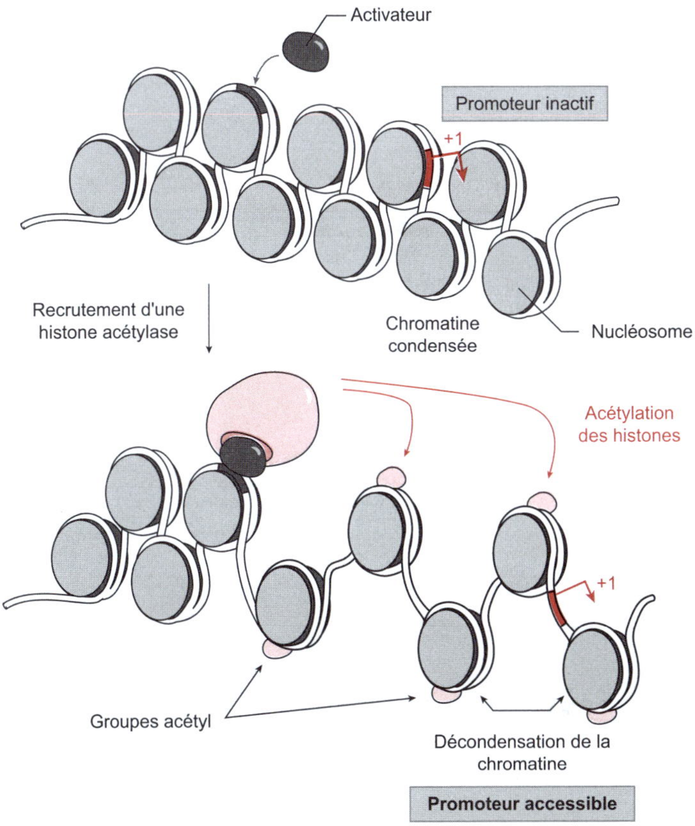

Figure 5-12 Exemple de modification de la structure de la chromatine par acétylation des queues d'histones des nucléosomes placés dans l'environnement d'un promoteur, inaccessible à la machinerie transcriptionnelle avant que l'activateur ne recrute l'histone acétylase.

méthylases et déméthylases, ils ajoutent ou éliminent des groupes chimiques correspondants à l'extrémité des queues d'histones. Ils provoquent par là même des modifications de la structure des histones et des nucléosomes auxquels elles participent et libèrent ou masquent l'accès aux promoteurs ou à des sites de liaisons pour d'autres protéines régulatrices, activateurs ou répresseurs.

Les isolateurs

Quand un activateur agit à longue distance (parfois à plusieurs milliers de kb d'un promoteur) il est inévitable que son action puisse s'exercer sur différents promoteurs présents dans l'intervalle. Cet inconvénient semble, chez les eucaryotes, surmonté par la présence de séquences d'un type particulier, appelées **isolateurs**. Placés entre un site activateur (enhancer) et un promoteur, l'isolateur inhibe l'activation du gène par le stimulateur en bloquant la communication entre les deux partenaires. Il n'empêche pas cependant l'activateur d'agir sur un autre gène, ni le gène bloqué d'être activé par un autre stimulateur (Fig. 5-13).

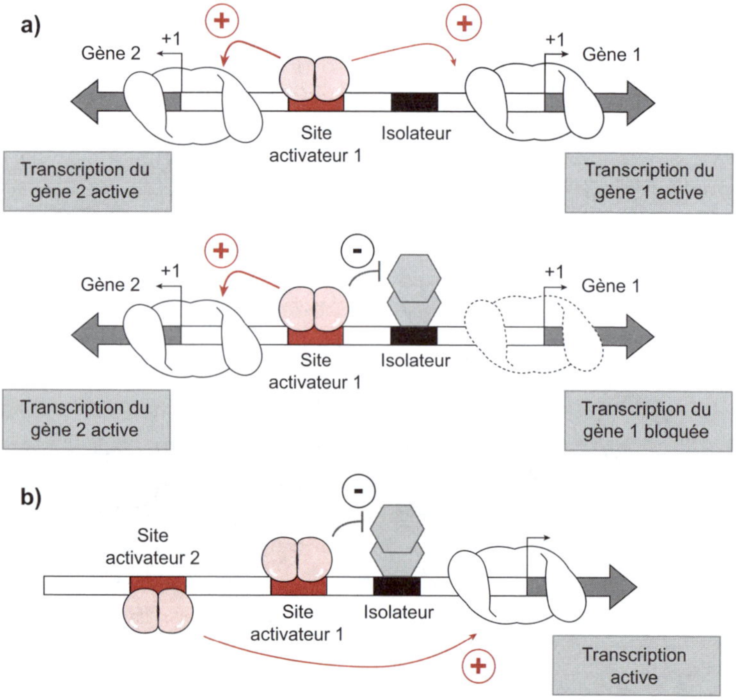

Figure 5-13 Illustration du mode d'action d'un isolateur. **a)** L'isolateur occupé inhibe uniquement l'action de l'activateur 1 sur le gène 1. Il n'interfère pas avec l'activation du gène 2 ; **b)** l'isolateur occupé n'interfère pas avec l'activation du gène 1 par un autre activateur (ici l'activateur 2).

Au total un isolateur en ciblant la protection d'un gène évite que des événements d'activation ou de répression sur de longues distances puissent altérer le fonctionnement du génome. En ce sens, les isolateurs sont des éléments plutôt spécifiques des génomes complexes et de grande taille.

L'organisation et le mode d'action des répresseurs

Contrairement au mode d'action le plus fréquemment rencontré chez les bactéries, les répresseurs eucaryotes n'agissent pas, pour inhiber l'attachement des ARN polymérases aux promoteurs, par compétition et encombrement stérique du site promoteur. Ils peuvent cependant interagir avec les ARN polymérases en se liant à des sites adjacents à ceux des promoteurs, de façon alternative ou compétitive avec les activateurs. À l'instar des activateurs, les répresseurs eucaryotes recrutent fréquemment des protéines modificatrices de la structure chromatinienne avec un résultat inverse de celui des activateurs (Fig. 5-14 ; voir aussi Fig. 5-11).

Le contrôle des régulateurs transcriptionnels

Le contrôle par les voies de signalisation

L'expression d'un gène ou d'un ensemble de gènes dépend fréquemment de signaux en provenance de l'environnement. La nature exacte des signaux est éminemment variable. Chez les organismes multicellulaires, particulièrement au cours des phases précoces du développement mais cela est vrai tout au long de la vie d'un individu, il s'agit souvent de protéines ou même d'ARN dont l'origine se trouve dans les cellules environnant la cellule ou le tissu cible. Le **signal ou ligand** est en règle générale détecté par un **récepteur de la surface cellulaire**. Le relais est opéré ensuite par une cascade d'événements enzymatiques mettant en jeu souvent deux classes d'enzymes, les kinases ou phosphorylases et les phosphatases. Associés à ces événements se produisent des changements conformationnels du récepteur ou une nouvelle organisation de la distribution de plusieurs récepteurs de la surface cellulaire. C'est par ces moyens que le signal initial poursuit en quelque sorte sa route commencée par sa liaison au récepteur. Cette transduction allostérique se prolonge par la libération d'un signal (ligand) intracellulaire qui migrera vers le noyau où il pourra se lier à l'ADN soit directement, ce qui est très rare, soit par l'intermédiaire de protéines régulatrices (activatrices ou répressives) à domaine spécifique de liaison à l'ADN. Le contrôle effectif de la transcription du gène cible ne met pas en cause directement le domaine de liaison à l'ADN. Il opère indirectement sur l'activateur ou le répresseur en induisant un changement conformationnel qui modifiera l'interaction avec l'ADN ou en démasquant une

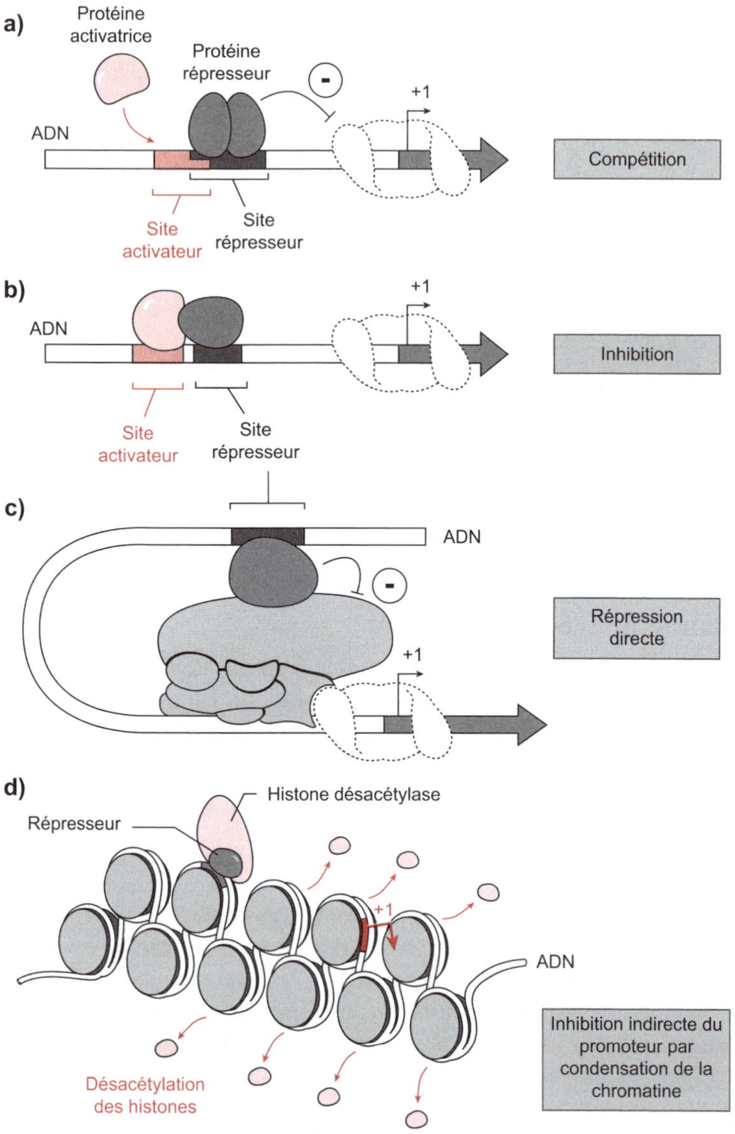

Figure 5-14 Principaux modes d'action des répresseurs eucaryotes. **a)** Les sites de liaisons à l'ADN sont chevauchants et la présence du répresseur exclue celle de l'activateur ; **b)** les sites de liaisons sont distincts mais rapprochés, le répresseur peut inhiber par interaction directe l'effet de l'activateur ; **c)** le répresseur occupe son site et agit sur la machinerie transcriptionnelle par l'intermédiaire du complexe médiateur ; **d)** le répresseur, lié à son site, recrute une histone désacétylase qui en éliminant les groupes acétyle des queues d'histones, entraîne une modification de la structure des nucléosomes et de la chromatine, dont les effets sont inhibiteurs de la transcription.

protéine inhibitrice qui bloquait l'activateur (voir par exemple le cas très simple du galactose démasquant la protéine Gal 80, Fig. 5-11). La protéine de masquage peut être associée à n'importe quel type d'activateur ou de répresseur évoqué plus haut. Il arrive que le **processus de masquage-démasquage** intéresse un ligand stationné dans le cytoplasme de la cellule. Le résultat de l'action du signal est dans ce cas de permettre au ligand cytoplasmique de se déplacer vers le noyau et l'ADN. Le signal agira soit par une action enzymatique (phosphorylation ou déphosphorylation, protéolyse) soit en induisant par sa liaison au ligand cytoplasmique un changement conformationnel l'autorisant à se mouvoir vers le noyau.

Le contrôle par les modifications des histones et de l'ADN

Un gène peut ne pas être seulement activé ou inhibé en réponse à un effet local lié ou non à un signal environnemental. Un gène peut être inactif, éteint, en raison de sa seule localisation ou position dans le génome. Le cas bien documenté est celui des gènes présents dans une forme de chromatine connue sous le nom d'**hétérochromatine**. On la trouve dans les télomères et les centromères (voir chap. 1) qui pourtant ne contiennent que peu de gènes, mais cette chromatine très dense est également rencontrée dans d'autres régions chromosomiques. Elle représenterait près de la moitié du génome des mammifères. L'**extinction des gènes** présents dans l'hétérochromatine est un événement réversible qui dépend de l'action des protéines modificatrices de la structure des nucléosomes et par extension de celle de la chromatine résultante qui peut se présenter sous la forme d'une chromatine active, l'**euchromatine**. La transcription des gènes est également inhibée par la méthylation de l'ADN qui altère l'attachement des protéines régulatrices et celles de la machinerie de la transcription. Il arrive aussi que certaines séquences, quand elles sont méthylées, recrutent des répresseurs spécifiques qui à leur tour recrutent les enzymes modificatrices de la chromatine et inhibent certains gènes. Un dialogue complexe et encore bien mal compris semble exister entre les modifications intéressant les histones (acétylation-désacétylation, méthylation-déméthylation) et celles qui concernent l'ADN lui-même (méthylation-déméthylation). Les conséquences peuvent se propager à travers les générations successives (empreintes parentales). Des prédictions sont émises par certains chercheurs sur l'existence de codes liés aux états chromatiniens des histones et de l'ADN. Ils pourraient compléter le maintenant classique code génétique et ouvrir la voie à une meilleure compréhension des événements régulant l'expression des gènes des organismes multicellulaires complexes.

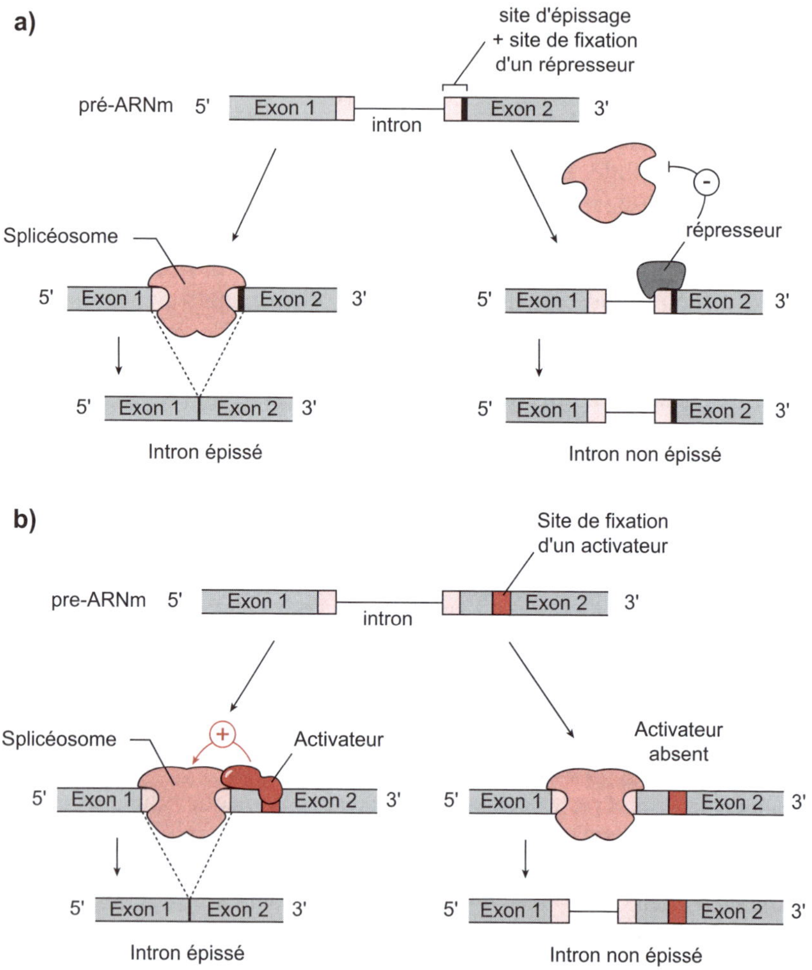

Figure 5-15 Principes généraux de la régulation de l'épissage alternatif montrant les rôles respectifs des sites d'épissage, du splicéosome, des sites régulateurs de l'épissage et des protéines régulatrices, activateurs ou répresseurs. **a)** Le répresseur masque le site d'épissage et empêche l'action du splicéosome ; **b)** en occupant son site, l'activateur favorise le recrutement du splicéosome.

Le contrôle de l'épissage alternatif des transcrits ARN

La régulation de l'épissage alternatif ressemble beaucoup à la régulation transcriptionnelle elle-même. L'attachement de la machinerie d'épissage à un site d'épissage particulier dépend en effet de l'affinité de ce site pour la machinerie et de l'action des protéines régulatrices de l'épissage. Un site d'épissage puissant favorisera un épissage constitutif. Mais un répresseur d'épissage peut entrer en compétition pour s'attacher à ce site et bloquer la machinerie d'épissage, aussi appelée splicéosome. Des séquences stimulatrices de l'épissage sont présentes à proximité des sites d'épissage. Elles sont reconnues par des protéines régulatrices de l'épissage qui recrutent à ce site le splicéosome. Comme pour les protéines régulatrices de la transcription, ces protéines possèdent deux types de domaines, l'un qui s'attache à l'ARN et l'autre qui s'attache au splicéosome (Fig. 5-15). La régulation de l'épissage alternatif des ARN messagers a pour conséquence principale d'accroître la diversité des protéines cellulaires et d'aboutir à la synthèse de protéines différentes selon les types cellulaires considérés (voir exemples de régulation au chap. 3, § 3.4).

5.4 RÉGULATION TRADUCTIONNELLE DE L'EXPRESSION DES GÈNES EUCARYOTES

La régulation de la traduction se manifeste par un ensemble de mécanismes qui participent dans de nombreuses situations biologiques à la régulation de l'expression des gènes. Deux types de contrôle sont observables : un contrôle général qui intéresse, à un moment donné, l'ensemble des ARNm d'une cellule et un contrôle plus spécifique intéressant seulement un sous-ensemble d'ARNm au sein de la cellule. Le premier opère principalement par des modifications intéressant les facteurs de démarrage (initiation) de la traduction, alors que le second opère grâce à des protéines régulatrices qui se lient aux régions non traduites (**5'UTR** et **3'UTR**) de la séquence des messagers cibles. Certains micro-ARN qui se lient également aux régions 3'UTR participent à cette régulation. Dans le cas des cellules polarisées (oocyte, synapse neuronale spécifique), la régulation très localisée de la traduction engendre des gradients de concentration de protéines dont l'activité constitue des événements essentiels du développement des organismes eucaryotes.

Éléments de structure des ARN messagers influençant la traduction

Ils comportent (Fig. 5-16) :

- les structures situées aux deux extrémités de l'ARNm : la structure en 5', constituée par la 7-méthyl-guanosine triphosphate, appelée aussi chapeau (« capping structure ») et la structure en 3', constituée d'une séquence additionnelle polyadénylée ou queue polyA. La communication entre ces deux structures est essentielle pour l'efficacité du démarrage de la traduction ;
- les séquences internes du messager assurant pour le démarrage de la traduction une entrée des ribosomes (ou **IRES**) indépendante de l'extrémité 5' (7-méthyl-guanosine triphosphate) du messager ;

- les petits cadres de lecture (uORFs), situés en amont du cadre principal (ou ORF, « open reading frame ») représenté par la séquence codante du gène, qui amoindrissent la traduction ;
- les structures secondaires et tertiaires de l'ARNm, en forme d'épingles à cheveux ou de nœuds, qui bloquent normalement la traduction, mais peuvent faire partie des IRES et ainsi stimuler une traduction indépendante de l'extrémité 5' ;
- les sites de liaisons spécifiques de complexes protéiques qui sont des déterminants cruciaux de la traduction.

La plupart de ces éléments et mécanismes régulateurs sont en fait inhibiteurs de la traduction. Cela signifie que les ARNm d'une cellule eucaryote, loin d'être systématiquement traduits, une fois transcrits et maturés, se distribuent en deux ensembles d'inégale importance. Le premier, minoritaire, comporte à la fois un petit nombre d'ARNm activement traduits et les ARNm qui bien que non réprimés sont en attente de la disponibilité des facteurs de démarrage. Le deuxième, comporte tous les ARNm réprimés par l'un ou l'autre des mécanismes cités ci-dessus.

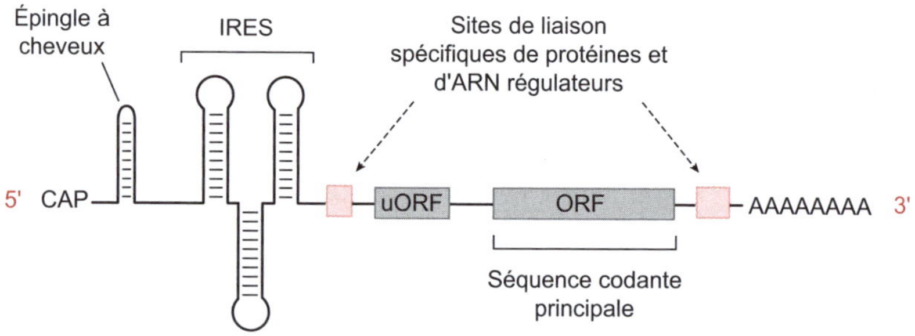

Figure 5-16 Principaux éléments structuraux d'un ARN messager eucaryote influençant sa traduction. uORF : petit cadre de lecture en amont (upstream) du cadre principal ; IRES : séquence interne d'entrée des ribosomes.

Le contrôle général par la phosphorylation des facteurs de démarrage

Le contrôle global de la traduction (synthèse des protéines) résulte en général de changements intervenant dans l'état de phosphorylation des facteurs de démarrage ou dans celui des protéines régulatrices qui interagissent avec eux (Fig. 5-17).

Ainsi la disponibilité de la protéine eIF4E qui s'attache en association avec eIF4G à l'extrémité 5' du messager (capping structure) sera abaissée par la formation d'un complexe compétitif avec une protéine de la famille des protéines de liaison à 4E (4E-BP). Lorsque cette protéine est

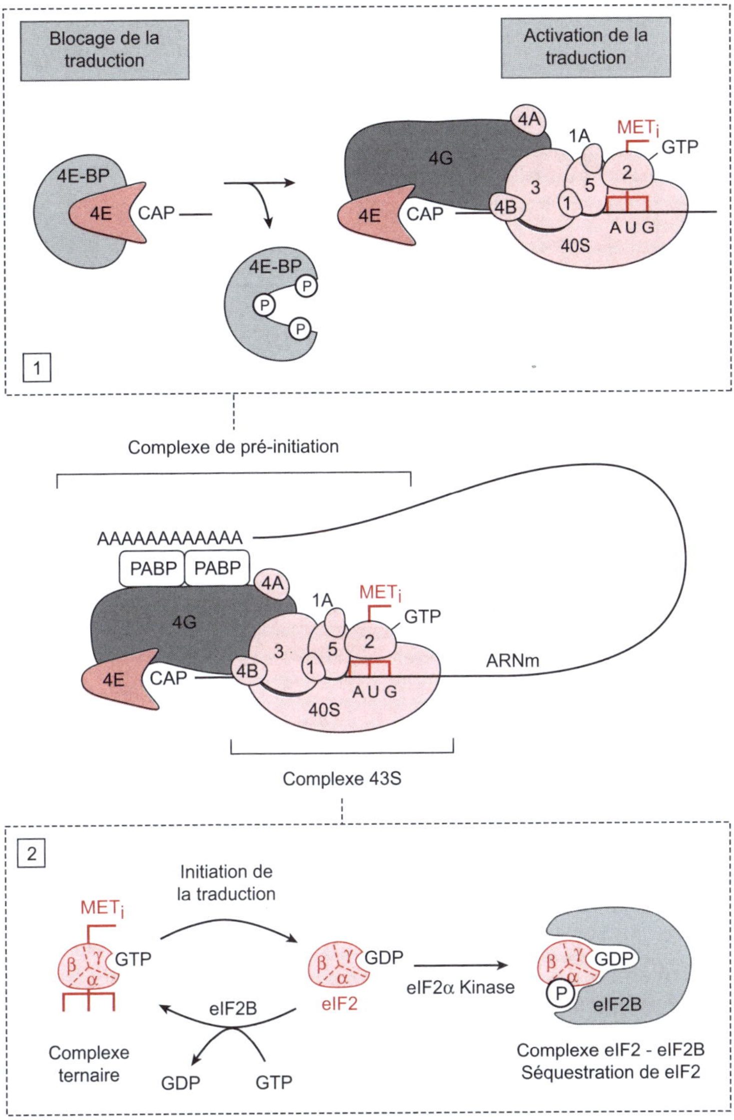

Figure 5-17 Représentation schématique du démarrage de la traduction à l'extrémité 5′ du messager. Noter les interactions d'eIF4G à la fois avec eIF4E et PABP ce qui fait communiquer les deux extrémités du messager et le circularise (voir chap. 4). L'encadré 1 met en évidence le rôle de 4E-BP dans la formation d'un complexe avec eIF4E ce qui empêche ce dernier de s'associer à eIF4G et inhibe la traduction. La phosphorylation de 4E-BP rétablit la possibilité du démarrage de la traduction. L'encadré 2 montre que la phosphorylation d'eIF2α abaisse la vitesse de dissociation de eIF2B du complexe formé avec eIF2, ce qui bloque l'échange GTP-GDP et inhibe le démarrage de la traduction.

hypophosphorylée, elle s'attache efficacement à eIF4E et empêche ce facteur de participer à la reconnaissance de l'extrémité 5' ce qui inhibe la traduction. Des signaux extracellulaires, tels que l'insuline, active une cascade de signalisation qui aboutit à l'hyperphosphorylation de 4E-BD, ce qui libère eIF4E et lui permet de se complexer avec eIF4G pour démarrer la traduction (cadre 1, Fig. 5-17).

Ainsi le complexe ternaire auquel participe le facteur eIF2 composé de trois sous-unités (α, β, γ) dépend d'une association avec le GTP. Ce dernier est hydrolysé en GDP au moment du démarrage effectif de la traduction. Un nouveau complexe ternaire fonctionnel est alors reconstitué grâce à un échange GTP-GDP catalysé par le facteur eIF2B. La phosphorylation de la sous-unité α d'eIF2 par l'activation, en réponse à un signal environnemental, d'une des nombreuses kinases cellulaires, favorisera la séquestration du complexe eIF2-eIF2B, bloquera ainsi l'échange GTP-GDP et finalement inhibera la traduction (cadre 2, Fig. 5-17).

Les mécanismes spécifiques de régulation de l'attachement du ribosome à l'ARN messager

Plusieurs exemples de protéines régulatrices se liant à des éléments spécifiques de certains messagers sont en mesure de bloquer l'attachement du ribosome à l'extrémité 5' ou d'empêcher le balayage de la séquence en 5'par le ribosome des eucaryotes. Les protéines IRP 1 et IRP 2 contrôlent l'homéostasie cellulaire du fer. En se fixant, dans les cellules déficientes en fer à un élément de réponse au fer (IRE), situé 40 nucléotides en aval de l'extrémité 5' des messagers des chaînes lourde et légère de la ferritine, (Fig. 5-18a) IRP 1 et IRP 2 bloquent la production de cette protéine de stockage du fer. Celui-ci sera donc arrêté, ce qui est conforme aux besoins de la cellule déficiente en fer.

La protéine de liaison à l'élément de polyadénylation cytoplasmique (CPEB) régule la traduction des messagers d'origine maternelle de l'ovocyte dans les premiers stades du développement embryonnaire. En se liant à l'élément de polyadénylation cytoplasmique (CPE) une séquence riche en uridine, localisée en 3'UTR, CPEB peut fixer une protéine nommée Maskin qui possède elle-même un domaine de liaison à eIF4E et empêche eIF4G de former le complexe de démarrage de la traduction (Fig. 5-18b). Un mécanisme identique est constaté avec la protéine bicoid, un déterminant du pôle antérieur de l'embryon de drosophile. En se liant à la fois en 3'UTR à BRE, l'élément de réponse à Bicoid du messager du gène *caudal*, et à eIF4E à son extrémité 5', bicoid inhibe l'expression de *caudal* dans la partie antérieure de l'embryon (Fig. 5-18b). D'autres mécanismes similaires font appel

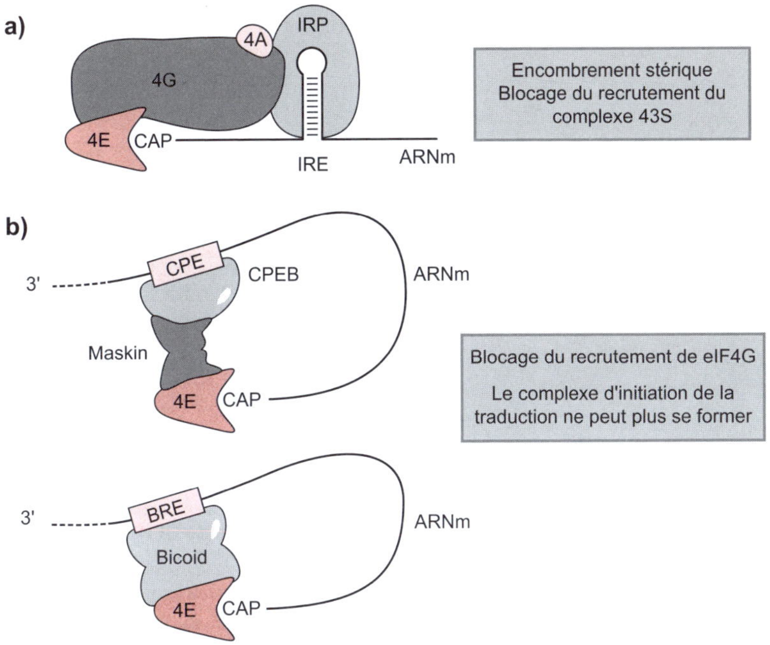

Figure 5-18 Mécanismes de contrôle de l'attachement du ribosome au messager, indépendamment de l'extrémité 5'. **a)** Les protéines IRP, en se fixant à un élément de réponse au fer en forme d'épingle à cheveux (IRE), empêchent le recrutement du ribosome par encombrement stérique. **b)** Les protéines Maskin et Bicoid liées à leurs éléments de reconnaissance en 3'UTR des messagers cibles, interagissent avec eIF4E et empêchent son interaction avec eIF4G, inhibant ainsi la traduction des messagers correspondants.

simultanément à des éléments régulateurs situés en 5'UTR et 3'UTR des messagers cibles et induisent une inhibition de la traduction complètement indépendante des facteurs de démarrage de l'extrémité 5'.

Les mécanismes de régulation plus tardifs

Ce sont des mécanismes qui par de multiples démarrages avortés de la traduction à partir des petits ORF d'amont favorisent la traduction effective du messager principal situé en aval. C'est le cas du gène *GCN4* dont le messager code un activateur transcriptionnel qui régule la biosynthèse des amino-acides. En amont du codon AUG le messager présente 4 courts ORF pouvant être à l'origine de différents démarrages de la traduction (Fig. 5-19). Quand les amino-acides abondent, les démarrages et les redémarrages au niveau des courts ORFs se produisent sans cesse, privant le site de démarrage de *GCN4* proprement dit

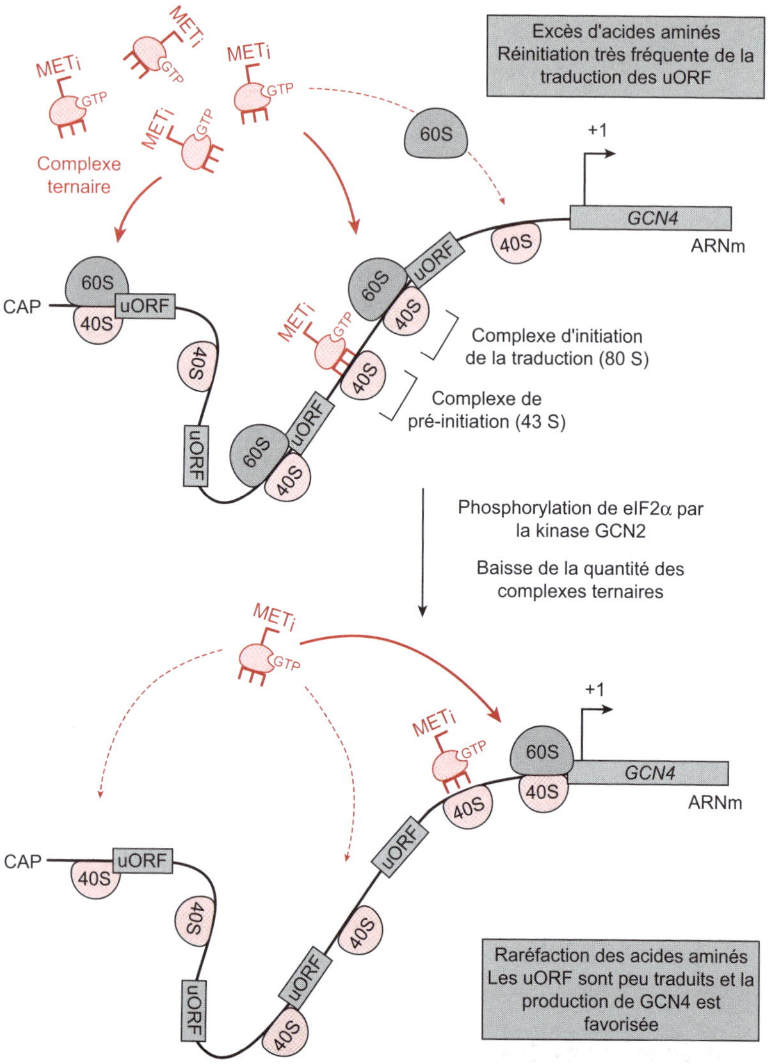

Figure 5-19 Mécanisme de régulation de la traduction de *GCN4* montrant que dans des conditions de raréfaction des amino-acides, le démarrage de la traduction du messager GCN4 résulte d'une diminution des démarrages concernant les uORF.

des complexes ternaires indispensables. Quand les amino-acides se raréfient, la phosphorylation d'eIF2α par la kinase GCN2 se produit, les complexes ternaires (voir Fig. 5-17 et chap. 4) se raréfient et les démarrages aux différents sites des uORFs également. Cela permet aux sous-unités 40S du ribosome d'atteindre plus fréquemment le codon AUG, site de démarrage de la traduction de *GCN4*, sans avoir eu à initier trop souvent au cours du balayage propre aux messagers eucaryotes, la traduction des uORF. Quand les amino-acides font défaut, l'activateur transcriptionnel de leurs biosynthèses se trouve donc logiquement plus activement traduit (Fig. 5-19).

Les mécanismes de régulation de la traduction par les micro-ARN

Les **microARN** (miARNs) sont des petits ARNs capables de réguler l'expression de gènes dans de nombreux processus biologiques majeurs tels que le développement embryonnaire, la prolifération et la différenciation cellulaires, le métabolisme, etc. On estime aujourd'hui que le génome humain comporterait plusieurs centaines de gènes de miARNs. Chaque miARN est capable de contrôler, au niveau post-transcriptionnel, l'expression de centaines de gènes.

La séquence des miARNs comporte 19-21 nucléotides issus d'un long ARN précurseur pri-miARN (*primary miRNA*) généré par l'ARN polymérase II (Fig. 5-20). Dans le noyau, le pri-miARN subit des modifications post-transcriptionnelles par polyadénylation en 3' et coiffage en 5' puis adopte une structure secondaire en épingle à cheveux. Un complexe protéique contenant la ribonucléase Drosha, une ribonucléase de la superfamille des RNase III, clive le pri-miARN et génère un pré-miARN (*precursor miRNA*) de 60-70 nucléotides. Ce dernier sera transporté dans le cytoplasme puis pris en charge par une autre ribonucléase de la superfamille des RNase III, Dicer, qui va supprimer la boucle de l'épingle à cheveux et ainsi libérer un mi-ARN mature double brins d'une vingtaine de paires de bases. Seul un des deux brins est fonctionnel, il est appelé brin guide ou brin antisens ou miARN mature. L'autre brin est appelé brin passager ou brin sens. Le brin guide est sélectionné par un complexe (RISC, *RNA Inducing Silencing Complex*) qui le conduit vers un ARNm cible possédant une séquence en grande partie complémentaire du mi-ARN. Les miARNs s'hybrident généralement avec des sites du 3'UTR des ARNm cibles. L'expression du gène cible est alors diminuée voire abolie par la répression de la traduction de ses ARNm (Fig. 5-21) ou par leur dégradation nucléasique (Fig. 5-20).

La ribonucléase Dicer est impliquée dans la formation d'autres petits ARNs, les **ARN interférents** (*silencing-RNAs* ou **siARNs**), à partir de précurseurs double brins d'assez grande dimension. Les siARNs matures sont également pris en charge par les complexes RISC qui provoquent la dégradation des ARN messagers avec lesquels ils ont une parfaite complémentarité de séquence (Fig. 5-20).

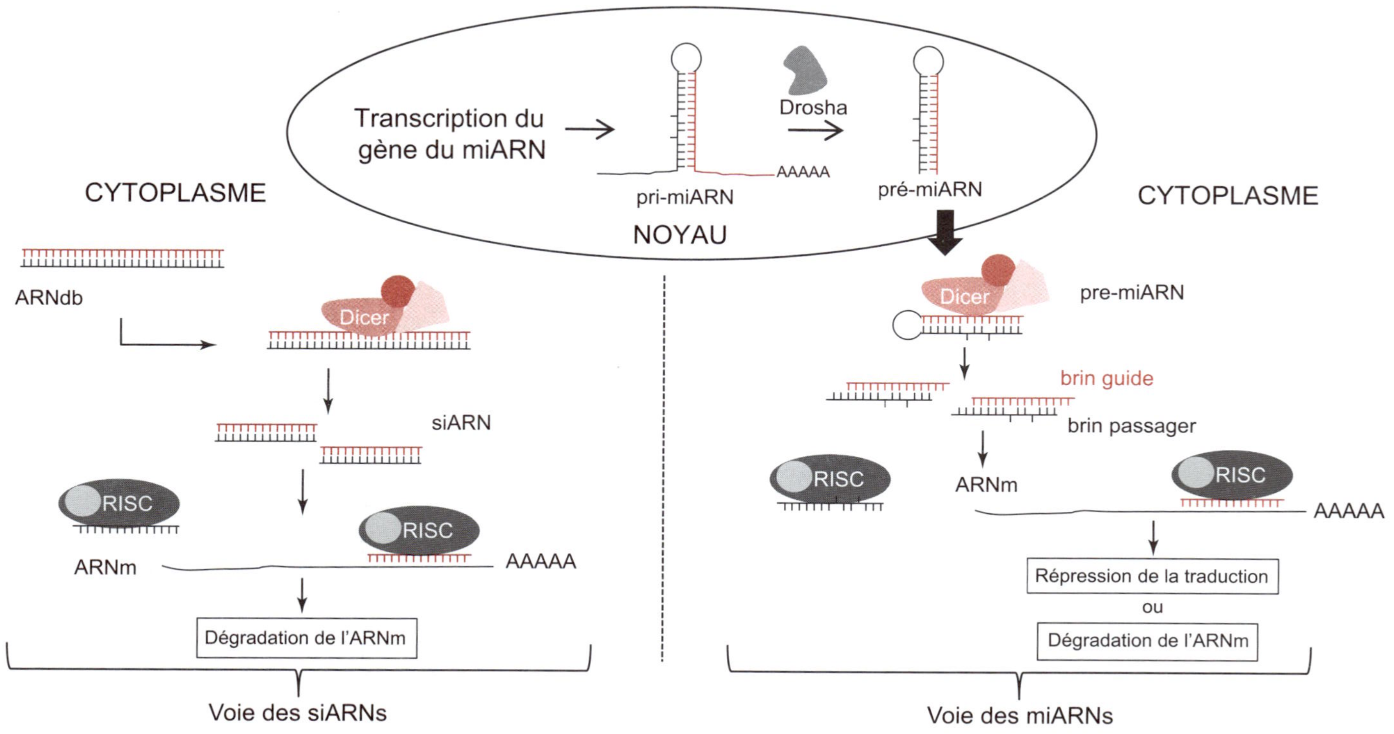

Figure 5-20 Principe de l'ARN interférence par les miARNs et siARNs.
La voie des miARNs (à droite de la figure) débute par l'expression du gène du miARN. Le produit de cette transcription pri-miARN subit une première maturation dans le noyau avant de migrer dans le cytoplasme. Là, il finira sa maturation en miARN fonctionnel qui s'hybridera avec l'ARNm cible et réprimera l'expression du gène soit en empêchant la traduction de l'ARNm soit en induisant la dégradation de l'ARNm. Les siARN (à gauche de la figure) résultent d'un ARN double brin (ARNdb) qui aura subi la même maturation cytoplasmique que le pré-miARN. Les si-ARNs sont parfaitement complémentaires de l'ARNm cible, ils induiront la dégradation spécifique de cette cible.

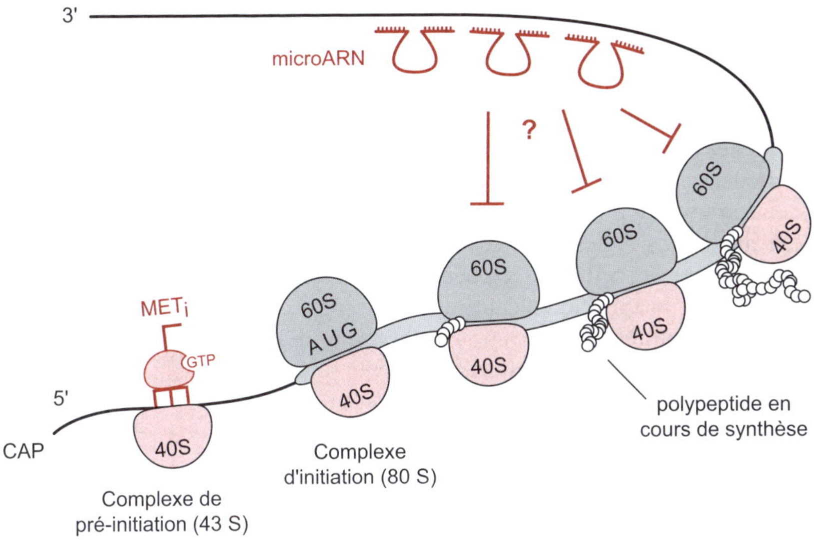

Figure 5-21 Contrôle de la traduction par les microARNs. Les miARNs établissent des appariements imparfaits avec des régions 3'UTR des messagers cibles et bloquent ainsi la traduction. Il semble qu'ils interviennent au niveau des polyribosomes, soit bien après le démarrage de la synthèse protéique.

Les miARNs sont codés par des gènes spécifiques et agissent sur l'expression d'autres gènes du même génome alors que les siARNs dérivent souvent d'ARNm, de transposons et de virus. La principale différence fonctionnelle entre miARNs et siARNs semble basée sur le degré de complémentarité entre le petit ARN et l'ARNm cible. Si la séquence d'un ARNm est modifiée de telle manière qu'elle devienne parfaitement complémentaire du miARN, celui-ci peut alors induire sa dégradation alors qu'il n'en inhibait précédemment que la traduction.

Bien que la composition exacte de ces complexes tout comme celle des ribonucléoparticules contenant les miARNs soit mal connue, ils contiennent tous deux des protéines de la famille Argonaute. Cette observation, alliée au fait que les miARNs peuvent se comporter comme des siARNs, conduit à penser que RISC pourrait à la fois diriger la dégradation des ARN messagers et inhiber leur traduction.

L'ARN interférence est rapidement apparu comme un outil très important pour comprendre la fonction des gènes chez les eucaryotes. En réprimant volontairement l'expression d'un gène et en analysant les conséquences, il devient possible de dresser des hypothèses sur le rôle fonctionnel du gène réprimé.

Une régulation coordonnée de près de 1 000 gènes : l'inactivation du chromosome X

Chez les mammifères, les femelles possèdent deux chromosomes X porteurs chacun d'un millier de gènes, alors que les mâles ne possèdent qu'un seul chromosome X. Néanmoins, les gènes portés par les chromosomes X des deux sexes sont exprimés à des niveaux équivalents dans les cellules. Ce phénomène appelé « dosage compensé » résulte de l'inactivation aléatoire d'un des deux chromosomes X dès les 4 à 8 premières cellules de l'embryon femelle. Cette inactivation persiste à chaque mitose ultérieure aboutissant à la formation des tissus adultes. Les territoires cellulaires issus des deux types de cellules embryonnaires coexistent, chacun possédant l'un des deux chromosomes X. Le corps adulte de la femelle est ainsi un mélange, plus exactement une mosaïque de cellules, ayant deux génotypes distincts correspondants à l'un des deux chromosomes X restés actifs. Chez la femelle hétérozygote, le mosaïcisme n'est réellement détectable que lorsque le phénotype observable résulte de l'expression d'un seul des deux allèles d'un gène porté par les chromosomes X.

L'étape la plus précoce du processus d'inactivation consiste en l'accumulation au contact du chromosome X paternel, d'un transcrit d'ARN non codant de 17 kb, produit du gène *Xist* placé lui-même au cœur du locus nommé « centre d'inactivation du chromosome X ». Puis cette empreinte parentale disparaît pour laisser la place à une inactivation aléatoire de l'un des deux chromosomes X maternel ou paternel.

Le transcrit ARN non codant de *Xist* assure alors le recrutement d'une série de complexes enzymatiques qui substituent aux histones euchromatiques les marques caractéristiques des histones hétérochromatiques. Un mécanisme de comptage du nombre de X rapporté au nombre total des autres chromosomes est postulé. Il serait basé sur la présence d'un facteur dont la quantité est limitée à l'inactivation d'un seul X et serait couplé au choix du chromosome effectivement inactivé. Un rôle majeur dans ce choix est attribué à *Tsix*, un gène orienté en sens inverse de *Xist*. Il code un transcrit antisens, à la base d'un processus de grande importance dans la régulation de l'expression de *Xist* lui-même. De nombreux autres facteurs génétiques influencent le choix primaire d'inactivation de l'un des chromosomes X et beaucoup d'éléments restent encore incompris.

C'est le cas par exemple des gènes qui échappent à l'inactivation (15 % environ) et sont transcrits par les deux chromosomes X, à la fois notamment dans le tissu cérébral des mâles et des femelles.

Une grande variabilité individuelle se manifeste à cet égard. Elle semble reposer sur l'existence de territoires expressionnels, définis au sein du X inactivé par une protéine isolatrice bien connue, le facteur CTCF.

Il ne fait aucun doute que la compréhension future de ce phénomène majeur de régulation de l'expression des gènes constituera un modèle pour beaucoup d'autres situations où les gènes sont différentiellement exprimés. Elle passe par des études simultanées de la transcription, de la structure de la chromatine et de l'organisation nucléaire, à l'échelle tridimensionnelle.

POINTS CLEFS

- L'expression d'un gène est activée ou interrompue en réponse aux besoins de la cellule ou de l'organisme auquel il appartient. Cette régulation s'opère principalement au démarrage de la transcription.
- Les signaux - présence ou non d'un sucre spécifique par exemple - sont transmis aux gènes par des protéines régulatrices. Il en existe deux types : les activateurs, qui provoquent l'expression des gènes et les répresseurs qui l'inhibent. Ces protéines se fixent à l'ADN en des sites spécifiques proches des gènes qu'elles contrôlent.
- Les activateurs agissent généralement sur des promoteurs plutôt faibles en recrutant efficacement l'ARN polymérase et en stimulant la transcription suivant un processus de type coopératif.
- Les répresseurs inhibent la transcription soit en bloquant par compétition la fixation directe de l'ARN polymérase sur les promoteurs soit en occupant des sites proches et en agissant indirectement sur l'enzyme. Les gènes de l'opéron *lac* sont l'exemple historique de ce type de régulation.
- L'ARN polymérase peut également démarrer l'expression de différents gènes grâce aux facteurs transcriptionnels σ (σ^{70} chez *E. coli*) qui ciblent l'enzyme à certains promoteurs. Ainsi les facteurs σ^{32} dirigent la transcription des gènes de la réponse aux chocs thermiques, et les facteurs σ^{54} la transcription des gènes du métabolisme de l'azote. Dans certains cas, l'ARN polymérase se fixe spontanément et fortement à certains promoteurs sans pour autant démarrer la transcription. Un activateur s'avère alors indispensable pour assurer la transition du complexe ADN-enzyme inactif vers un complexe actif. L'activateur induit un changement conformationnel du complexe inactif qui provoque la transition vers sa forme active. Un tel mode d'action fait référence au processus dit de l'allostérie.

- Dans tous les cas, les régulateurs sont contrôlés par des signaux qui agissent eux aussi par allostérie. Ainsi le répresseur Lac est contrôlé par le lactose. Quand ce diholoside se lie au répresseur, celui-ci entreprend un changement conformationnel qui l'empêche de se lier à l'ADN.
- La régulation de l'expression des gènes peut également se produire après le démarrage de la transcription. C'est le cas du phénomène dit de l'atténuation de l'expression des gènes de l'opéron tryptophane (*trp*). Ces gènes ne sont transcrits que lorsque la cellule ne dispose plus de tryptophane.
- Dans le cas des gènes codant les protéines ribosomales, la régulation de leur expression s'opère au moment de la traduction des ARNm.
- La régulation de l'expression des gènes contrôlant le cycle du phage λ, en déclenchant la voie de la lyse ou celle de la lysogénie, fournit un exemple simple mais particulièrement éclairant de la manière dont fonctionne un commutateur génique dans le choix d'un développement vital.
- Comme pour les bactéries, c'est au démarrage de la transcription que la régulation de l'expression des gènes eucaryotes s'effectue le plus fréquemment. Bien que l'organisation et la transcription de ces gènes soient beaucoup plus complexes, les activateurs et les répresseurs eucaryotes fonctionnent sur la base de mécanismes similaires à ceux qui sont rencontrés chez les procaryotes.
- Les gènes des organismes multicellulaires eucaryotes sont la cible de nombreux signaux physiologiques et possèdent à cet effet de nombreux régulateurs qui agissent parfois à longue distance. L'architecture de la chromatine s'en trouve en permanence modifiée de façon à ce que les sites de liaison des activateurs à l'ADN soient placés dans une proximité physique avec les promoteurs.
- La machinerie transcriptionnelle eucaryote agit sur le même principe que l'ARN polymérase procaryote, mais elle est constituée, outre les nombreuses sous-unités de l'ARN polymérase, d'un nombre élevé de composants additionnels qui forment divers complexes protéiques actifs aux sites promoteurs. Les activateurs n'agissent pas directement sur l'ARN polymérase. Ils recrutent plutôt les complexes additionnels et les conduisent aux promoteurs en même temps que la polymérase. Les enzymes modificatrices des histones sont recrutées de cette manière et leurs actions aident en retour à la fixation sur les promoteurs de la machinerie transcriptionnelle. Les activateurs peuvent s'associer à différents complexes additionnels et sont ainsi à l'origine d'un répertoire très élevé de combinaisons régulatrices dont l'activité intégrée reste encore largement à découvrir.
- Certaines séquences ADN, appelées isolateurs, peuvent fixer des protéines régulatrices. Ensemble ils assurent par exemple que les changements architecturaux de la chromatine conduisent bien les activateurs à agir sur leurs bonnes cibles géniques.

- Dans certains cas, des régions entières de l'ADN sont rendues inertes ou silencieuses par des modifications particulières (désacétylation et méthylation) des nucléosomes.
- La répression génique dépend chez certains organismes (c'est le cas des mammifères) de la méthylation de l'ADN. Les régions méthylées ne fixent pas les activateurs ni la machinerie transcriptionnelle. Elles peuvent aussi recruter des enzymes modificatrices d'histones qui agiront dans le même sens.
- Les transcrits ARN des organismes multicellulaires sont généralement modifiés par épissage et ce dernier fait l'objet d'une régulation. Elle se manifeste par l'existence de différents répertoires de transcrits alternatifs produisant pour un même gène différentes protéines.
- De petits ARN interfèrent également dans la régulation de l'expression des gènes. Ce sont généralement des modulateurs négatifs qui agissent en détruisant les ARN messagers, en inhibant la traduction ou en provoquant des modifications de la structure des nucléosomes au niveau des promoteurs.
- L'interférence ARN est aussi un nouvel outil pour analyser les conséquences de la perte de fonction d'un gène. Son application à haut débit sur la cellule de Mammifères favorise l'exploration de toutes les voies métaboliques susceptibles d'être déréglées.

QCM-QROC

5-1 Valider les affirmations suivantes :

a) un répresseur transcriptionnel agit en recrutant l'ARN polymérase ;

b) un activateur transcriptionnel entre en compétition avec l'ARN polymérase ;

c) les ARN polymérases ont en général une faible affinité pour les promoteurs ;

d) les promoteurs contiennent tous une boite TATA ;

e) un site opérateur chevauche habituellement un promoteur ;

f) répresseur et opérateur peuvent agir simultanément sur l'ARN polymérase.

5-2 Est-il vrai qu'un changement conformationnel est toujours un processus allostérique ?

5-3 Lorsque le glucose et le lactose sont simultanément présents dans le milieu de culture :

a) le lactose n'est pas utilisé, de sorte que l'opéron *lac* est totalement réprimé ;

b) le lactose est préférentiellement utilisé de sorte que l'opéron *lac* est pleinement actif ;

c) le glucose est préférentiellement utilisé de sorte que l'opéron *lac* est réprimé ;

d) le glucose est préférentiellement utilisé et l'opéron *lac* en partie réprimé.

5-4 Une mutation dans le gène *lacI* codant le répresseur Lac peut-elle entraîner :

a) une absence de répression de l'opéron *lac* ;

b) une stimulation de la transcription de l'opéron *lac* ;

c) une répression accrue de la transcription de l'opéron *lac* ;

d) aucun effet.

5-5 Une mutation dans la séquence de l'opérateur *lac* peut-elle entraîner :

a) une absence de répression de l'opéron *lac* ;

b) une stimulation de la transcription de l'opéron *lac* ;

c) une répression accrue de la transcription de l'opéron *lac* ;

d) aucun effet.

5-6 Un atténuateur est une région d'un opéron qui :

a) est un signal d'arrêt de la transcription ;

b) est un signal de poursuite de la transcription ;

c) est un signal d'arrêt ou de poursuite de la transcription ;

d) est un signal qui n'a rien à voir avec la transcription.

5-7 Transcription et traduction sont physiquement couplées chez tous les organismes.

5-8 Valider les affirmations suivantes :

a) les régions codantes et non codantes d'un gène contiennent des signaux de régulation de la transcription ;

b) seules les régions codantes possèdent des signaux de régulation de la transcription ;

c) seules les régions non codantes possèdent des signaux de régulation de la transcription ;

d) les signaux de régulation sont fréquemment situés hors des régions codantes et non codantes.

5-9 Une protéine régulatrice peut-elle être à la fois répresseur et activateur de la transcription ?

5-10 Comment expliquer que l'environnement influe sur l'expression des gènes ?`

RÉPONSES

5-1 **c, e, f.**

5-2 Non, un changement conformationnel peut être irréversible s'il est consécutif à une modification covalente de la cible. Un changement allostérique met en jeu la liaison d'un ligand par des interactions faibles qui rendent possible le changement inverse sans dépense énergétique élevée.

5-3 **d.**

5-4 **a, b, c, d.**

a) L'opérateur peut avoir perdu par mutation sa capacité à lier efficacement le répresseur.

b) Peu probable sauf si des opérateurs secondaires présents dans *lac Z* sont mieux reconnus par le répresseur.

c) La mutation améliorerait dans ce cas la capacité du répresseur à se lier à l'opérateur.

d) Il s'agit dans ce cas d'une mutation silencieuse sans effet sur la structure de la protéine.

5-5 **a, b, c, d.**

a) Le répresseur peut avoir perdu par la mutation de l'opérateur sa capacité de liaison à l'ADN.

b) Peu probable sauf si des opérateurs secondaires présents dans *lac Z* sont également non occupés.

c) La mutation améliorerait dans ce cas la capacité du répresseur à se lier à l'ADN.

d) Il s'agit dans ce cas de la mutation d'une base n'intervenant pas dans la liaison du répresseur à l'opérateur.

5-6 **c.**

5-7 Le couplage s'observe seulement chez les procaryotes. La présence d'un noyau chez les eucaryotes définit des compartiments cellulaires distincts, dévolus à la transcription (dans le noyau) et à la traduction (dans le cytoplasme).

5-8 **a** et **d**.

5-9 Oui. Voir l'exemple de la protéine cII dans la régulation du cycle du phage λ.

5-10 En exerçant par divers mécanismes une modulation du niveau et/ou de l'activité des protéines régulatrices (activateurs et répresseurs) de la transcription.

CHAPITRE 6

Techniques de biologie moléculaire

PLAN

OBJECTIFS

- Aborder les techniques d'étude de l'ADN et de l'ARN constituant ce qu'il est convenu d'appeler la « boîte à outils » de la biologie moléculaire

6.1 LA CRÉATION DE MOLÉCULES D'ADN RECOMBINANT

Couper l'ADN : les enzymes de restriction

La découverte des **enzymes de restriction** a grandement contribué au développement des technologies de l'ADN recombinant.

Produites par des bactéries, les **enzymes de restriction** sont des **endonucléases**.

Elles coupent les liaisons phosphodiester 3'-5' des deux brins de l'ADN en des sites de spécificité parfois très élevée. Elles reconnaissent en général une séquence **palindromique** dont les deux brins possèdent la même séquence de 4, 6 ou 8 bases, mais dans une orientation anti-parallèle. Le clivage intervient entre des bases bien définies de cette séquence. Quand les sites de coupure sur les deux brins sont en vis-à-vis, les fragments générés sont dits à **bords francs**. Quand ils sont décalés, les fragments obtenus sont dits chevauchants ou débordants en 5' ou en 3'. Les extrémités libérées sont dites à **bouts collants** ou « extrémités cohésives » car elles peuvent s'associer avec une séquence complémentaire. La coupure par une ou plusieurs enzymes de restriction fournit des fragments d'ADN de différentes tailles facilement analysables par électrophorèse sur gel (voir exercice 6.4).

La première enzyme de restriction à site de coupure spécifique fut découverte par Hamilton Smith en 1970. Elle a été extraite de la bactérie ***Haemophilus influenzae*** et nommée *Hind*II. C'est une enzyme qui reconnaît la séquence :

5′ – GTPy↓PuȦC – 3′
3′ – CẠPu↑PyTG – 5′

(Py : pyrimidine ; Pu : purine ; • l'adénine est méthylée)

Elle coupe l'ADN aux sites indiqués par les flèches, produisant des extrémités à bords francs. Depuis, plusieurs centaines d'enzymes de restriction avec des spécificités distinctes de séquences ont été découvertes (Tableau 6.1).

TABLEAU 6.1 SITES DE RECONNAISSANCE ET DE CLIVAGE DE QUELQUES ENZYMES DE RESTRICTION (VOIR AUSSI FIG. 6-1 ET 6.2)

Enz.	Organisme d'origine	Site de restriction	Nature des extrémités	Taille du site (pb)
Hae III	*Haemophilus aegyptius*	5′-GG↓CC-3′ 3′-CC↑GG-5′	Bouts francs	4
Taq I	*Thermus aquaticus*	5′-T↓CGA-3′ 3′-AGC↑T-5′	Bouts cohésifs 5′ monocaténaire	4
Hha I	*Haemophilus haemolyticus*	5′-GCG↓C-3′ 3′-C↑GCG-5′	Bouts cohésifs 3′ monocaténaire	4
Eco RV	*Escherichia coli*	5′-GAT↓ATC-3′ 3′-CTA↑TAG-5′	Bouts francs	6
Bam HI	*Bacillus amyloliquefaciens*	5′-G↓GATCC-3′ 3′-CCTAG↑G-5′	Bouts cohésifs 5′ monocaténaire	6
Pst I	*Providencia stuartii*	5′-CTGCA↓G-3′ 3′-G↑ACGTC-5′	Bouts cohésifs 3′ monocaténaire	6
Eco RII	*Escherichia coli*	5′-G↓CCTGGC-3′ 3′-CGGACC↑G-5′	Bouts cohésifs 5′ monocaténaire	7
Not I	*Nocordia otiditis cavarium*	5′-GC↓GGCCGC-3′ 3′-CGCCGG↑CG-5′	Bouts cohésifs 5′ monocaténaire	8

Statistiquement plus une séquence est petite (4 nucléotides) plus elle est fréquente au sein d'un ADN. À l'inverse, les longues séquences palindromiques sont plus rares. Ainsi, un ADN mis au contact de ***Taq*I** sera découpé par cette endonucléase en de nombreux fragments de taille réduite, alors que ***Not*I** qui coupe l'ADN plus rarement libérera quelques longs fragments d'ADN.

Ligaturer l'ADN

Les extrémités d'ADN générées par un clivage enzymatique peuvent spontanément se réassocier. Ceci est d'autant plus facile que les extrémités sont débordantes car elles offrent des séquences monocaténaires complémentaires pouvant s'hybrider par des liaisons hydrogène (Fig. 6-1a).

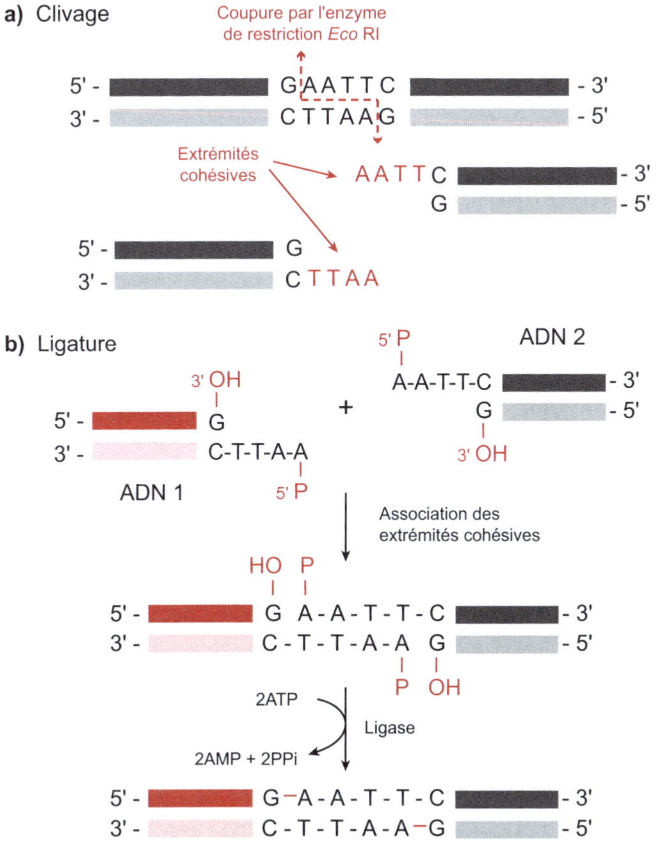

Figure 6-1 Clivage d'un fragment d'ADN par une enzyme de restriction. Les extrémités monocaténaires générées par le clivage (a) peuvent s'associer avec un autre fragment d'ADN (b) produit par la même enzyme de restriction, puis la ligase établit des liaisons covalentes entre les brins adjacents.

Les clivages par des enzymes différentes peuvent parfois fournir les mêmes extrémités débordantes identiques (Fig. 6-2). Cependant, l'association des fragments générés par les enzymes de restriction ne s'opère que par hybridation entre les bases complémentaires. Cette association instable peut être rendue permanente par une réaction de **ligature** grâce à l'**ADN ligase**, qui lie de manière covalente les fragments d'ADN en créant des liaisons phosphodiester 3'-5' au niveau des jonctions (Fig. 6-1b).

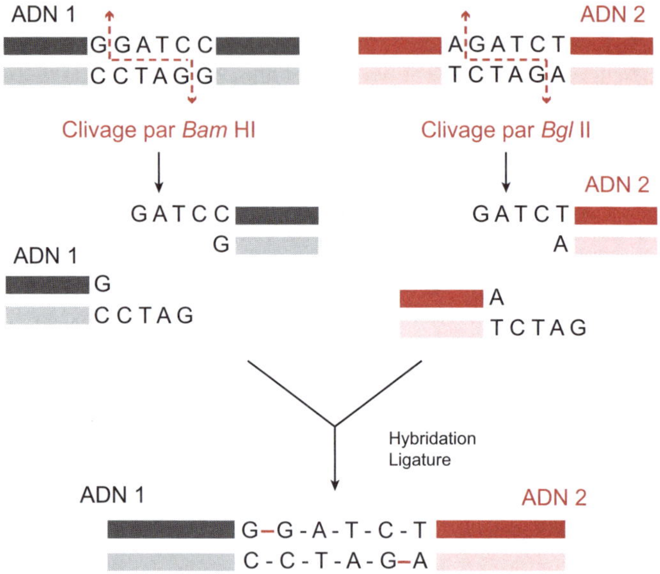

Figure 6-2 Ligature de deux fragments d'ADN issus de clivages par des enzymes de restrictions différentes. Les séquences palindromiques à six nucléotides reconnues par *Bam*HI et *Bgl*II diffèrent. Cependant, elles possèdent la même séquence centrale, d'où la complémentarité entre les extrémités 3' et 5' générées par *Bam*HI et *Bgl*II, respectivement.

Dans certains cas, les fragments d'ADN à bords francs peuvent être utilement dotés d'extrémités cohésives. À cet effet, une enzyme, la **transférase terminale**, extraite de thymus de veau, ajoute des nucléotides aux extrémités 3' des brins d'ADN. En additionnant ainsi une séquence poly dA à un premier fragment d'ADN et une séquence poly dT à un second il devient possible d'hybrider les deux fragments par leurs extrémités devenues complémentaires. Dans certains cas, de courtes séquences, appelées **adaptateurs**, possédant un site de restriction sont ajoutées à chaque extrémité du fragment d'ADN (Fig. 6-3). Cela apporte cependant des séquences supplémentaires qui peuvent affecter la fonction de la molécule recombinante lorsqu'elle est introduite dans une cellule. Pour cette raison, la réalisation de molécules d'ADN recombinant s'effectue préférentiellement à l'aide d'extrémités franches ou cohésives générées par les enzymes de restriction.

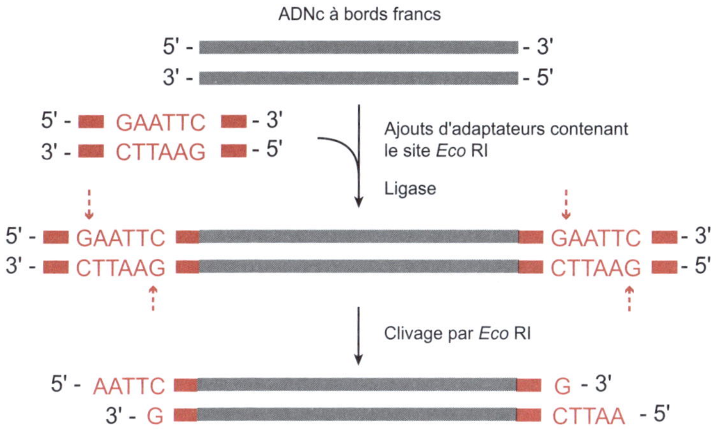

Figure 6-3 Addition d'adaptateurs à des fragments d'ADN à bords francs et production d'un ADN à bords décalés.

6.2 LES VECTEURS DE CLONAGE

On obtient l'**ADN recombinant** en insérant un fragment d'ADN étranger dans un **vecteur de clonage**.

Un vecteur de clonage est constitué d'une molécule d'ADN capable de se répliquer de façon autonome.

En règle générale, les vecteurs sont de petite taille, et se répliquent de façon efficace en produisant de nombreuses copies du fragment d'ADN inséré. Il existe de nombreux vecteurs de clonage, et le choix s'effectue selon la taille du fragment à cloner et la cellule dans laquelle il sera transféré (Tableau 6.2).

TABLEAU 6.2 VECTEURS DE CLONAGE CHEZ *E. coli* ; kb : KILOBASES.

Type de vecteur	Taille maximum du fragment d'ADN cloné
Plasmide	10 kb
Phage lambda (λ)	15 kb
Cosmide	45 kb
BAC (« Bacterial Artificial Chromosome »)	300 kb

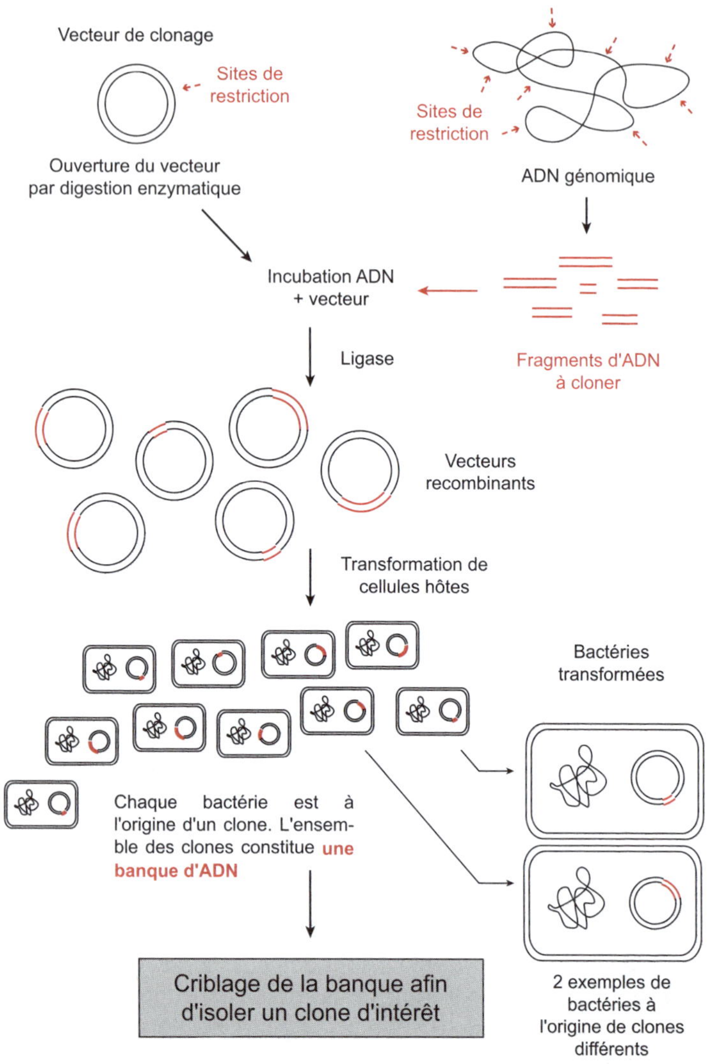

Figure 6-4 Les principales étapes de clonage. Les fragments d'ADN génomique après digestion par des enzymes de restriction sont insérés dans des vecteurs plasmidiques. Chaque bactérie transformée par un plasmide qui contient un fragment d'ADN est sélectionnée par culture sur un milieu contenant un antibiotique, elle est à l'origine d'un clone bactérien.

Les plasmides

Chez les procaryotes, les vecteurs de clonage acceptés par *E. coli.* sont les mieux connus. Ce sont des **plasmides**, des **bactériophages** ou des

cosmides. Le développement du génie génétique a entraîné la création de vecteurs performants acceptés par des hôtes génétiquement modifiés afin de limiter leur capacité de survie hors du laboratoire. Aujourd'hui, de nombreuses souches de colibacilles sont disponibles et répondent à différentes utilisations. Elles sont construites de telle manière qu'une ou plusieurs fonctions non exprimées par la souche soient apportées par le vecteur recombinant.

> Les plasmides sont des molécules d'ADN circulaire, extrachromosomiques, présentes chez la plupart des procaryotes et chez quelques eucaryotes. Ils se multiplient de façon indépendante au sein des cellules hôtes et sont transmis de manière régulière au fur et à mesure des divisions. Chaque plasmide contrôle de façon autonome son propre « nombre de copies » c'est-à-dire le nombre de répliques dans la cellule hôte.

Généralement ce nombre varie de 1 à 60 copies de plasmides par cellule. Les plasmides diffèrent également par leur taille comprise entre 5 et 400 kpb. Ils ne représentent qu'une infime partie du génome bactérien (0,5 à 3 %) et portent des gènes qui ne sont pas habituellement présents sur le chromosome bactérien : gènes de résistance aux antibiotiques, gènes codant des toxines (bactériocines, etc.).

Les plasmides constituent le véhicule idéal pour introduire dans les bactéries des gènes non bactériens grâce aux techniques de clonage moléculaire (Fig. 6-4). Les vecteurs plasmidiques les plus couramment utilisés dérivent de plasmides naturels, préalablement modifiés pour faciliter leur utilisation comme outils de clonage.

Un vecteur de clonage typique comporte (Fig. 6-5a) :

- une **origine de réplication** pour assurer la multiplication autonome du vecteur ;
- une petite région contenant de nombreux sites uniques de restriction, appelée **région à site multiple de clonage** (SMC) ou « **polylinker** » qui offre diverses possibilités de clonage d'un fragment d'ADN étranger, sans affecter l'autoréplication du plasmide ;
- un ou deux **marqueurs de sélection** : ce sont les gènes de résistance à des antibiotiques (Ampicilline, Streptomycine, Tétracycline…) ;
- dans certains vecteurs (ex : pBR322, Fig. 6-5a) les gènes de résistance aux antibiotiques possèdent eux-mêmes un répertoire intéressant de sites de clonage (sites de coupure par une endonucléase).

L'interruption de la séquence du gène entraîne la perte de l'activité de la protéine conférant la résistance à l'antibiotique. La sélection des clones recombinants exploite les changements de sensibilité-résistance aux antibiotiques qui résultent du clonage. Un autre exemple est

a) Plasmides bactériens

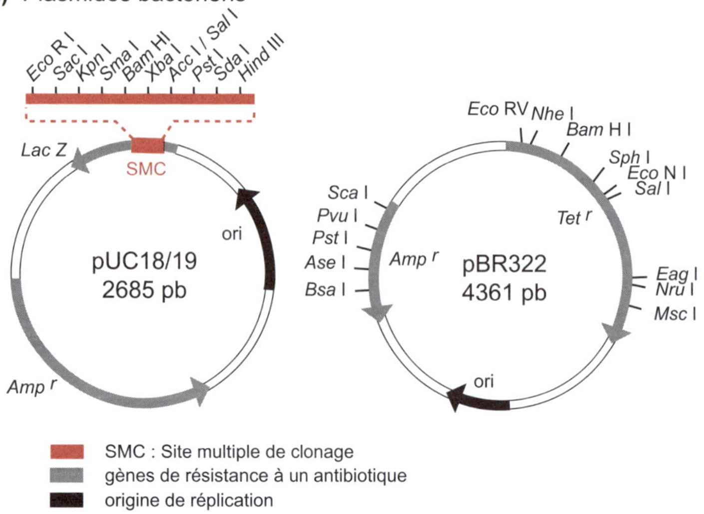

b) Chromosome artificiel bactérien

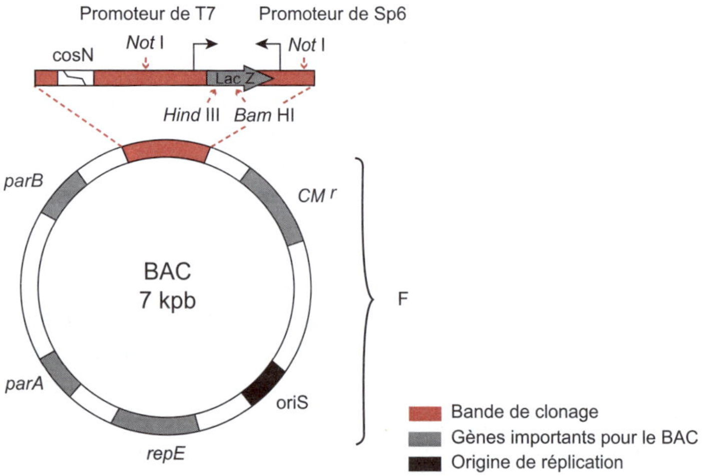

Figure 6-5 **a)** Principales caractéristiques des plasmides bactériens. Le gène de résistance à l'ampicilline (Amp^r^) permet de sélectionner les bactéries transformées par pUC18/19. C'est également le cas avec le plasmide pBR322, sauf si un site de restriction présent dans la séquence des gènes Amp^r ou Tet^r est utilisé pour le clonage. Dans ce cas, la bactérie transformée sera sensible à l'ampicilline et résistante à la tétracycline ou l'inverse. **b)** Principales caractéristiques d'un chromosome artificiel bactérien (BAC). kpb : kilopaires de bases.

celui du gène *LacZ'* qui code le peptide α situé à l'extrémité NH_2 de la β-galactosidase. Les cellules utilisées pour la transformation sont mutées dans cette région et ne possèdent donc pas de β-galactosidase active. Celle-ci est restaurée par la transformation de la cellule à l'aide d'un plasmide possédant le gène *LacZ'* intègre. En revanche, les cellules ayant intégré un plasmide recombinant perdront l'activité de la β-galactosidase. Un test colorimétrique à l'aide du substrat incolore X-gal permet de les identifier directement. Les cellules qui se multiplient et possèdent une activité β-galactosidase (gène *LacZ'* intègre) libéreront le produit X de couleur bleue. Les colonies bleues correspondent ainsi aux cellules possédant un plasmide non recombinant, alors que les colonies blanches ont intégré un plasmide recombinant (gène *LacZ'* interrompu). L'intégration de grands fragments d'ADN dans des petits plasmides entraîne habituellement une perte spontanée de l'insert et seuls des fragments de taille inférieure à 10 kpb sont intégrés et conservés dans de tels plasmides.

Les vecteurs viraux

Les bactériophages autorisent le clonage de grands fragments d'ADN car environ 1/3 de l'ADN du bactériophage peut être remplacé par un ADN étranger. Comme les virus infectent les cellules avec une très grande efficacité, le gène cloné sera introduit avec une fréquence plus élevée que celle qui est observée par simple transformation. Les vecteurs phagiques utilisés pour le clonage sont dérivés du phage λ. Seuls les gènes de structure du phage, regroupés aux extrémités de son génome, sont conservés. Les séquences médianes, non indispensables pour la réplication du phage, sont éliminées et remplacées par des sites de restriction pour faciliter le clonage. Aux extrémités du phage, existent des séquences appelées **sites cos**, nécessaires pour l'intégration de l'ADN du phage dans le génome de son hôte durant la phase de lysogénie. Des ADN étrangers peuvent être introduits dans les bactériophages après élimination de la partie centrale à l'aide d'une enzyme de restriction. L'ADN génomique que l'on désire ainsi cloner est également coupé par une enzyme créant des extrémités cohésives compatibles. Des fragments d'ADN jusqu'à 15 kpb seront les plus facilement empaquetés. Après une encapsidation *in vitro*, et infection des bactéries, des plages de lyse apparaissent sur le tapis bactérien et correspondent à des phages recombinants possédant un fragment d'ADN étranger.

Les cosmides

Les cosmides sont des molécules d'ADN circulaires hybrides construites à partir des phages λ et des plasmides. Ils possèdent comme les

plasmides, une origine de réplication plasmidique, un ou plusieurs marqueurs de sélection, un SMC, et un site ***cos*** (d'où leur nom ***cosmides***). Ils permettent le clonage de fragments d'ADN de grande taille (Tableau 6.2), trois fois plus grande que la taille de ceux qui sont intégrés par le phage λ. Le cosmide est pour cela ouvert par l'action d'une enzyme de restriction. L'ADN à cloner est lui aussi fragmenté par une enzyme qui fournit des extrémités compatibles. On obtient alors par ligatures successives des répétitions en tandem (**concatémères**) du vecteur lié à des fragments d'ADN étranger. Le système d'encapsidation *in vitro* permet d'introduire dans les têtes des phages des fragments d'ADN à cloner compris entre deux sites cos distants de 35 à 45 kb. Ces fragments d'ADN sont introduits dans la bactérie par infection, ils s'y circularisent et se répliquent comme les plasmides.

Les chromosomes artificiels bactériens

Les « **chromosomes artificiels bactériens** » également appelés « **BAC** » sont construits à partir du plasmide F de *E. coli* qui est capable d'intégrer de très grands fragments d'ADN. Le vecteur possède les gènes du facteur F (*oriS*, *repE*, *parA* et *parB*) impliqués dans la réplication et la régulation du nombre de copies du plasmide (Fig. 6-5b). Utilisés comme vecteurs, ils peuvent porter des inserts d'ADN étranger d'une taille proche de 300 kpb. Les BAC sont généralement introduits dans les bactéries par électroporation.

Les vecteurs pour levures

Les levures constituent aujourd'hui le modèle eucaryote le plus élaboré pour les techniques de l'ADN recombinant. En effet, la grande diversité des mutants avec des centaines de phénotypes différents et les connaissances acquises sur la transmission génétique des caractères chez cet eucaryote constituent une ressource inestimable. De plus, la levure possède un plasmide naturel de 6,3 kb de circonférence 2 µm, connu sous le nom de plasmide « 2 microns » ou « 2 µ ».

Les vecteurs les plus simples dérivent de plasmides bactériens dans lesquels le fragment d'ADN de levure que l'on souhaite étudier a été inséré. Les plasmides bactériens ne se multipliant pas chez la levure, leur intégration dans le génome de la cellule s'effectue en général par une recombinaison entre le fragment d'ADN (le gène) à étudier et la séquence homologue naturellement présente. Le gène (l'allèle) ciblé est donc remplacé par celui qui est porté par le plasmide. On peut sélectionner les cellules ayant intégré l'allèle du plasmide en les cultivant sur un milieu sélectif. Ce processus est appelé **complémentation** (Fig. 6-6).

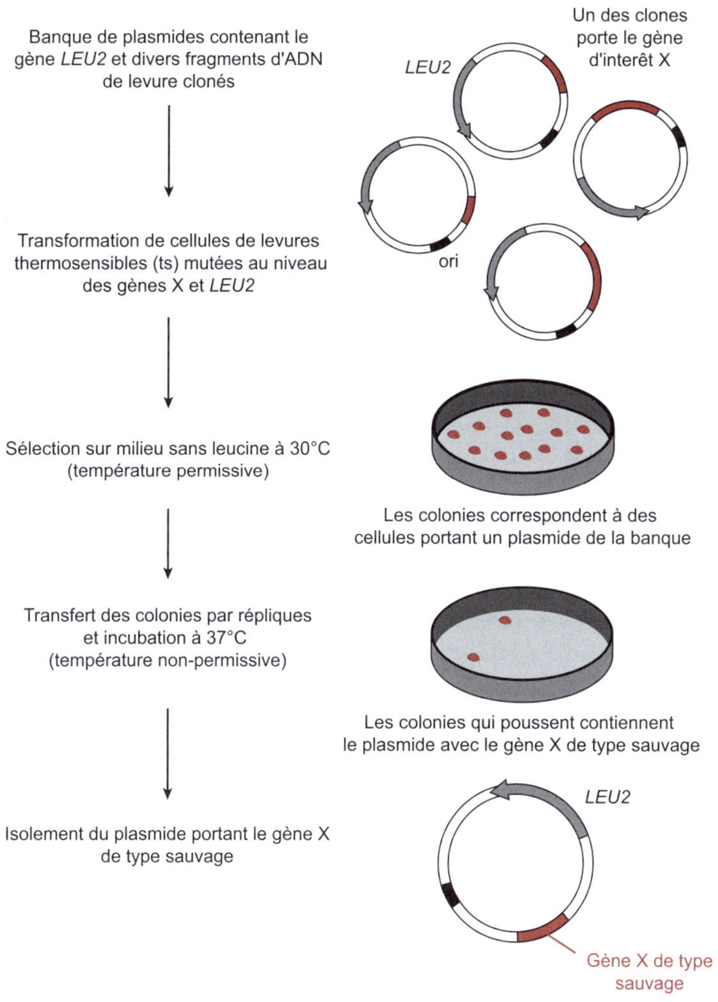

Figure 6-6 Clonage par complémentation chez la levure. Le gène X est destiné à compenser éventuellement le phénotype engendré par une mutation dans un gène de levure homologue de X. Fréquemment, la mutation se manifeste par une thermosensibilité de la souche de levure qui ne peut croître qu'à une température permissive (30 °C). La souche qui acquiert le gène sauvage apporté par complémentation pourra croître à une température plus élevée (37 °C), température dite restrictive, ou non permissive. Le gène *LEU2* code une enzyme de la voie de biosynthèse de la leucine chez la levure.

Certains plasmides de levures sont dits **intégratifs**. Ils ne possèdent pas d'origine de réplication, mais portent un gène de complémentation qui possède les caractéristiques assurant son intégration dans le génome de la levure. Le gène pour lequel la levure est mutée sera ainsi compensé par l'intégration du gène complémentaire.

D'autres vecteurs dits **navettes** sont également employés chez la levure. Ils doivent leur nom à leur capacité à se répliquer aussi bien chez la levure que chez *E. coli*. Ils contiennent les origines de réplication fonctionnant dans les deux types de cellules et des gènes de sélection procaryote (gène de résistance à un antibiotique) et eucaryote (gène de complémentation).

Les autres plasmides (qui existent en copies multiples) possèdent l'origine de réplication issue du plasmide 2 μ ou des origines de réplication présentes dans l'ADN de levure (**séquences de réplication autonome ARS** : « Autonomously Replication Sequences »). Pour s'assurer de la bonne répartition des plasmides entre les cellules filles lors de la division cellulaire, certains plasmides possèdent également la région d'ADN de levure contenant un centromère.

Les vecteurs pour les eucaryotes supérieurs

Les vecteurs de transfert de l'ADN dans les cellules d'eucaryotes supérieurs sont généralement dérivés de virus. Les principaux sont les virus de la vaccine, le virus SV40, les adénovirus, les baculovirus et les rétrovirus. Ces derniers sont des virus à ARN qui pénètrent à l'intérieur de la cellule eucaryote, convertissent leurs génomes en ADN par la **transcriptase inverse**. L'ADN est ensuite intégré dans le génome de l'hôte grâce à l'**intégrase** virale. Les gènes viraux *gag* codant une glycoprotéine de structure, *pol* la transcriptase inverse et *env* une protéine de l'enveloppe virale peuvent être éliminés et remplacés par l'ADN à cloner qui sera donc au final intégré dans la cellule.

6.3 LES BANQUES D'ADN

Les banques d'ADN génomique

> Une **banque d'ADN génomique** est constituée d'un ensemble de fragments d'ADN représentatifs d'un génome entier ou d'une fraction de génome.

Les fragments sont clonés dans un très grand nombre de copies d'un même vecteur. Pour constituer la banque, l'ADN génomique est coupé soit par des enzymes de restriction à sites peu fréquents, soit à l'aide d'un dispositif provoquant un cisaillement physique (« **shotgun** ») libérant des fragments de taille variable. Dans les deux cas, les différents fragments ainsi obtenus sont insérés de façon aléatoire dans les vecteurs de clonage (Fig. 6-4). L'ensemble de l'information génétique se trouve alors dispersé dans les différentes copies du vecteur. Les banques génomiques les plus intéressantes sont celles qui sont constituées de fragments de taille suffisante pour contenir des gènes entiers. Aussi, il existe différents types de banques, classifiées par le vecteur utilisé et l'origine de l'ADN. Pour les petits génomes on utilisera des vecteurs plasmidiques ou phagiques ; les BACs demeurent les plus employés en raison de la grande taille des fragments qu'ils peuvent intégrer (Fig. 6-5). Après transformation, chaque colonie obtenue correspond à des cellules contenant un des vecteurs recombinants constitutifs de la banque.

Les banques d'ADN complémentaire

La banque construite à partir d'ADN complémentaire (ADNc) constitue une **banque d'ADNc**. Dans ce cas, les ARNm sont le point de départ de la construction de la banque. Quand l'ARNm a une origine eucaryote, son extrémité 3'OH est généralement polyadénylée. Elle est alors utilisée pour séparer l'ARNm, par un piégeage à l'aide d'un support polydT, des autres ARN cellulaires (principalement ARNr et ARNt). Pour synthétiser l'ADNc à partir de l'ARNm, on utilise la **transcriptase inverse** de rétrovirus qui est capable de fabriquer un brin d'ADNc à partir de l'ARNm. L'enzyme pourra utiliser comme amorce un oligonucléotide poly dT complémentaire de la queue poly A. On obtient ainsi un **hétéroduplex** ARN/ADN qu'il faut transformer en un double brin d'ADN (Fig. 6-7).

Pour cloner correctement le fragment d'ADNc il est souhaitable que ses extrémités soient cohésives. Cela peut être obtenu soit par une transférase terminale ou par l'addition d'adaptateurs aux deux extrémités (voir Fig. 6-3).

Le choix de créer une banque d'ADN génomique ou d'ADNc dépend des questions qui sont à résoudre. Pour la recherche de la séquence codante d'un gène qui s'exprime spécifiquement dans un tissu, il s'avérera judicieux d'extraire les ARNm de ce tissu et de fabriquer la banque d'ADNc correspondante. Si l'on veut par contre connaître la structure complète du gène y compris les régions régulatrices non codantes, il est indispensable de s'adresser à l'ADN génomique.

6.4 LES TECHNIQUES D'ANALYSE DE L'ADN

Le séquençage des acides nucléiques

La méthode de séquençage la plus utilisée est celle qui a été développée par Fred Sanger. Elle met en œuvre, dans sa version initiale, une succession d'étapes comportant la séparation des deux brins d'ADN, l'hybridation d'une amorce marquée par un élément radioactif ou un dérivé fluorescent et une polymérisation par une ADN polymérase en présence de **didésoxyribonucléosides triphosphate** (ddNTP).

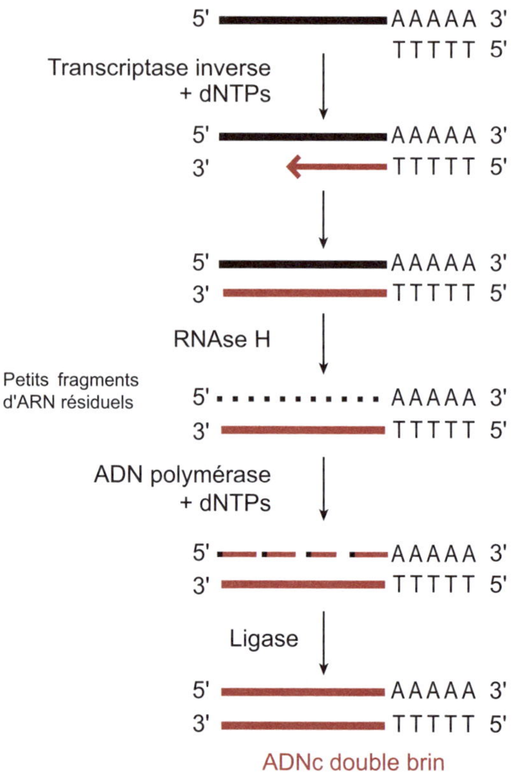

Figure 6-7 Synthèse d'un ADN complémentaire à partir d'un ARNm polyadénylé. Noter le rôle de la RNase H qui dégrade l'ARN de l'hétéroduplex ADN-ARN. La synthèse du 2e brin d'ADN peut s'effectuer à partir des petits fragments d'ARN résiduels ou d'amorces de séquences aléatoires (héxamères). En noir l'ARNm, et en rouge l'ADN.

Ces nucléotides particuliers sont normalement incorporés dans un brin d'ADN en cours de synthèse grâce à leur extrémité 5' triphosphate, mais ils ne peuvent pas former de liaison phosphodiester en 3' avec le nucléoside phosphate suivant en raison de l'absence du groupe OH à cette position (Fig. 6-8a et b). L'introduction d'un ddNTP provoque donc l'arrêt de la synthèse.

Dans chacun des quatre tubes contenant la matrice d'ADN à séquencer, une amorce marquée et les quatre dNTP, on introduit une petite quantité d'un des quatre ddNTP suivants : ddATP, ddCTP, ddGTP ou ddTTP. À la fin de la réaction de polymérisation, chaque tube contient des fragments d'ADN de taille variable, correspondant à l'arrêt de la synthèse pour chacun des sites d'incorporation du ddNTP spécifique du tube. En séparant sur gel de polyacrylamide les fragments d'ADN de chaque réaction de polymérisation, il est possible de déduire la séquence du fragment d'ADN initial (Fig. 6-8 c, page suivante).

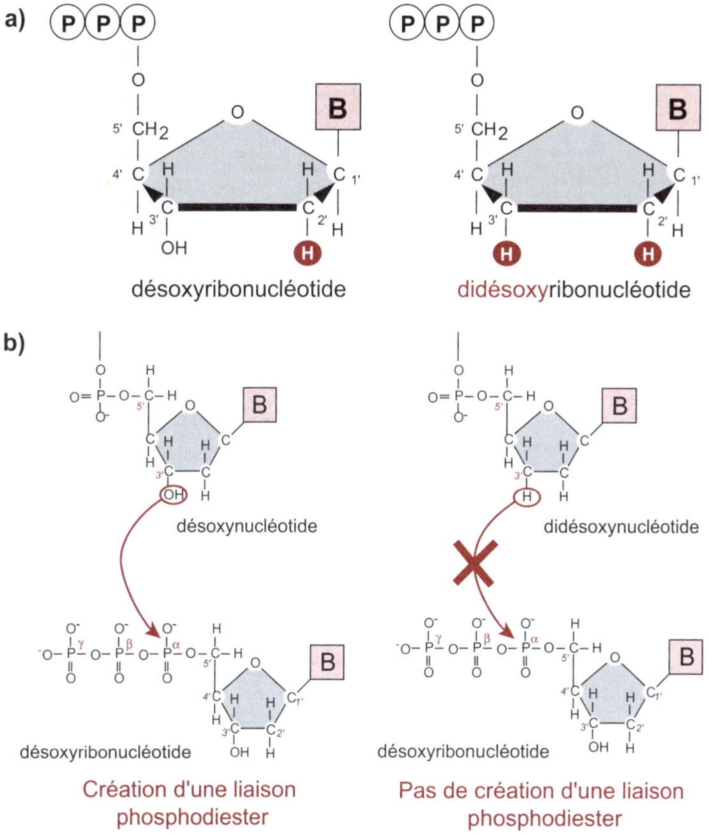

Figure 6-8 **a)** Structure d'un didésoxyribonucléotide triphosphate (ddNTP) ; **b)** les ddNTP ne peuvent pas créer de liaison phosphodiester 3'-5'.

Aujourd'hui, de puissants séquenceurs automatiques sont capables d'effectuer ce travail en routine. Ils déterminent la séquence nucléotidique d'un ADN inconnu par la séparation automatisée des divers fragments au sein d'un capillaire rempli de gel et la lecture directe, à l'aide d'un faisceau laser, des signaux de fluorescence émis par les différents ddNTP eux-mêmes.

De nombreuses informations de séquence sont ainsi accumulées et cataloguées dans des **banques de données** informatiques, librement consultées par la communauté scientifique. Des comparaisons de séquences nucléotidiques permettent de déterminer si une séquence

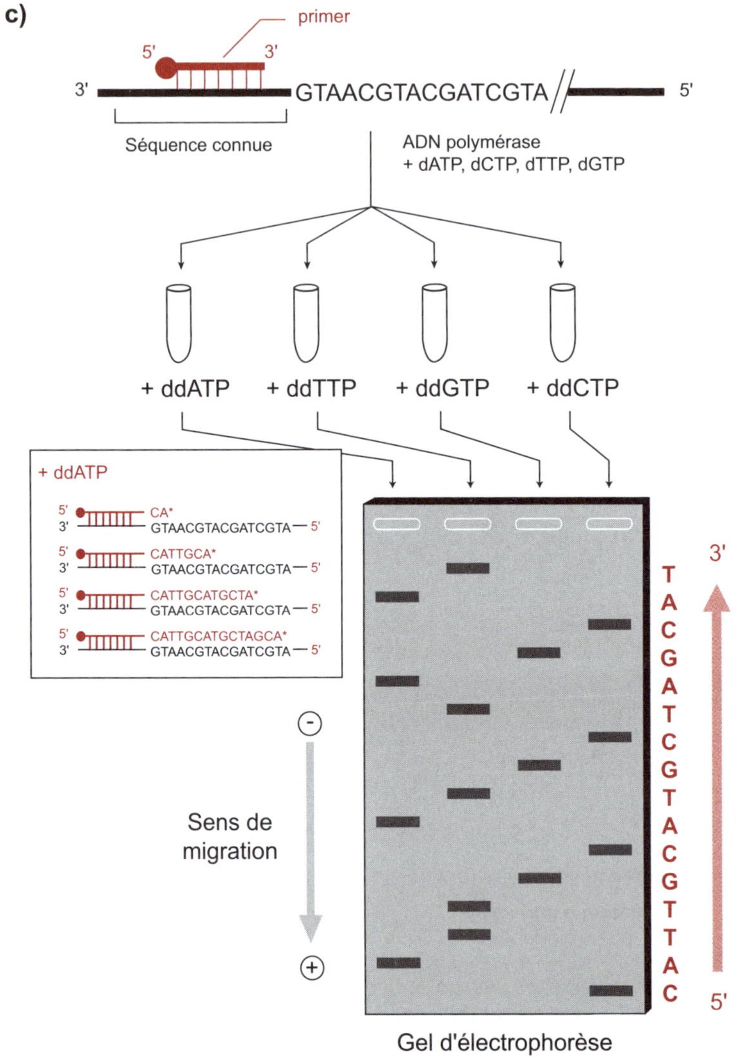

Figure 6-8 *(suite)* **c)** principe du séquençage de l'ADN selon la méthode de Sanger en présence des 4 ddNTP. Noter que la séquence établie expérimentalement est la séquence complémentaire de la séquence initiale à déterminer.

est déjà connue ou si, encore inconnue, elle appartient à une famille répertoriée. L'application du code génétique dans le respect de l'usage des codons propre à chaque grand groupe d'êtres vivants, conduit ainsi à l'identification de séquences protéiques déduites des séquences nucléiques et à la possibilité d'une analyse comparative approfondie.

Les nouvelles techniques de séquençage

À l'automatisation de la méthode de Sanger viennent s'ajouter, développées par des industriels, de nouvelles techniques de séquençage avec de nouvelles applications (Tableau 6.3). Ainsi des plateformes automatisées permettent de réaliser des séquençages rapides, et à très haut débit avec l'avantage majeur : de pouvoir séquencer un mélange hétérogène de molécules, sans les isolées préalablement. Les performances de ces techniques résultent de deux types de réaction PCR :

- la PCR en émulsion qui permet l'amplification de fragments d'ADN liés à des billes d'agarose ;
- la PCR par pontage qui s'effectue à partir de fragments d'ADN préalablement fixés sur un support.

TABLEAU 6.3 EXEMPLES D'APPLICATIONS DES TECHNOLOGIES DE SÉQUENÇAGE À HAUT DÉBIT

Application	Exemple
Reséquençage de génome	Recherche de polymorphismes à l'échelle du génome entre 2 individus, recherche de nouvelles mutations, analyse fine de gènes.
Reséquençage de régions ciblées	Identification de nouveaux polymorphismes ou de mutations causales.
Métagénomique	Identification d'une flore bactérienne au sein d'une niche environnementale particulière.
Séquençage du transcriptome	Analyse de l'expression des gènes à l'échelle du génome, identification de transcrits rares.
Séquençage des petits ARNs	Identification par séquençage de petits ARN de type micro ARN et ARN non codants (ARN transcrit mais non traduit en protéines).
Séquençage après immunoprécipitation de la chromatine (ChiP-Seq)	Cartographie, à l'échelle du génome, des sites d'interaction entre l'ADN et les protéines régulant l'expression des gènes.

Au cours de la synthèse d'ADN à partir du brin matrice fixé au support, les dNTP incorporés peuvent être identifiés et quantifiés. Deux techniques ont été développées à cet effet :

- la technique de pyroséquençage ;

  Un seul dNTP est ajouté et s'il est complémentaire de celui porté par le brin matrice, il est incorporé dans le brin en voie de synthèse et un pyrophosphate (PPi) est alors libéré (voir Fig. 2-1). Une cascade de réaction enzymatique dont l'étape ultime est la transformation, grâce à la modification du PPi en ATP, de la luciférine par la luciférase en oxyluciférine. Cette réaction est suivie par chimioluminescence. Avant d'ajouter un nouveau dNTP, les molécules du dNTP non incorporé et l'excès d'ATP sont dégradés. La lumière émise par l'oxyluciférine est détectée par une caméra CCD (« *Charge Couple Device* »). La conversion du signal lumineux en signal électrique permet d'obtenir un pic dont la hauteur est proportionnelle à l'intensité du signal lumineux, c'est-à-dire à la quantité du dNTP incorporé. À partir de la taille des pics enregistrés, on en déduit la séquence du fragment amplifié et par complémentarité, celle du brin matrice.

- la technique Solexa/Illumina (noms des sociétés qui ont développé cette méthodologie).

  Elle associe plusieurs techniques, celles des puces à ADN et une version de la méthode de Sanger, la CRT pour « *Cyclic Reversible Termination* ». Les courts brins matrice sont fixés au support, et l'élongation est initiée par l'ajout d'une amorce, de la polymérase et des 4 dNTP. Ces derniers portent chacun un fluorochrome spécifique, et ils ont leur extrémité 3'-OH chimiquement modifiée pour bloquer l'élongation. Le groupement de protection est éliminé par photoclivage, le désoxynucléotide possède alors son extrémité 3'-OH libre et la polymérase peut incorporer le dNTP suivant. La réaction se déroule en trois étapes constituant un cycle : incorporation des dNTP, détection spécifique de la fluorescence pour chaque dNTP incorporé, puis démasquage.

Les deux techniques décrites favorisent un séquençage en temps réel et intègrent le haut débit rapide à un moindre coût. Cependant, la technique de Sanger reste encore la plus appropriée pour la longueur de lecture (Tableau 6.4) et pour l'assemblage de génome dans des régions avec des fréquences de répétitions élevées.

TABLEAU 6.4 COMPARAISON DES TECHNIQUES AUTOMATISÉES DE SÉQUENÇAGE

Techniques	Banques fragment d'ADN	Taille des fragments lus en nucléotides	Nucléotides lus par expérimentation (Mbases)
Sanger	Double Brin Dans Vecteur	Environ 800	0.01
Pyro-séquencage	Simples brins ligaturés à un adaptateur	200 - 300	100
Solexa	Simples brins ligaturés à un adaptateur	75 - 100	1 000

La réaction de polymérisation en chaîne (PCR)

Mise au point dans les années 1980, la technique de réaction de polymérisation en chaîne ou PCR (« Polymerisation Chain Reaction ») a ouvert de nouvelles voies dans l'étude et l'analyse des acides nucléiques et des gènes. Cette technique consiste à réaliser un nombre très élevé de copies d'une séquence d'ADN choisie par l'expérimentateur ce qui facilite grandement son étude et son exploitation. Une ADN polymérase, la polymérase Taq, extraite de la souche bactérienne thermophile *Thermus aquaticus*, est utilisée pour catalyser la réaction de polymérisation à partir d'amorces complémentaires de chaque brin d'ADN à amplifier. L'enzyme allonge les amorces dans le sens 5' → 3'. À partir de chaque amorce un brin antiparallèle se forme qui présentera à son extrémité opposée une séquence complémentaire de l'autre amorce (Fig. 6-9). Après plusieurs cycles de PCR, la séquence comprise entre les amorces initiales se trouve ainsi amplifiée un grand nombre de fois (souvent plus de 10^6 fois).

Aujourd'hui, il existe des appareils complètement automatisés réalisant jusqu'à 96 réactions PCR simultanément. La polymérase Taq généralement utilisée est une enzyme génétiquement optimisée pour la synthèse, la fonction de correction d'erreurs ayant été éliminée. Au cours de la réaction de PCR, l'enzyme commet pour cette raison une erreur toutes les 10^4 bases environ. Ceci n'est pas trop gênant lorsque l'expérimentation porte, comme dans le cas du séquençage des produits de PCR (1 000 bases par produit amplifié), sur une analyse globale de ces derniers. Par contre une erreur dans un produit de PCR devient problématique quand il s'agit de cloner le fragment amplifié qui porte alors une mutation aléatoire indésirable.

La puissance d'amplification de la technique rend les contaminations, même mineures, lourdes de conséquences.

Les techniques d'hybridation des acides nucléiques

Après digestion par une ou plusieurs enzymes de restriction, les fragments d'ADN sont séparés au sein d'un gel d'électrophorèse, puis transférés sur un filtre de nitrocellulose ou une membrane de nylon. Une sonde d'ADN connu (ADN marqué au ^{32}P par exemple) est mise au contact de la réplique et hybridée par complémentarité aux fragments d'ADN étudiés (Fig. 6-10).

L'autoradiographie de la membrane révèle des bandes correspondant aux fragments d'ADN qui se sont hybridés avec la sonde. Par cette technique de transfert et d'hybridation, il est possible de réaliser une **carte de restriction** d'un fragment d'ADN c'est-à-dire de déterminer la position des sites de restriction au sein de cet ADN. Cette

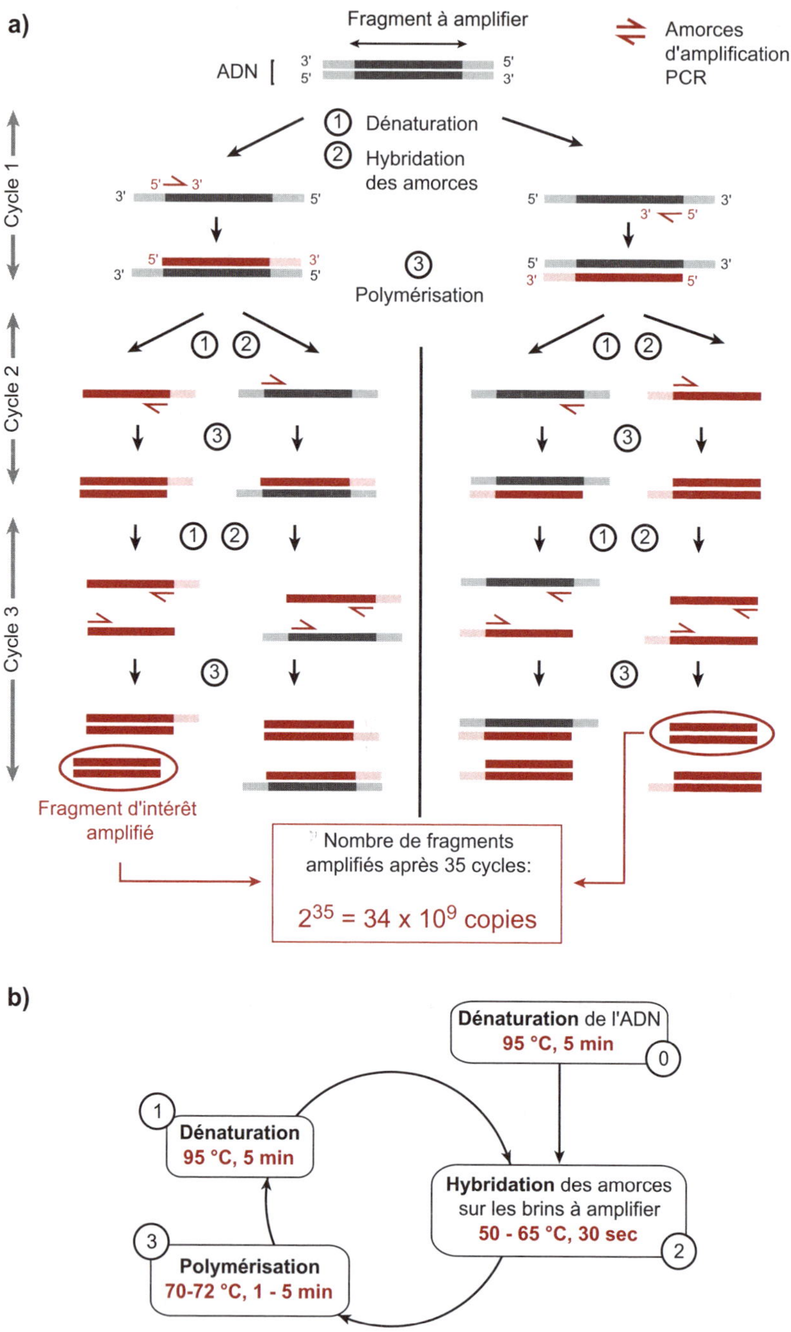

Figure 6-9 Principe de l'amplification d'un fragment d'ADN par PCR.

L'une des techniques majeures dans l'analyse d'un fragment d'ADN est la technique dite de **transfert** selon **Southern,** du nom de son inventeur, E.M. Southern.

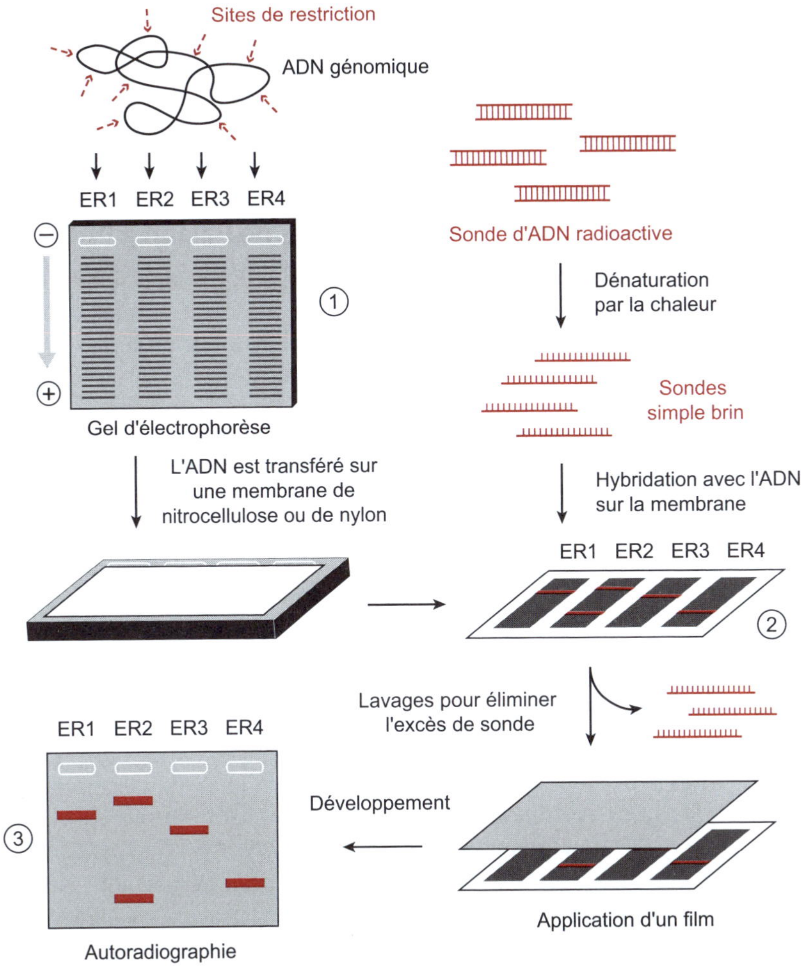

Figure 6-10 Principe de la technique de transfert-hybridation de Southern. Les très nombreux fragments d'ADN sont préalablement séparés par électrophorèse et repérés avant d'être transférés sur la membrane où ils sont invisibles, sauf en lumière UV où ils apparaissent sous la forme d'une traînée continue (1). Seuls les fragments reconnus après hybridation par la sonde (2) seront révélés par autoradiographie (3). ER1 à ER4 : différents enzymes de restriction.

technique est intéressante pour mettre en évidence les remaniements génétiques (délétions par exemple), l'organisation des gènes les uns par rapport aux autres sur un chromosome et donc la disposition des groupes de gènes fonctionnellement apparentés. La technique de transfert-hybridation de Southern est également intéressante pour la recherche de séquences apparentées.

La même technique de transfert peut s'appliquer aux ARN. On parle dans ce cas de **transfert de type Northern** (jeu de mot en référence à Southern). Elle s'avère très intéressante car elle permet de comparer les niveaux d'expression d'un même gène dans différentes situations (différents tissus d'un organisme, un même tissu au cours du développement, etc.).

Les techniques de localisation des sites de liaison à l'ADN

De nombreuses protéines comme les facteurs de transcription se lient à de très courtes séquences d'ADN (voir chapitre 5). Plusieurs méthodes ont été développées pour localiser des sites de liaison de protéines sur des fragments d'ADN. Ces techniques s'avèrent très efficaces, même si la protéine est inconnue. L'une d'entre elles utilise les propriétés de migration sur gel de fragments d'ADN lié ou non à une ou plusieurs protéines. En effet, si à un fragment d'ADN s'associent des protéines, la migration électrophorétique du complexe ADN-protéine sera retardée comparativement à la migration de l'ADN nu. Cette technique est appelée pour cela **retard sur gel** (Fig. 6-11).

Le retard sur gel ne permet pas de définir avec précision la séquence de l'ADN reconnue par la protéine. En général, le fragment retardé est de plusieurs centaines de paires de bases, alors que la protéine se fixe sur une dizaine de paires de bases. De plus si le fragment est long, il est susceptible de contenir des sites de liaisons pour plusieurs protéines. Les études de retard sur gel constituent donc un point de départ. Elles sont complétées par d'autres techniques (par exemple celle dite de la protection à la DNase I ou du « footprinting »), qui apportent des informations plus précises.

Cette technique de protection est basée sur le principe suivant : une protéine liée à une molécule d'ADN protège une partie des nucléotides contre l'action de la DNAse I, une nucléase à large spectre qui clive aléatoirement les liaisons phosphodiester, et libère de petits fragments d'ADN, variables en taille. Après élimination de la protéine, les fragments sont séparés sur gel. On obtient une échelle dont la taille des fragments ne diffère que par une ou un petit nombre de bases. À l'intérieur de l'échelle, une zone blanche ou « **empreinte** » correspond à la position des liaisons phosphodiester protégées par la protéine liée à l'ADN (Fig. 6-12).

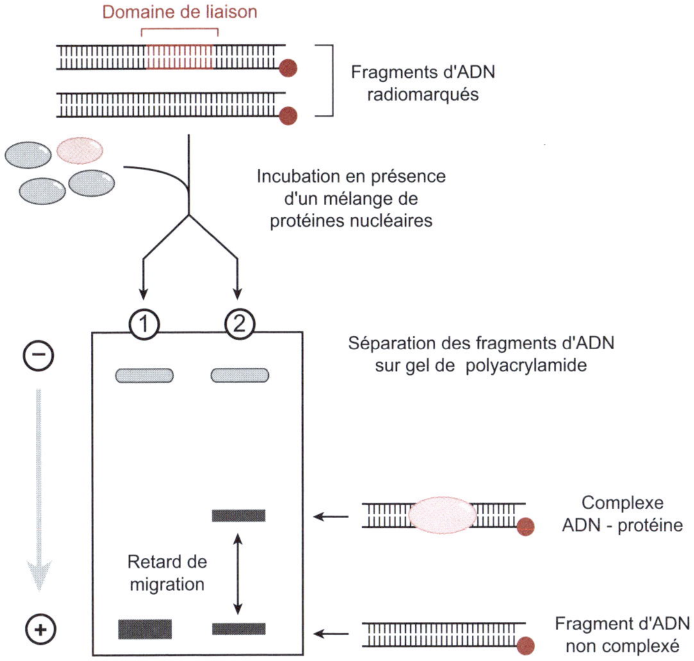

Figure 6-11 Analyse par retard sur gel. Un extrait de protéines nucléaires a été mélangé à des fragments d'ADN radiomarqués dont un est une cible potentielle d'une des protéines nucléaires. Le complexe formé de masse moléculaire supérieure à celle de l'ADN « nu » migre plus lentement (piste 2). Le fragment correspondant est donc retardé. Dans une expérience similaire non représentée ici, la protéine est connue et repérée à l'aide d'un anticorps. C'est le fragment d'ADN portant le site de liaison qui est recherché.

6.5 LE CRIBLAGE DE CELLULES RECOMBINÉES

Criblage grâce à une sonde d'acide nucléique

Un premier criblage basé sur l'intégration d'un plasmide s'opère à l'issue de la transformation. Les cellules n'ayant pas intégré le gène de sélection meurent. Il s'agit ensuite de distinguer les cellules ayant intégré la séquence d'ADN d'intérêt de celles ayant intégré le plasmide non recombinant. Une des techniques communément employées est l'hybridation de l'ADN des cellules avec des sondes nucléotidiques marquées.

Pour cela, on réalise une réplique en transférant par contact quelques cellules de chaque colonie sur un filtre de nitrocellulose ou une membrane de nylon. Les filtres sont traités pour éliminer les protéines, fixer l'ADN et le rendre accessible à l'hybridation par la sonde

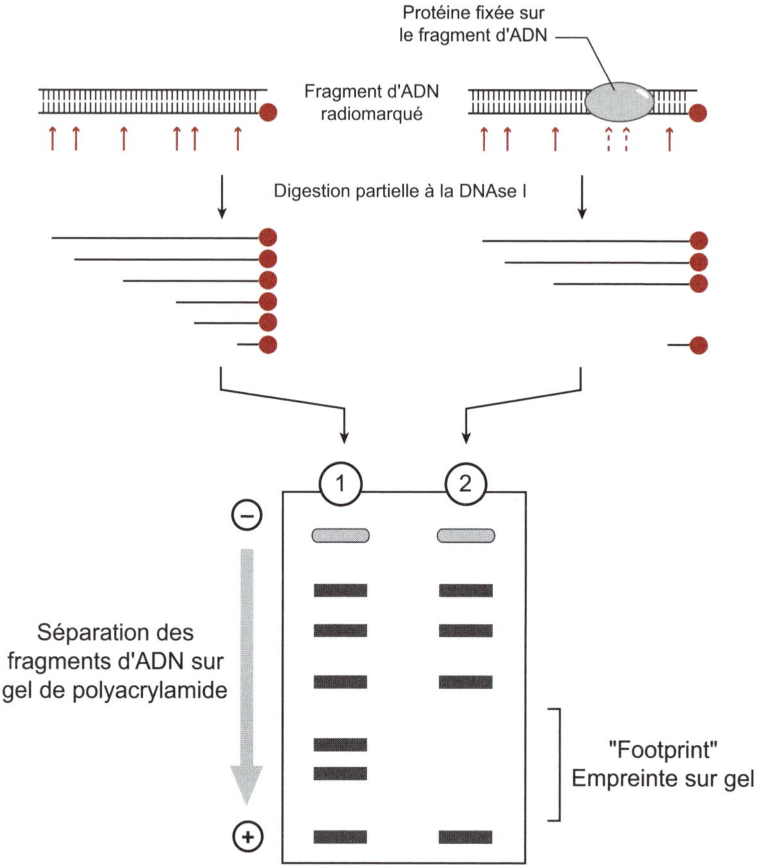

Figure 6-12 Technique d'empreinte à la DNAse I « **footprinting** ». Les fragments utilisés sont marqués à une seule de leurs extrémités. Le traitement à la DNAse I s'effectue en présence de sels de manganèse. Ainsi, elle clive au hasard (flèches verticales) les deux brins de molécule cible. La zone sans bande, « footprint » correspond à la position des sites protégés par la protéine de liaison à l'ADN.

radioactive. Celle-ci est placée au contact du filtre où elle s'hybride avec la séquence complémentaire de l'ADN recherché. Les colonies positives sont identifiées par autoradiographie (Fig. 6-13).

Criblage par PCR

Par une amplification PCR du fragment d'ADN cloné à partir d'amorces choisies pour s'hybrider spécifiquement avec l'ADN d'intérêt ou avec des régions l'encadrant, on identifie les colonies qui possèdent la séquence d'intérêt. Cette méthode fort intéressante peut

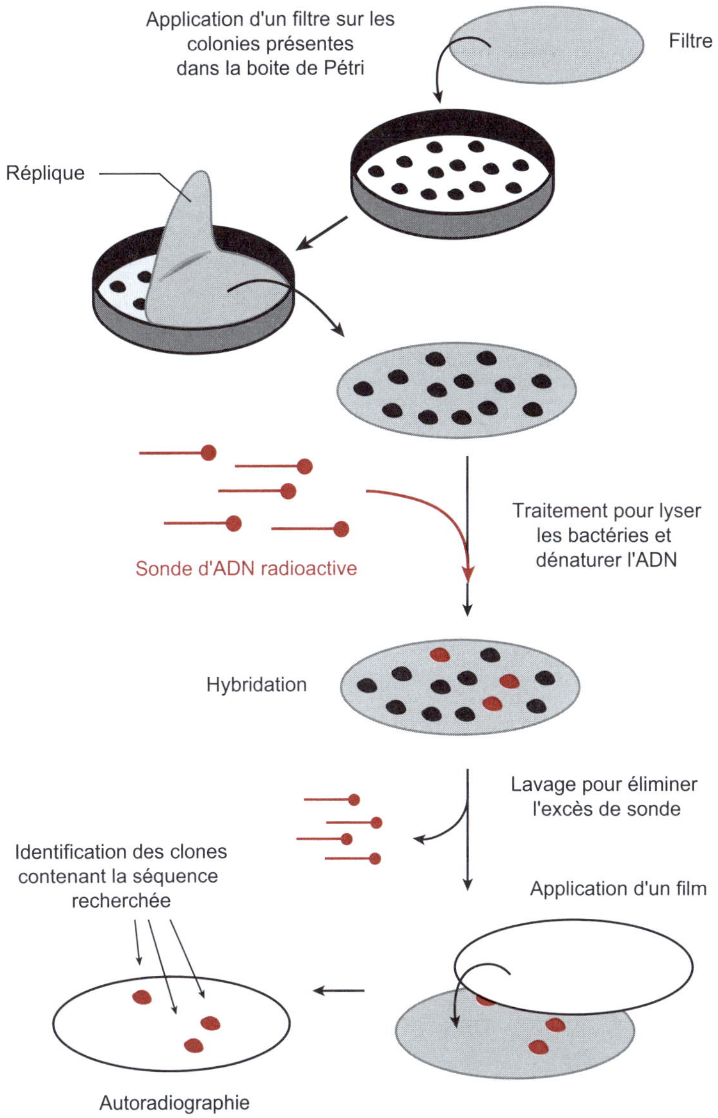

Figure 6-13 Criblage de cellules recombinées à l'aide d'une sonde nucléotidique. Après transformation, il est possible de rechercher les colonies ayant intégré un plasmide recombinant par hybridation avec une sonde homologue du gène d'intérêt. Une réplique des colonies sur boite est effectuée sur un filtre. Des repères sont portés sur le filtre et sur la boîte afin d'assurer une correspondance exacte entre les cellules de la boîte et celles qui ont été transférées sur le filtre.

être réalisée directement sur les colonies sans opérer une extraction préalable de l'ADN. La taille du fragment d'ADN amplifié, révélera si le clonage est réussi ou pas (Fig. 6-14). Toutefois, un contrôle de la séquence effectivement amplifiée reste une sage précaution.

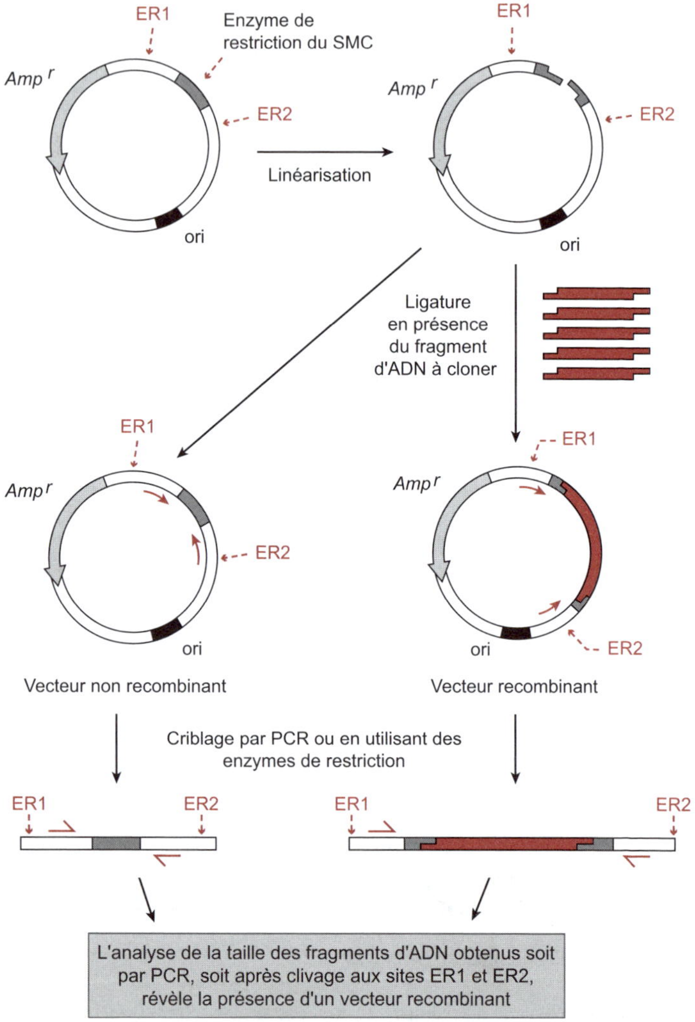

Figure 6-14 Criblage de cellules recombinées par PCR ou à l'aide d'enzymes de restriction. En réalisant une PCR sur les deux types de plasmides, les fragments seront de taille différente selon qu'il s'agit d'un vecteur matrice recombiné ou non. De même et de façon alternative à la PCR, avec les enzymes de restriction ER1 et ER2, la taille du fragment libéré dépend du caractère recombinant ou non du plasmide.

Criblage à l'aide de sites de restriction

Le clonage d'un fragment d'ADN modifie souvent la taille du vecteur. Il est possible de vérifier la réussite de l'opération en digérant le vecteur à l'aide des mêmes enzymes de restriction que celles qui ont servi pour le clonage. La digestion du plasmide recombiné produira un fragment d'ADN de la taille attendue (Fig. 6-14). Parfois, l'ADN cloné renferme des sites de restriction qui peuvent également servir pour le criblage.

6.6 LES APPLICATIONS DE LA TECHNOLOGIE DE L'ADN RECOMBINANT

La mutagenèse

C'est l'introduction d'un changement dans la séquence nucléotidique d'un gène, autrement dit d'une mutation. Cette technique très puissante offre la possibilité d'agir sur la relation entre la séquence d'un gène et la fonction de la protéine codée. La **mutagenèse *in vitro*** est utilisée aujourd'hui de manière courante. Elle est **aléatoire** ou **dirigée**.

La **mutagenèse aléatoire** engendre des mutations en des emplacements non prédéterminés d'un gène. L'une des méthodes consiste à produire une petite délétion en éliminant le fragment libéré par une coupure de l'ADN au niveau de deux sites de restriction. De même, au niveau d'un site de restriction unique se situant dans la séquence du gène à muter (Fig. 6-15), une délétion de quelques nucléotides s'avère possible à l'aide d'une nucléase qui élimine les extrémités monocaténaires (cas valable quand l'enzyme de restriction génère des bords cohésifs).

Une mutation par addition peut être également réalisée en provoquant la synthèse des séquences complémentaires des extrémités monobrins. La mutagenèse aléatoire produit des mutants qui comptent plusieurs modifications comparativement à la séquence de départ. Il devient alors difficile d'associer le phénotype muté à telle ou telle mutation. Cette technique reste tout de même très utile pour réaliser une première approche sur la relation entre la séquence d'une protéine, codée par le gène, et sa fonction biologique.

La **mutagenèse dirigée** porte sur un emplacement très précis de l'ADN (un nucléotide par exemple). Elle permet de modifier d'une manière prédéterminée la séquence d'un gène. Quand le site à muter est encadré par des sites de restriction uniques, il est possible d'enlever le fragment d'ADN du gène sauvage et de le remplacer par un autre fragment constitué d'oligonucléotides mutés. Ce processus est appelé **mutagenèse par « cassette »** (Fig. 6-15).

Une autre méthode de mutagenèse dirigée peut être employée même quand le gène à muter ne porte pas de sites de restriction. Elle consiste

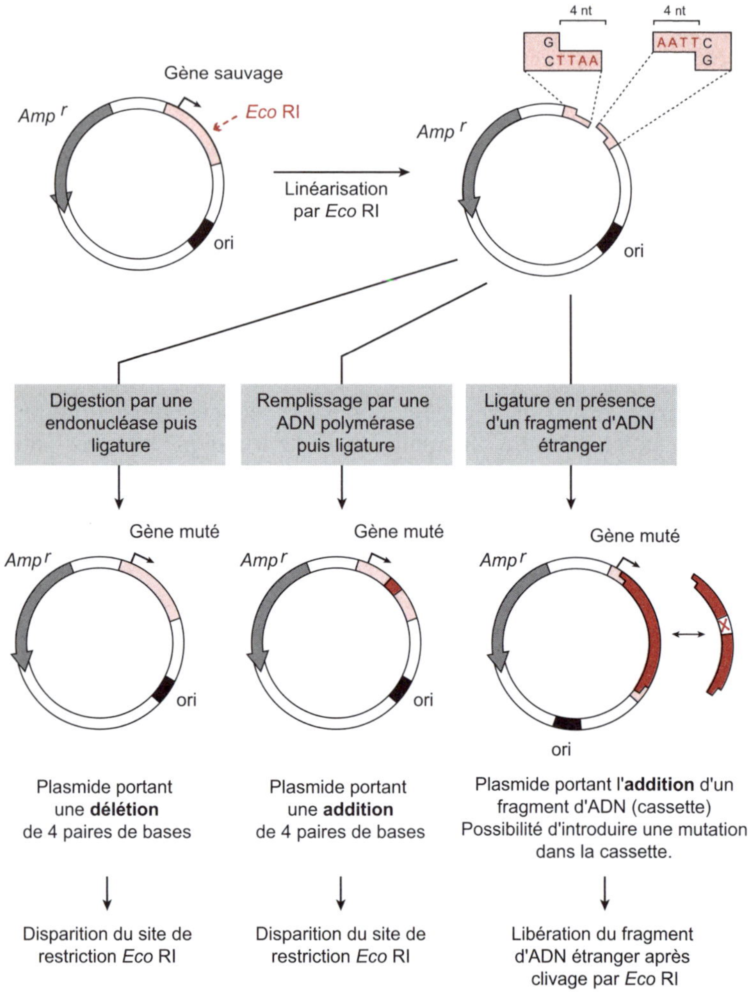

Figure 6-15 Mutagenèse par délétion, addition, ou par changement de cassette. L'enzyme de restriction à site unique libère des extrémités cohésives qui peuvent être éliminées par une nucléase entraînant après ligature une délétion de 4 nucléotides. Le gène peut également être muté par création de bouts francs après remplissage puis ligature (addition de 4 nucléotides) ou par remplacement d'une partie de sa séquence par un fragment d'ADN synthétique ou cassette. Cette dernière qui a des extrémités compatibles avec le site *Eco* RI peut également être mutée. La cassette devient un moyen de mutagenèse dirigée (voir aussi Fig. 6-16).

à insérer le gène d'intérêt dans un vecteur phagique simple brin, tel le phage M13 (Fig. 6-16). Un oligonucléotide synthétique, portant une mutation sur une seule base (substitution, insertion, délétion), s'hybride

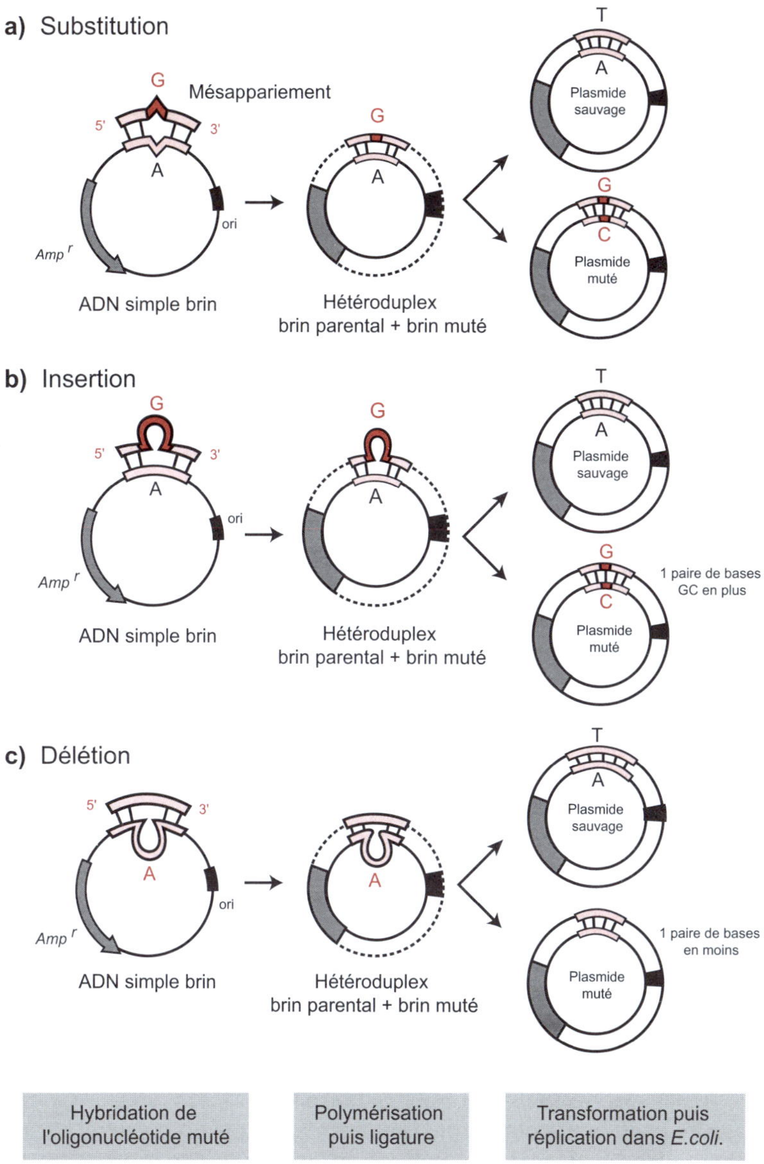

Figure 6-16 Principe de la mutagenèse dirigée utilisant un oligonucléotide muté et un vecteur phagique simple brin.

à la région homologue complémentaire et sert d'amorce pour la production complète du brin complémentaire. Après ligature de l'hétéroduplex (un brin muté, un brin sauvage), une souche bactérienne est transformée, et les clones portant la mutation sont sélectionnés. La cellule ne contient généralement qu'un seul type de plasmide. Lors de la réplication, l'un ou l'autre des deux plasmides (plasmides sauvage et muté) sera conservé par la cellule, l'autre sera détruit. Pour augmenter la proportion des clones portant la mutation et réduire par conséquent les expériences de criblage, on peut faire répliquer l'ADN matrice dans une souche *ung*$^-$ déficiente en uracile déglycosylase de manière à introduire des résidus uracile à la place de la thymine (pas de possibilité de réparation à cause de la mutation *ung*$^-$). La transformation s'effectue alors dans une souche *ung*$^+$ qui détruira le brin uracilé et copiera le brin muté.

D'autres méthodes, plus récentes, peuvent être appliquées directement sur les vecteurs de clonage ou d'expression, sans préparation d'ADN simple brin. Elles sont toutes basées sur l'hybridation d'un oligonucléotide muté et son allongement *in vitro*. L'enrichissement en plasmides mutés est accompli par digestion à l'aide d'une endonucléase, *Dpn*I, qui ne dégrade que les brins parentaux méthylés.

Le système double-hybride

Le **système double-hybride** est basé sur le fait que beaucoup d'activateurs de la transcription chez les eucaryotes possèdent deux domaines : un domaine de liaison à l'ADN (« Binding Domain » ou BD) qui se lie à une séquence spécifique proche d'un promoteur et un domaine d'activation (« Activation Domain » ou « AD ») qui active la transcription du gène en aval par le complexe ARN polymérase II. Les deux domaines agissent comme des modules indépendants. Isolément ils ne peuvent pas activer la transcription mais réunis dans un même complexe, chacun des domaines exerce sa fonction. Cette propriété est mise à profit pour identifier des protéines susceptibles d'interagir entre elles. Le système double-hybride utilise une souche de levure (*S. cerevisiae*) qui ne possède pas d'activateur pour un gène rapporteur. Le système est basé sur l'insertion de deux gènes artificiels dans des vecteurs différents :

- l'un code la protéine appât (protéine X dont on veut identifier les partenaires), fusionnée au domaine de fixation à l'ADN ;
- l'autre code la protéine proie (protéine Y, partenaire potentiel de X), fusionnée au domaine d'activation de la machinerie basale de transcription.

Par co-transfection des deux vecteurs, les deux protéines de fusion sont exprimées dans des cellules de levure contenant le gène rapporteur dont l'expression est sous le contrôle du domaine d'activation de la transcription. Différentes protéines « proie » peuvent être testées par ce système. Lorsque l'une d'entre elles est capable d'interagir avec la protéine appât X, le domaine d'activation se retrouve placé à proximité du promoteur du gène rapporteur et peut agir sur l'ARN polymérase II qui déclenche la transcription (Fig. 6-17).

Le système double hybride a permis d'établir des cartes d'interactions protéiques représentant les interactions possibles entre les composants d'un protéome.

Transfert et expression de gènes eucaryotes chez les procaryotes

> Tout organisme ayant intégré dans son génome un fragment d'ADN étranger est appelé **organisme transgénique**.

Le gène étranger est un **transgène**. Les bactéries dans lesquelles on a introduit des gènes eucaryotes sont donc des bactéries transgéniques. De toutes les cellules hôtes, *E. coli* et la levure sont les deux systèmes d'expression les plus utilisés en expérimentation de laboratoire et dans les applications biotechnologie en particulier pour la production à l'échelle industrielle de protéines recombinantes.

L'expression d'un gène cloné est possible grâce à des **vecteurs d'expression** possédant les signaux de transcription et de traduction appropriés. Ils possèdent tous une origine de réplication et un marqueur de sélection, souvent un gène de résistance à un antibiotique. Ils portent aussi un site multiple de clonage et une séquence codant un site de fixation au ribosome reconnu par les enzymes de la cellule qui héberge le vecteur. Les promoteurs forts des vecteurs d'expression sont, dans la plupart des cas, issus de promoteurs naturels (*trpE* par exemple) ou phagiques (*T7* par exemple). Ces derniers sont particulièrement performants puisqu'ils détournent naturellement le métabolisme bactérien au bénéfice de la prolifération virale. Le promoteur souvent inductible permet de contrôler l'expression du transgène. Il sera induit par un choc thermique ou l'ajout dans le milieu de culture d'un inducteur chimique.

Un exemple de plasmide d'expression est fourni par les vecteurs pET. La séquence nucléotidique d'intérêt est insérée dans la région des sites multiples de clonage. Elle se trouve ainsi en aval d'un promoteur T7 contrôlé par un opérateur *lac* et en amont d'une séquence codant une polyhistidine (6 résidus histidine) utile pour la purification du produit final. Ce plasmide favorise une expression fortement régulée grâce à un mécanisme en forme de cascade. En présence de galactosides (IPTG), une première induction, au niveau du génome de la bactérie, permet la synthèse de l'ARN polymérase de T7 à partir d'un promoteur *lac* modifié et rendu très efficace. Cette dernière grâce à la levée par l'IPTG (analogue chimique du lactose) de la répression du

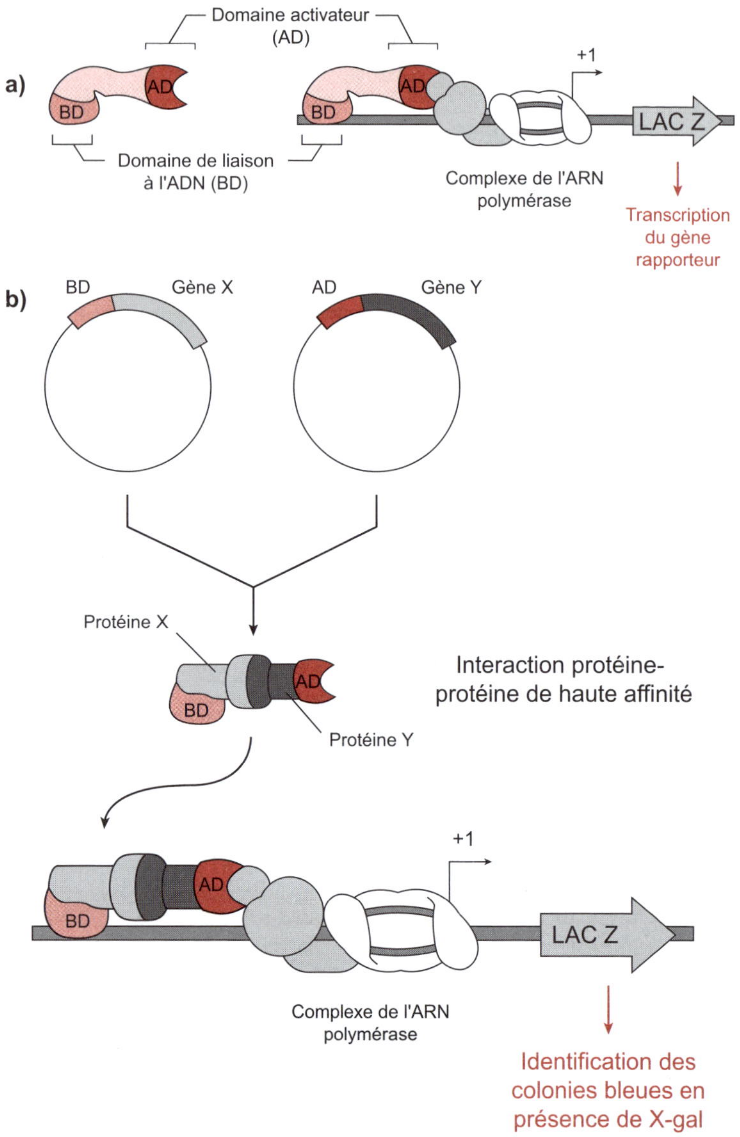

Figure 6-17 Le système double hybride. **a)** Le facteur activateur possède un domaine de liaison à l'ADN (BD) et un domaine activateur proprement dit (AD) qui se lie au complexe comportant l'ARN polymérase. Les séquences ADN correspondant à ces deux domaines sont constitutives des 2 vecteurs utilisés ensuite. **b)** Les deux types de construction sont mélangés et cotransfectés dans la souche de levure. Les colonies bleues qui expriment le gène rapporteur contiennent les protéines de fusion dont les composants X et Y interagissent naturellement entre eux.

gène d'intérêt porté par le plasmide pET (deuxième induction) peut démarrer la transcription à partir du promoteur T7 (Fig. 6-18, voir aussi l'opéron *lac*, chap. 5).

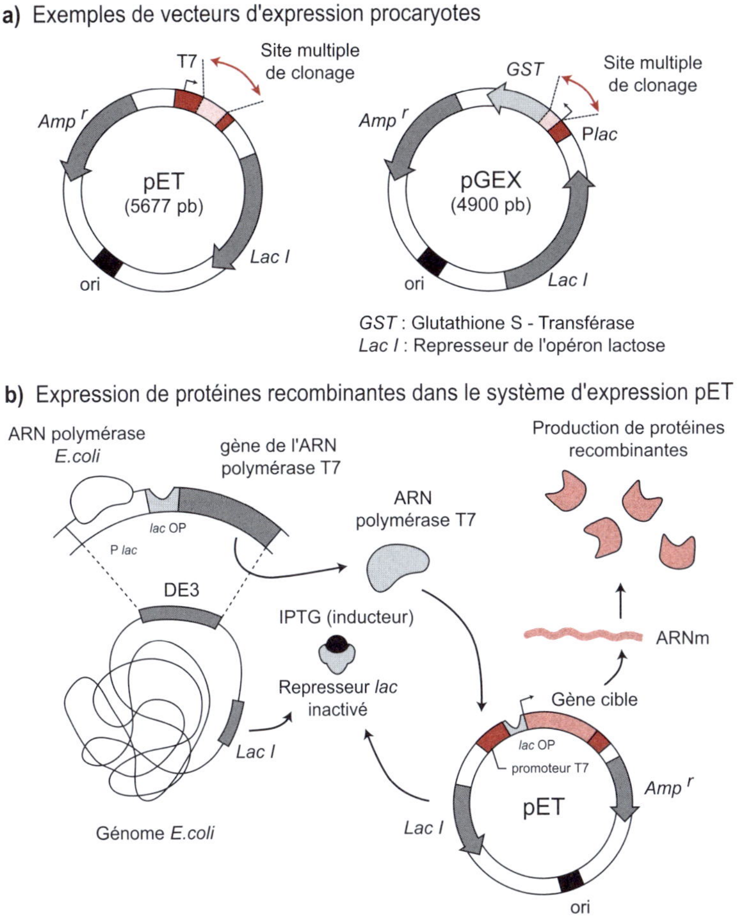

Figure 6-18 Production d'une protéine recombinante dans *E. coli* transformée par un vecteur d'expression. **a)** Schémas de deux vecteurs d'expression. pGEX porte la séquence codante de la glutathion S-transférase ; **b)** surexpression d'une protéine recombinante par une cascade inductive associant un vecteur pET et une souche bactérienne adaptée.

Pour permettre l'expression, le vecteur recombinant est introduit dans la bactérie hôte par le processus de la **transformation**. Les systèmes bactériens de transcription et de traduction produisent alors la protéine hétérologue codée par le gène étranger, comme ils le feraient pour une protéine de la cellule hôte (Fig. 6-18). La protéine étrangère peut s'accumuler à des niveaux très élevés (jusqu'à 20 % des protéines totales de la bactérie). Elle est souvent produite sous forme d'une protéine de fusion en phase avec une protéine bactérienne. L'existence de la protéine hétérologue sous la forme d'une fusion présente un certain nombre d'avantages :

- la protéine accompagnatrice porte dans certains cas une activité enzymatique (voir glutathion S-transférase, Fig. 6-18a) utile pour le suivi de l'expression et offre souvent un moyen de purification de la protéine d'intérêt.
- la protéine de fusion se présente souvent dans la cellule hôte sous la forme de **corps d'inclusion**, agrégats protéiques, insolubles dans le cytoplasme, résistants à la dégradation par les protéases bactériennes,
- la fusion peut s'opérer avec une protéine qui favorisera une solubilité maximale de la protéine d'intérêt. C'est le cas quand une protéine est fusionnée à la **thioredoxine**. Certaines fusions sont réalisées à la fois avec un peptide utile pour la purification et avec la thioredoxine pour la solubilité,
- la fusion peut être réalisée avec un peptide signal de sécrétion reconnu par la bactérie hôte. Cela peut adresser la protéine d'intérêt directement dans le périplasme, milieu pauvre en protéines (4 % des protéines totales) d'où elle sera plus facilement extraite. La sécrétion n'est malheureusement pas toujours efficace.

Bien qu'avantageux, l'usage des protéines de fusion oblige dans une étape ultérieure par un clivage chimique ou/et enzymatique à séparer la protéine hétérologue d'intérêt de la protéine accompagnatrice. Cette étape s'avère plus ou moins facile, complète et reproductible.

Actuellement, plusieurs protéines humaines (par exemple, l'insuline, l'hormone de croissance), et des substances pharmaceutiques (par exemple, l'interféron, des interleukines) sont produites massivement à partir de *E. coli*.

Transfert et expression de gènes dans les levures

E. coli comme système d'expression reste cependant limité, il ne fait pratiquement aucune des modifications post-traductionnelles très importantes pour la stabilité et la fonction de nombreuses protéines d'origine eucaryote. Bien que les gènes eucaryotes soient clonés dans les bactéries, il s'avère souhaitable de réintroduire ces gènes dans une cellule hôte eucaryote, c'est-à-dire de créer un eucaryote transgénique pour produire des protéines recombinantes actives. Parmi les systèmes eucaryotes de biosynthèse de protéines recombinantes, la levure est la première cellule hôte à avoir été utilisée. D'une part la levure est une cellule eucaryote qui possède à l'instar des bactéries un génome relativement simple et assez bien connu. D'autre part elle se divise rapidement et se maintient facilement en culture même à des échelles industrielles.

La complémentation génétique s'avère un procédé intéressant pour cloner les gènes de levure. Il faut pour cela disposer d'une souche mutante par déficience (exemple du gène *LEU2*). L'ADN de levure fragmenté est cloné dans plusieurs plasmides. La banque d'ADN ainsi constituée ne nécessite pas beaucoup de plasmides (comparativement aux cellules eucaryotes supérieures) car la taille des gènes de la levure reste relativement faible.

Le clonage d'un fragment d'ADN est réalisé après transformation des cellules et sélection sur un milieu approprié. La présence du vecteur recombiné dans la souche sera appréciée par sa capacité à corriger le défaut de la souche mutante.

La levure est capable d'assurer une maturation correcte des protéines hétérologues d'origine eucaryote. C'est aussi un système d'expression intéressant pour la sécrétion des protéines.

Génie génétique et cellules eucaryotes supérieures

Le modèle le mieux connu est celui d'un virus, le **baculovirus**, qui permet le transfert et l'expression de gènes étrangers dans les cellules d'insectes. Ce virus produit de grandes quantités d'une protéine de la capside. Il était donc envisageable en substituant par recombinaison le gène de cette protéine virale par le gène d'intérêt d'obtenir une expression élevée d'un transgène.

De nombreuses lignées cellulaires sont aujourd'hui disponibles pour l'expression de protéines hétérologues avec comme vecteur le baculovirus. Des dizaines de molécules d'origine humaine ont été produites, correctement maturées et sont pleinement fonctionnelles. Les protéines exprimées dans les cellules d'insectes présentent dans la plupart des cas des activités biologiques semblables à celles des protéines natives. La sécrétion est également efficace puisque ces cellules reconnaissent les peptides signaux des protéines hétérologues. La glycosylation reste cependant la seule modification que les cellules d'insectes n'opèrent pas de façon identique aux cellules de mammifères. Ceci peut avoir des conséquences sérieuses sur la stabilité et par contre coup sur l'activité de la protéine recombinante.

L'idéal est de pouvoir faire exprimer le transgène dans une cellule de mammifère dans laquelle la protéine codée par le transgène subit toutes les modifications post-traductionnelles.

Deux types d'expression existent : une **expression transitoire**, de courte durée (24 à 72 heures), due à l'instabilité de l'ADN non intégré dans le génome de l'hôte. Cette forme d'expression ne permet pas une production importante de protéine mais elle est très utile pour contrôler qu'un gène s'exprime conformément à ce qui est attendu ; l'**expression stable** reste plus productrice dans le temps mais nécessite que l'ADN introduit s'intègre dans le génome de la cellule hôte. Une des limitations du transfert des gènes dans les cellules de mammifères reste que les sites d'intégration dans le génome sont aléatoires (intégration par **recombinaison hétérologue**). Cependant il est possible de réaliser une **recombinaison homologue** entre l'ADN modifié expérimentalement et des séquences identiques du génome de l'hôte.

Utilisation de vecteurs rétroviraux pour la transfection des cellules

Les virus présentent l'avantage de reconnaître spécifiquement certains types cellulaires et d'y injecter leur génome. Cette propriété est mise à profit pour utiliser les virus comme vecteur. Plusieurs types de vecteurs viraux peuvent être générés. Parmi ceux-ci, les vecteurs défectifs peuvent infecter des cellules, mais ils ont perdu leur compétence pour la production de nouvelles particules virales. En effet, les gènes de structure du génome viral ont été remplacés par la séquence d'un gène d'intérêt, dénommé habituellement transgène (Fig. 6-19a). Cette construction, qui correspond à un plasmide proviral, est utilisée pour transfecter des cellules d'empaquetage dont le génome a été modifié par l'introduction de séquences virales (gène *gag*, *pol* et *env*) et dont l'expression est nécessaire à la production des particules virales. Ainsi, les cellules transfectées avec le vecteur proviral auront toutes les informations nécessaires pour produire des particules virales défectives porteuses du transgène (Fig. 6-19b).

Les nouveaux vecteurs viraux ainsi générés sont recueillis à partir du milieu de culture et seront utilisés pour transfecter de façon ciblée des cellules avec un bon rendement d'intégration du transgène dans leur génome.

Dans de nombreux modèles cellulaires et plus particulièrement pour les cultures primaires, les techniques classiques de transfection sont peu ou pas efficaces. Au contraire, la transfection par des vecteurs viraux s'avère très efficiente même pour des cellules ne se divisant plus. Ainsi, elle permet notamment d'introduire des shRNA dans les cellules, et d'observer l'incidence de l'inactivation ciblée d'un gène sur la population cellulaire.

Les gènes rapporteurs et études des séquences promotrices

Ici, un gène rapporteur peut se définir comme un gène codant une protéine d'activité connue. Il est utilisé pour étudier les fonctions des séquences présentes dans les régions promotrices des gènes et qui

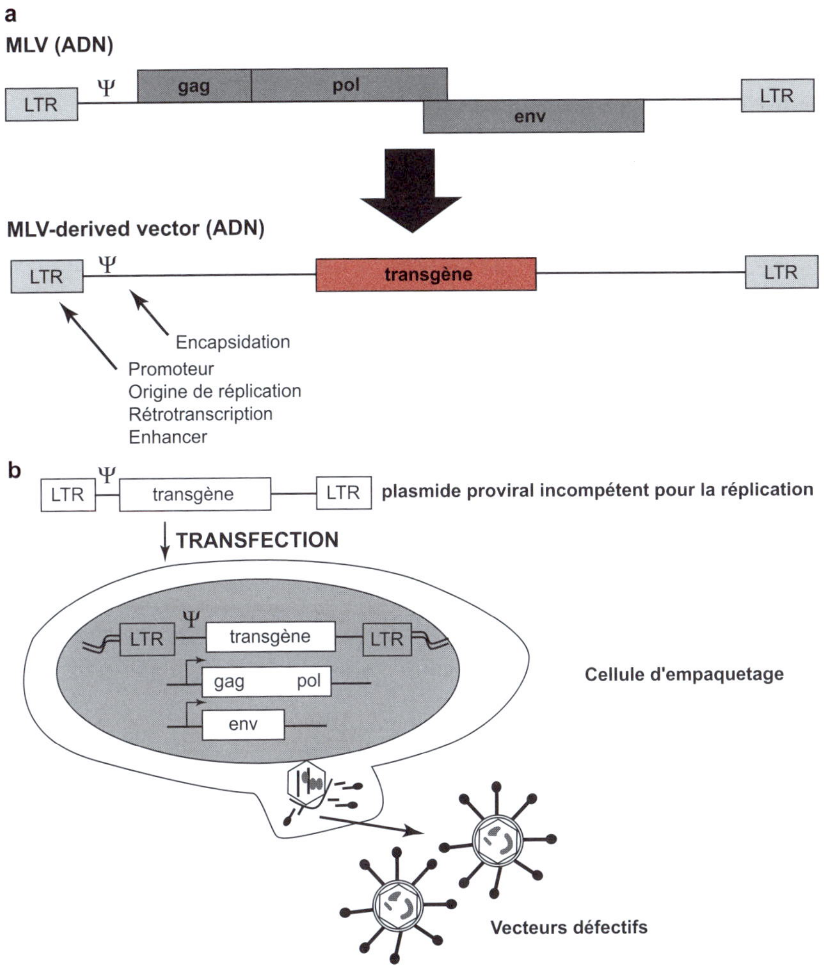

Figure 6-19 Principe de production de vecteurs viraux défectifs

En **a**, la séquence virale codant les gènes de structure (*gag, pol, env*) sont éliminés et remplacés par le transgène. Le plasmide proviral obtenu possède les séquences LTR nécessaires à la réplication et à la rétrotranscription et la séquence pour l'encapsidation des séquences provirales. En **b**, les cellules d'empaquetage sont transfectées avec le plasmide proviral. Les gènes *gag, pol* et *env* intégrés au génome de la cellule sont transcrits simultanément à la réplication de la séquence transfectée qui est alors encapsidée et permet la production de virus défectifs. MLV (*Murine Leukemia Virus*)

sont indispensables pour leur transcription. Un gène rapporteur peut coder une enzyme dont l'action sera facilement détectable (émission de lumière, modification d'un substrat). De plus, les gènes rapporteurs doivent être étrangers au génome de la cellule afin que leur produit n'intervienne pas dans le métabolisme de celle-ci. Aussi, les plus utilisés pour l'analyse des séquences promotrices de gènes d'eucaryotes sont :

- le gène bactérien *gfp* qui code la protéine fluorescente verte (GFP) ;
- le gène bactérien *lac Z* qui code la β-galactosidase ;
- le gène du ver luisant codant la luciférase (émission de lumière en présence de luciférine et d'ATP).

Dans des vecteurs d'expression contenant un gène rapporteur, différentes constructions sont effectuées dans lesquelles seule varie la taille de la région régulatrice (Fig. 6.20). Après transfection dans des cellules eucaryotes, la quantité de protéine codée par le gène rapporteur est comparée entre les diverses constructions. On peut ainsi définir la ou les régions promotrices présentes dans la séquence régulatrice et déterminer l'importance de chacune d'elles pour la transcription du

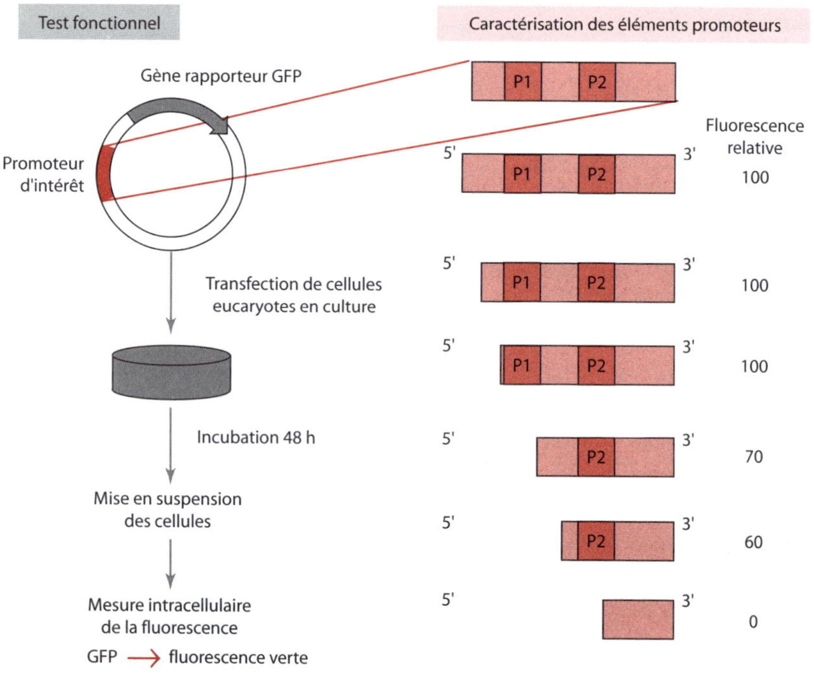

Figure 6-20 Détermination des éléments promoteurs dans une séquence promotrice.

Le gène rapporteur est mis sous la dépendance de différentes séquences issues d'une même région promotrice. Après transfection (48 heures), le niveau de fluorescence est mesuré dans les cellules. On constate que la fluorescence est constante en présence des éléments P1 et P2, même si la partie en amont de P1 a été tronquée. En revanche, la fluorescence diminue en absence de P1, et devient nulle lorsque les deux éléments promoteurs manquent. On peut en conclure que la présence de P1 et P2 est nécessaire pour une transcription optimale du transgène.

gène rapporteur. En général, plusieurs types cellulaires sont testés car toutes les cellules n'expriment pas les facteurs de transcription susceptibles de se fixer sur les séquences promotrices et permettre ainsi la transcription du gène rapporteur.

Une telle méthodologie s'applique également à des organismes pour déterminer dans quel tissu ou à quel stade du développement s'exprime un gène particulier. La séquence du gène rapporteur est mise en aval de la région promotrice du gène d'intérêt, et se substitue à ce dernier. Il s'avère possible de suivre dans l'organisme transgénique l'expression spatio-temporelle du rapporteur et d'en déduire celle du gène étudié.

Les biopuces au service de la génomique et de la transcriptomique

Les procédés basés sur la réalisation et l'exploitation de micro-réseaux à biomolécules (« **microarrays** ») ou biopuces, qu'ils soient basés sur les acides nucléiques et plus récemment sur les protéines ou les glucides autorisent de nombreuses expériences en parallèle. Ils fournissent simultanément un grand nombre de données qui sont exploitées grâce à des outils informatiques appropriés. Parmi les procédés basés sur l'utilisation des acides nucléiques, ce sont les biopuces à oligonucléotides qui sont aujourd'hui les plus employées. Un grand nombre (jusqu'à 30 000 et plus) d'oligonucléotides (50-100 pb) chacun avec une séquence différente sont immobilisés sur un support solide (lame de verre, membranes chimiquement modifiées). Les deux principales applications consistent à cribler par hybridation des fragments ADN marqués par fluorescence et contenant des sites uniques de mutation (comme les sites « SNP »), où à comparer des populations de transcrits rendus fluorescents, constituant des transcriptomes provenant de différentes cellules. Il s'avère possible ainsi de comparer à des fins de recherche ou de diagnostic, grâce à des algorithmes appropriés, les profils d'expression des gènes de cellules saines et de cellules tumorales par exemple. Les premières études montrent qu'à partir d'une biopuce permettant d'analyser l'expression d'environ 7 000 gènes, une cinquantaine d'entre eux sont utilisables pour la classification des leucémies myéloïdes ou lymphoblastiques et indiquent si ces dernières sont à cellules T ou à cellules B. Des études plus récentes sur le cancer du sein aideront au pronostic sur l'évolution de la maladie. En effet, l'expression anormale d'un petit groupe de gènes est associée à une récidive dans les cinq ans. L'analyse par les puces à ADN apporte donc non seulement un pronostic de survie, mais servira de guide pour adapter le traitement.

POINTS CLEFS

- Les enzymes de restriction sont des endonucléases qui coupent l'ADN au niveau de séquences cibles spécifiques. De nombreuses enzymes de restriction pratiquent des coupures décalées créant des extrémités cohésives simple-brin permettant l'insertion dans un vecteur de clonage
- L'ADN recombinant s'obtient en insérant par recombinaison de l'ADN étranger dans un vecteur qui se réplique de façon autonome. Un clone moléculaire de l'ADN ainsi inséré est obtenu.
- Les ADN ou les ARNm séparés en fonction de leur taille dans un gel d'électrophorèse sont transférables sur une membrane. Placés au contact d'une sonde ADN marquée, celle-ci détectera la position de fragments spécifiques d'ADN (analyse de type Southern) ou d'ARN (analyse de type Northern).
- On appelle banque génomique, l'ensemble des clones d'ADN représentatifs du génome complet ou d'une partie définie du génome d'un organisme.
- En utilisant l'ARNm comme matrice, la transcriptase inverse synthétise un ADN complémentaire simple brin qui sera utilisé à son tour comme matrice pour la synthèse d'un ADN double brin. Les ADN ainsi obtenus peuvent être clonés pour constituer une banque d'ADN complémentaire.
- Un gène cloné peut être sélectionné à partir d'une banque en utilisant des sondes correspondant à la séquence du gène ou à son produit protéique, ou grâce à sa capacité à complémenter un mutant.
- La réaction de polymérisation en chaîne (PCR) utilise des amorces conçues spécifiquement pour amplifier sans clonage préalable des régions définies de l'ADN que l'on obtiendra en très grand nombre de copies.
- Un fragment d'ADN cloné peut être séquencé en produisant par synthèse des ADN simple-brin marqués dont la longueur diffère d'un seul nucléotide. La séquence d'ADN sera déduite par lecture d'un autoradiogramme ou d'un enregistrement à partir d'un séquenceur automatique.
- La transgenèse correspond à l'addition d'ADN exogène dans le génome d'une cellule. Elle permet entre autres, la synthèse de protéines humaines par les bactéries, les levures, des cellules d'insectes ou de mammifères.
- Le test double hybride a permis d'établir l'existence de nombreuses interactions entre des protéines nucléaires, cytoplasmiques ou membranaires. Il constitue un outil de criblage approprié pour rechercher les interactions entre toutes les combinaisons possibles de protéines dans un organite.
- Le retard de migration sur gel permet de juger si une séquence particulière d'ADN ou d'ARN est reconnue et liée par une protéine. La spécificité d'interaction ADN-protéine est vérifiée en incubant le complexe formé en présence d'un anticorps reconnaissant la protéine.

- Dans les réactions de « footprinting », la fixation de la protéine à son site ADN le protège de l'attaque de réactifs chimiques ou de l'action de nucléases. L'absence de dégradation permet d'accéder à la séquence reconnue par la protéine
- Un gène rapporteur s'utilise pour étudier les fonctions des séquences présentes dans les régions promotrices des gènes et qui sont indispensables pour leur transcription.
- Les vecteurs viraux sont utilisés pour transfecter de façon ciblée des cellules avec un bon rendement d'intégration du transgène même dans des cellules en culture primaire ou ayant arrêté de se diviser.

QCM-QROC

6-1 Validez les propositions suivantes :

a) Les enzymes de restrictions sont des exonucléases qui clivent l'ADN au niveau de séquences palindromiques.

b) L'hydrolyse complète d'un ADN donné par une enzyme de restriction génère un nombre défini de fragments.

c) Les enzymes de restriction libèrent uniquement des fragments d'ADN à extrémités cohésives.

d) La fréquence de clivage d'une enzyme de restriction est plus élevée quand les séquences palindromiques reconnues sont composées d'un petit nombre de nucléotides.

6-2 Pour cloner la totalité d'un gène eucaryote on doit :

a) identifier ses produits ;

b) l'introduire de façon stable dans un chromosome bactérien ;

c) utiliser une banque d'ADN complémentaire ;

d) partir de fragments d'ADN génomique après digestion par une ou plusieurs enzymes de restriction.

6-3 Le vecteur de clonage peut :

a) se répliquer de façon autonome ;

b) être un plasmide porteur d'un ou plusieurs gènes de résistance aux antibiotiques ;

c) être issu de génome phagique dont on a éliminé des gènes non indispensables ;

d) comporter pour partie de l'ADN plasmidique et de l'ADN phagique ;

e) se répliquer uniquement dans un type cellulaire.

6-4 À partir de la figure ci-dessous où sont identifiés par électrophorèse sur gel d'agarose les fragments d'ADN d'un plasmide après traitement par les enzymes de restriction *Eco*RI (1), *Bam*HI (2), ou les deux (3) donner la carte de restriction du plasmide.

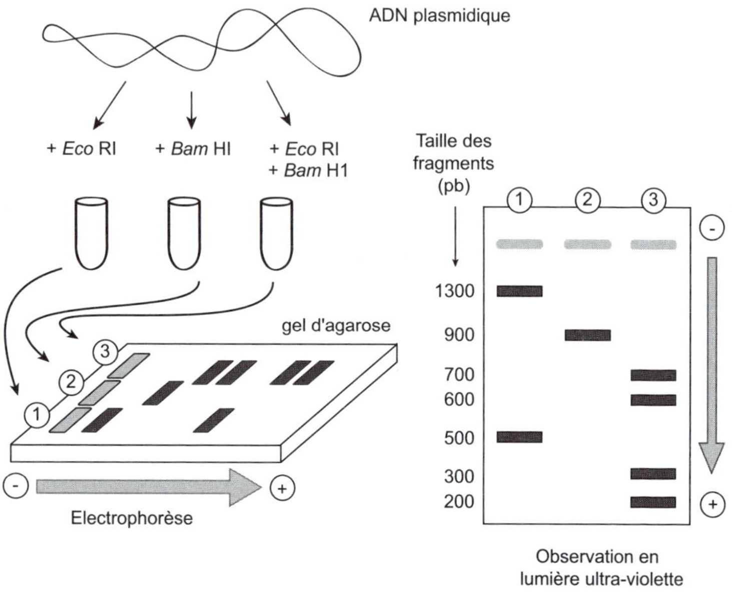

6-5 Faire un schéma présentant les différentes phases d'un cycle PCR, et précisez l'importance du choix des amorces pour amplifier spécifiquement un fragment d'ADN.

6-6 La technique de retard sur gel est-elle la seule permettant d'étudier les interactions ADN-protéine ? Qu'apporte-t-elle ?

6-7 Répondre par vrai ou faux aux affirmations suivantes. La mutagenèse dirigée permet :

a) d'éliminer spécifiquement un nucléotide dans une séquence génique ;

b) d'insérer un nucléotide de manière aléatoire dans un gène ;

c) d'introduire de courtes séquences dans un gène.

6-8 Un petit ARN double brin synthétique injecté dans une cellule sera-t-il pris en charge par les mêmes complexes protéiques que ceux activés lors de la présence d'ARN double brin de taille plus importante et naturellement produit par la cellule ? Quelle sera l'incidence de la présence de ces structures dans la cellule ?

RÉPONSES

6-1

a) Non, seules les endonucléases reconnaissent les séquences palindromiques.

b) Oui.

c) Non, certaines enzymes génèrent des extrémités à bouts francs (voir Tableau 6.1).

d) Oui.

6-2 **a** et **d** ; un gène eucaryote est composé de séquences exoniques et introniques. Ces dernières sont absentes des gènes procaryotes et des ADNc eucaryotes.

6-3 **a**, **b**, **c** et **d** (cosmide) ; e : non il existe des vecteurs qui peuvent se répliquer chez la levure et chez *E. coli*.

6-4 Les deux fragments libérés par *Eco*RI (1 300 et 500 pb) possèdent également un site *Bam*HI d'où la carte de restriction suivante :

Carte de restriction correspondante :

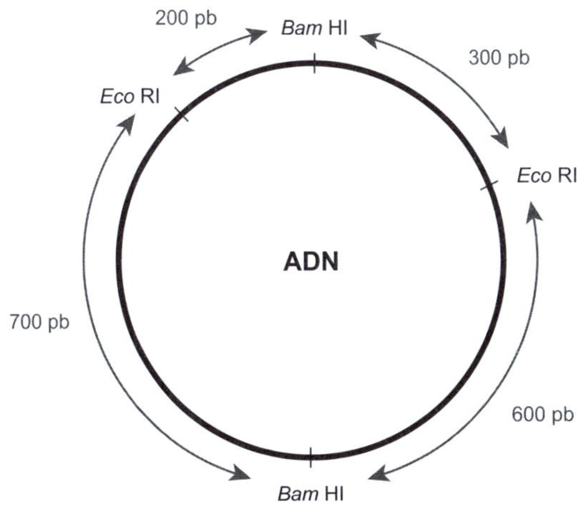

6-5 Voir le schéma présenté figure 6-9 ; la spécificité des amorces liée à leur complémentarité avec chaque brin du fragment à amplifier est le point crucial d'une PCR. En effet, si les amorces s'apparient en plus d'un point sur l'ADN des produits différents de ceux attendus seront synthétisés.

6-6 Non, elle permet seulement d'identifier une protéine se fixant sur un fragment d'ADN sans en connaître précisément la courte séquence nucléotidique reconnue. Si la sonde est connue, à l'inverse, l'interaction ADN-protéine est mieux définie. La technique d'empreinte, réalisée avec la DNAse I (voir Fig. 6-12), permet d'identifier les quelques nucléotides sur lesquels se fixe la protéine.

6-7

a) Vrai.

b) Faux, le nucléotide inséré sera apporté par une amorce qui s'hybride avec une séquence définie du gène ciblé.

c) Vrai, par exemple insertion d'un fragment ou « cassette » au niveau d'un site de restriction.

6-8 Seul le complexe RISC interagit avec un petit ARN, sa taille ne nécessite pas un clivage préalable par le complexe DICER comme pour les ARN de taille plus importante. Quelle que soit leur origine, les ARN interférents se fixent spécifiquement sur un ARNm entraînant son clivage, et de ce fait une forte diminution de la synthèse de la protéine correspondante.

Glossaire

3'-UTR : région non traduite d'un ARN messager eucaryote, située dans la partie aval 3', entre le codon stop et le début de la queue polyA.

5'-UTR : région non traduite d'un ARN messager eucaryote, située dans la partie amont 5', entre le 1er nucléotide transcrit et le 1er codon traduit.

Activateur : désigne une protéine qui, lorsqu'elle est liée à un élément de séquence de l'ADN (opérateur ou stimulateur), active la transcription à partir d'un promoteur.

Adduct : divers groupes chimiques réactifs d'origine environnementale, accolés par voie enzymatique ou chimique à l'ADN et provoquant des erreurs de réplication.

Adénylylation : mécanisme enzymatique consistant en une modification covalente des acides aminés et de certaines protéines par addition d'AMP.

ADN hélicase : enzyme qui rompt les liaisons hydrogène de l'ADN et sépare les deux brins au cours du mouvement de la fourche de réplication.

ADN ligase : enzyme qui reconstitue une liaison phosphodiester rompue de l'ADN.

ADN polymérase : famille d'enzymes qui synthétisent de nouveaux brins d'ADN à partir d'une matrice modèle.

ADN recombinant : nouvelle séquence d'ADN formé par la combinaison de deux molécules d'ADN, en général non homologues.

Allostérie : étude des changements de conformation d'une protéine.

Amino-acyl-ARNt synthétases : famille d'enzymes catalysant la synthèse des aminoacyl-ARNt dans le respect des principes du code génétique et en consommant l'énergie de l'ATP

Anticodon : triplet de nucléotides présent dans une molécule d'ARN de transfert, capable de s'hybrider avec un codon spécifique d'un ARN messager et de permettre ainsi en présence d'un ribosome d'introduire l'amino-acide porté par l'ARNt, dans une chaîne polypeptidique naissante.

ARN interférence : processus général impliquant divers systèmes enzymatiques et par lequel la transcription et la traduction de l'information génétique portée par l'ADN sont modulées par l'intervention d'ARN interférents appartenant à diverses classes de petits ARN non codants.

ARN interférent : désigne tout ARN, généralement de petite taille, participant au processus d'interférence.

ARN non codant : désigne tout ARN résultant de la transcription d'une séquence d'ADN jamais traduit en protéine.

ARN polymérase : famille d'enzymes qui synthétisent les ARN conformément à une matrice préexistante d'ADN.

ARNm : molécule d'ARN transcrite à partir d'un gène et grâce à laquelle une protéine est très fréquemment synthétisée par l'action d'un ribosome.

ARNr : classe de molécules d'ARN codées par l'ADN ribosomique constituant le nucléole. Elles jouent un rôle fondamental dans la structure du ribosome et la synthèse des protéines.

ARNt : classe de petites molécules nommées aussi ARN adaptateurs, qui apportent dans le processus de la traduction, les amino-acides spécifiques au ribosome et les insèrent dans la chaîne polypeptidique naissante (voir aussi anticodon).

Atténuation : processus dans lequel une séquence d'ARN transcrite à partir d'un gène est impliquée dans la modulation du niveau de transcription de ce même gène.

BAC : chromosome artificiel bactérien ; plasmide recombinant agissant comme un vecteur de clonage acceptant l'insertion de grands fragments d'ADN.

Bactériophage : virus infectant les bactéries

Banque d'ADN : collection de clones d'ADN obtenus à partir d'un ADN donneur

Banque d'ADNc : collection de clones d'ADN obtenus à partir de certains ARN messagers préalablement retranscrits par une transcriptase inverse en ADN complémentaire.

Boîte TATA : séquence consensus de la région promotrice de nombreux gènes, liant un facteur général de transcription et spécifiant ainsi la position de démarrage de la transcription par l'ARN polymérase appropriée.

Brin de tête : brin d'ADN qui au cours de la réplication est synthétisé en continu à partir de son extrémité 3' dans la direction 5' → 3'.

Brin retardé : brin d'ADN apparemment synthétisé dans la direction 3' → 5' grâce à la ligature de courts fragments d'ADN (fragments d'Okazaki) synthétisés individuellement dans la direction 5' → 3'.

Carte de restriction : carte d'une région chromosomique montrant la position des sites cibles d'une ou de plusieurs enzymes de restriction.

Caryotype : désigne le nombre de chromosomes, établi par l'observation microscopique d'une cellule en métaphase.

Centromère : région spécialisée de l'ADN de chaque chromosome eucaryote maintenant ensemble les chromatides sœurs. C'est aussi le site de liaisons des protéines du kinétochore qui capturent ensuite les microtubules à partir des fuseaux mitotiques et méiotiques.

Centrosome : organite organisateur de microtubules agissant comme pôle du fuseau pendant la mitose. Il contient souvent une paire de centrioles.

Chromatide : copie d'un chromosome par réplication de l'ADN jointe encore à l'autre copie par le centromère.

Chromatine : complexe macromoléculaire du noyau d'une cellule eucaryote formé par l'ADN, les histones, certains ARN et d'autres protéines non histones. Matériau constitutif des chromosomes.

Chromosome : arrangement linéaire de gènes et d'autres formes d'ADN, associé parfois avec certains ARN et protéines.

Code génétique : ensemble des règles spécifiant la correspondance entre triplets de nucléotides (les 64 codons) de l'ADN ou de l'ARN et les acides aminés des protéines.

Codon : séquence de trois nucléotides dans une molécule d'ADN ou d'ARN spécifiant une instruction pour introduire un amino-acide dans une chaîne polypeptidique naissante.

Coiffe : désigne l'addition à l'extrémité 5' d'un ARN messager d'une méthylguanine phosphate, protégeant le dit ARN d'une dégradation exonucléasique.

Complémentation : production d'un phénotype de type sauvage par deux mutations différentes combinées au sein d'une cellule diploïde ou d'un hétérocaryon.

Co-répresseur : molécule de nature chimique variée agissant par association avec une protéine dite répresseur et favorisant la liaison de cette dernière à un élément de l'ADN (opérateur ou inhibiteur) avec pour effet de limiter la transcription à partir d'un promoteur adjacent.

Cosmide : vecteur de clonage insérant de grands fragments d'ADN, pouvant se répliquer comme un plasmide de façon autonome et être empaqueté dans un phage. Dérivé du bactériophage λ.

Cycle cellulaire : cycle de reproduction de la cellule oscillant entre la mitose (M) et l'interphase (G_1, S et G_2) et constitué d'une séquence d'événements par lesquels la cellule duplique son contenu avant de se diviser en deux cellules.

Cytidine désaminase : enzyme catalysant la désamination de la cytosine en uracile lors d'une réaction intéressant un nucléotide cytidilique de l'ARN messager, avec pour conséquence de modifier la séquence de l'ARN après sa transcription (mécanisme dit de l'«editing »).

ddNTP : didésoxyribonucléoside triphosphate. Nucléotides précurseurs de l'ADN où le désoxyribose est doublement désoxygéné sur les carbones 2' et 3' et ne peut donc plus s'engager dans une liaison phosphodiester ce qui bloque la synthèse de l'ADN. Utilisé dans la méthode de séquençage de l'ADN aujourd'hui classique dite de « terminaison de chaîne ».

dNTP : désoxyribonucléoside triphosphate. Nom générique des 4 nucléotides (dATP, dTTP, dGTP et dCTP) précurseurs de l'ADN.

Double hélice : structure à double chaîne de nucléotides en forme d'hélices appariées par des liaisons hydrogène entre les bases puriques et pyrimidiques, constituant l'ADN, la substance chimique fondamentale des gènes.

Empreinte : désigne dans les expériences de liaisons spécifiques entre un acide nucléique et une protéine la région d'un acide nucléique, protégée par la protéine, d'une attaque nucléasique.

Empreinte génétique : phénomène épigénétique par lequel l'activité d'un gène chez un individu dépend du parent qui l'a transmis. Certains gènes ont donc une empreinte maternelle et d'autres une empreinte paternelle.

Endonucléase : enzyme qui hydrolyse les liaisons phosphodiester à l'intérieur d'un acide nucléique.

Enhancer : stimulateur, défini comme une séquence d'ADN qui, lorsqu'elle est liée par une protéine dite activatrice, facilite l'expression d'un gène en fonction du tissu considéré. Il est parfois très éloigné en amont ou en aval du gène cible.

Enzyme de restriction : endonucléase qui hydrolyse en des sites spécifiques les deux brins de l'ADN. Outil important de l'ingénierie génétique.

Épissage : réaction complexe consistant en l'élimination des introns et en l'assemblage des exons constitutifs d'un transcrit primaire d'un gène.

Euchromatine : région chromosomique peu condensée, se colorant de façon diffuse et dont on suppose qu'elle contient des gènes fonctionnels. Opposée à hétérochromatine.

Exon : toute section non intronique de la séquence codante d'un gène. Lorsqu'ils sont assemblés après l'épissage du transcrit primaire les exons constituent l'ARN messager qui est traduit en protéine.

Exonucléase : enzyme hydrolysant seulement les liaisons phosphodiester en position terminale des acides nucléiques.

Expression stable : transcription et pour les protéines, traduction conduisant au produit d'un gène. Lorsque le gène est introduit par génie génétique dans le chromosome d'une cellule-hôte, il est répliqué comme tous les autres gènes de la cellule et son expression est dite stable.

Expression transitoire : dénomination de l'expression d'un gène étranger introduit dans le cytoplasme de la cellule-hôte sous la forme d'un plasmide disparaissant progressivement au cours des cycles cellulaires successifs.

Facteur de transcription : toute protéine qui se lie à un site régulateur de l'ADN (par exemple un stimulateur ou *enhancer*) et qui modifie directement ou indirectement le démarrage de la transcription.

Feuillet β : arrangement de chaînes polypeptidiques situées côte à côte et reliées par des liaisons hydrogène.

Hélice α : conformation hélicoïdale d'une chaîne polypeptidique avec en général un pas à droite et des liaisons hydrogène intrachaîne. Structure très courante chez les protéines.

Hétérochromatine : région chromosomique condensée, se colorant fortement et dont on suppose qu'elle est génétiquement plutôt inerte.

Hétéroduplex : double hélice d'ADN formée par l'hybridation de simples brins d'origine différente et comportant parfois des irrégularités (boucles non hybridées).

Histone : protéine basique constituant des complexes octamériques (2 exemplaires de chacune des histones H2A, H2B, H3 et H4) autour desquels l'ADN est enroulé pour former les nucléosomes des chromosomes eucaryotes. L'histone H1 participe à la cohésion de l'ensemble.

Hybridation : processus par lequel deux brins ou deux régions d'un même brin d'acide nucléique (ADN et/ou ARN) s'associent par des liaisons hydrogène entre bases complémentaires pour former une structure apparentée à une double hélice.

Inducteur : molécule ou plus généralement agent de l'environnement qui stimule la transcription de l'ADN à partir d'un promoteur.

Intégrase : enzyme catalysant la recombinaison entre deux sites spécifiques présents respectivement sur des molécules d'ADN bactérien et phagique. Cela implique la rupture et la ligature de liaisons phosphodiester.

Intron : région non codante d'un gène eucaryote, située entre deux exons, transcrite en ARN mais ensuite excisée par épissage et absente de l'ARN messager mature traduit en protéine.

IRES : *Internal Ribosome Entry Site*, séquences internes particulières des ARN messagers eucaryotes et des ARN viraux eucaryotes fonctionnant comme des sites d'entrée des ribosomes à l'instar des sites de liaison RBS situés à l'extrémité 5' de l'ARN messager procaryote.

Isolateur : nom donné à une séquence régulatrice au sein de l'ADN séparant les stimulateurs (*enhancers*) de certains promoteurs. Lorsqu'il est occupé par une protéine appropriée l'isolateur bloque la communication entre les protéines activatrices liées aux stimulateurs et certains promoteurs.

Jonction de Holliday : structure intermédiaire dans la recombinaison génétique impliquant deux molécules d'ADN double brin, reliées par l'intermédiaire d'un crossing-over réciproque intéressant un brin de chaque molécule.

Kinétochore : complexe de protéines auxquelles s'attachent les microtubules constituant les fibres du fuseau mitotique nucléaire jouant un rôle actif dans le mouvement des chromosomes vers les pôles.

Médiateur : complexe protéique de grande taille encore mal connu mais considéré comme indispensable au démarrage de la transcription *in vivo* des métazoaires. Il se compose de modules constitués eux-mêmes de sous-unités définissant diverses formes de complexes régulant la transcription de sous-ensembles de gènes ou répondant à différents groupes de régulateurs (protéines activatrices ou inhibitrices).

Micro-ARN : petits ARN de 21 ou 22 nucléotides engendrés à partir de précurseurs de 70 à 90 nucléotides, présents dans la plupart des cellules eucaryotes et réprimant l'action de certains gènes en détruisant par voie enzymatique les ARN messagers correspondants ou en inhibant leur traduction.

Microsatellite : nom donné à de courtes séquences d'ADN constituées par la répétition en nombre variable selon les individus de di- ou trinucléotides. Exemple : la répétition de nucléotides contenant thymine et guanine, $(TG)_n$.

Microtubule : tubules fins et creux assemblés à partir de sous-unités de la tubuline. Ils forment le plus important des trois systèmes de câblage filamenteux du cytosquelette.

Mode lysogène : un des deux types de développement s'appliquant à une bactérie infectée par un phage tempéré. Dans ce mode, le génome du phage est réprimé. Il s'intègre dans le génome bactérien et se réplique comme ce dernier. Sous l'effet d'une induction environnementale mettant en cause la survie de la bactérie-hôte, la dérépression du génome viral se produit et le mode de développement lytique s'installe entraînant la production de nouvelles particules virales et leur libération dans l'environnement par la lyse de la bactérie.

Mode lytique : mode alternatif de développement s'appliquant à une bactérie infectée par un phage tempéré devenu virulent (voir mode lysogène).

Mutagenèse dirigée : ensemble des méthodes utilisées pour créer des altérations spécifiques dans la séquence ADN d'un gène.

Mutagenèse *in vitro* : ensemble des méthodes utilisées pour créer au laboratoire des mutations dans une molécule d'ADN.

Mutation ponctuelle : modification héréditaire de la séquence nucléotidique d'un chromosome portant sur une seule base purique (A, G) ou pyrimidique (T, C). Il peut s'agir d'une transversion (Pu ⇔ Py) ou d'une transition (Pu ⇔ Pu ou Py ⇔ Py).

Nucléosome : unité de base de la structure d'un chromosome eucaryote (voir histone).

Nucléotide : molécule composée d'une base azotée, d'un pentose et d'au moins un groupe phosphate. Unité de base des acides nucléiques.

Octamère : complexe moléculaire composé de 8 sous-unités ou monomères. Le noyau protéique d'un nucléosome se compose d'un octamère d'histones.

Opérateur : désigne une région de l'ADN situé au début d'un ensemble de gènes adjacents transcrits simultanément (opéron). L'opérateur est le site de liaison d'une protéine dite répresseur de l'opéron.

Organisme transgénique : organisme dont le génome a été modifié par l'introduction d'un ADN étranger porteur de nouveaux gènes.

Origine de réplication : séquence nucléotidique ou site de l'ADN où démarre la réplication.

PCR : sigle pour *Polymerase Chain Reaction* ou réaction de polymérisation en chaîne. Méthode d'amplification de fragments spécifiques d'ADN exploitant de façon cyclique les mécanismes biochimiques de la réplication de l'ADN.

Plasmide : petite molécule d'ADN circulaire extrachromosomique se répliquant de façon autonome. Considéré comme un outil essentiel de l'ingénierie génétique.

Polyadénylation : mécanisme enzymatique consistant en l'addition d'une série de nucléotides adényliques à l'extrémité 3' des ARN messagers eucaryotes.

Polynucléotide : séquence de nucléotides liés de façon covalente par des liaisons phosphodiester 3' → 5'.

Polyribosome : structure dynamique révélatrice de la synthèse protéique en cours, formée par une molécule d'ARN messager et au moins deux ribosomes.

Pré-ARNm : molécule d'ARN dite précurseur de l'ARN messager. Désigne le transcrit primaire d'un gène avant les diverses modifications (épissage des introns, éventuel « editing », polyadénylation) conduisant à la formation de l'ARN messager mature, devenu apte pour la traduction en protéine.

Primase : enzyme qui synthétise les amorces ARN nécessaires aux ADN polymérases pour la réplication de l'ADN.

Promoteur : séquence d'ADN en amont de l'extrémité 5' de la séquence d'un gène, constituant le site de liaison des ARN polymérases assurant le démarrage de la transcription.

Prophage : chromosome phagique inséré au sein de l'ADN d'un chromosome bactérien.

Protéine cro : une des principales protéines régulatrices impliquées dans le mode lytique de l'infection d'une bactérie par le phage λ (voir mode lysogène et mode lytique).

RecA : nom abrégé de la recombinase A, une enzyme essentielle pour la reconnaissance des cassures de l'ADN et le démarrage des processus de réparation de l'ADN par des mécanismes de recombinaison à l'aide d'une matrice ADN préexistante.

Recombinaison : terme général désignant tout processus cellulaire qui engendre une nouvelle combinaison génique ou chromosomique non préexistante dans la cellule en question ou dans ses progéniteurs. Désigne aussi le processus similaire qui se produit à la méiose au cours de la formation d'un produit haploïde différent des haploïdes constituant le diploïde méiotique initial.

Recombinaison hétérologue : recombinaison entre deux molécules d'ADN de séquences différentes. Intervient fréquemment au cours des processus de construction des organismes transgéniques (transgénose dirigée).

Recombinaison homologue : recombinaison entre deux molécules d'ADN de séquences similaires, fréquente au cours de la méiose et de la mitose chez les eucaryotes.

Réparation : désigne l'ensemble des mécanismes moléculaires qui corrigent les diverses altérations subies par l'ADN, notamment au cours de la réplication.

Réplicateur : séquence spécifique de l'ADN liant la ou les protéines initiatrices de la réplication.

Réplication : synthèse d'une molécule-fille d'ADN double brin identique à la molécule-mère.

Réplicon : ADN répliqué à partir d'une origine de réplication.

Réplisome : complexe multiprotéique assurant la synthèse de l'ADN à la fourche de réplication.

Réponse SOS : induction coordonnée de plusieurs gènes assurant la réparation en réponse à des altérations et cassures multiples de l'ADN bactérien. Un mécanisme similaire existe chez les eucaryotes.

Répresseur : désigne la protéine qui se lie à une séquence régulatrice de l'ADN ou sur l'opérateur d'un gène et qui bloque la transcription.

Répresseur λ : désigne le répresseur spécifique du phage λ qui bloque la transcription des gènes du mode lytique et oriente le processus infectieux du phage λ vers le mode lysogène marqué par l'intégration du génome viral dans le chromosome bactérien sous la forme du prophage.

Retard sur gel : technique d'électrophorèse sur gel consistant à mesurer le retard de migration d'une molécule d'acide nucléique ou de protéine occasionné par sa liaison préalable à un ligand spécifique.

Rétrotransposon : élément transposable utilisant la transcriptase inverse pour se transposer par l'intermédiaire d'un ARN.

Ribosome : complexe moléculaire de grande taille, d'un diamètre d'environ 20 nm, composé de 3 ou 4 molécules d'ARN ribosomal différent et de nombreuses protéines, site de la traduction des ARN messagers et de la synthèse des protéines.

Ribozyme : ARN porteur d'une activité catalytique comparable à celle d'une enzyme. L'ARN ribosomal 23S (bactérien) ou 28S (eucaryote) est un ribozyme qui catalyse la formation de la liaison peptidique entre les amino-acides. On dit parfois par extension que le ribosome est un ribozyme.

RNase H : ribonucléase H pour hybride. Enzyme qui dégrade les ARN spécifiquement hybridés à l'ADN. C'est le cas des amorces ARN servant à la polymérisation de l'ADN du brin retardé notamment.

rNTP : sigle désignant les divers ribonucléosides triphosphate.

siARN : sigle désignant les petits ARN intervenant dans l'extinction (« silencing ») des ARN messagers

Silencer : extincteur, défini comme une séquence d'ADN qui, lorsqu'elle est liée par une protéine inhibitrice (répresseur), bloque l'expression d'un gène en fonction du tissu considéré. Cette séquence est parfois très éloignée en amont ou en aval du gène cible.

Splicéosome : complexe ribonucléoprotéique de grande taille impliqué dans le processus d'épissage (« splicing ») des transcrits primaires d'ARN.

Télomérase : enzyme qui utilise comme matrice une petite séquence d'ARN pour catalyser l'addition d'unités nucléotidiques répétées aux extrémités des chromosomes linéaires eucaryotes afin de compenser leur raccourcissement consécutif à la réplication.

Télomère : séquence particulière située à l'extrémité d'un chromosome linéaire eucaryote.

Terminateur : séquence particulière de l'ADN signalant aux ARN polymérases la fin de la transcription.

Topoisomérase : enzyme qui introduit des surenroulements positifs ou négatifs dans un duplex circulaire fermé. Elle clive les polynucléotides

des duplex surenroulés afin de relâcher les contraintes puis reconstitue la liaison phosphodiester.

Traduction : processus au cours duquel l'information génétique contenue dans une molécule d'ARN messager détermine la séquence des acides aminés lors de la synthèse protéique.

Transcriptase inverse : ADN polymérase qui catalyse la synthèse d'un brin d'ADN à partir d'une matrice ARN. Présente chez les rétrovirus. Très utilisée pour la synthèse *in vitro* des ADN complémentaires.

Transcription : processus enzymatique au cours duquel l'information génétique contenue dans une molécule d'ADN simple brin détermine par complémentarité des bases la séquence en nucléotides d'une chaîne d'ARN.

Transcrit primaire : ARN initial résultant du processus de la transcription (voir pré-ARNm).

Transformation : modification dirigée d'un génome par introduction dans la cellule-hôte d'un ADN exogène ce qui donne à la cellule un nouveau phénotype. Désigne aussi la conversion d'une cellule normale de mammifère en culture en une cellule tumorale se divisant sans arrêt.

Transgène : gène modifié *in vitro* par l'application des technologies de l'ADN recombinant puis réintroduit dans le génome par transformation de la lignée germinale.

Transition : désigne les mutations ponctuelles substituant entre elles les bases puriques ou les bases pyrimidiques (voir mutation ponctuelle).

Transposition : ensemble des mécanismes moléculaires assurant la mobilité d'un gène ou d'un ensemble de gènes d'un site du génome à un autre

Transposon : fragment d'ADN mobile flanqué de séquences terminales répétées et comportant des gènes codant les fonctions de transposition assurant le déplacement du fragment d'ADN d'un endroit du génome à un autre

Transversion : désigne les mutations ponctuelles substituant les bases puriques et pyrimidiques entre elles (voir mutation ponctuelle)

Vecteur de clonage : molécule d'ADN plasmidique ou phagique se répliquant de façon autonome dans une cellule-hôte, possédant les séquences spécifiques pour recevoir et répliquer un grand nombre de fois un ADN exogène.

Vecteur d'expression : molécule d'ADN plasmidique ou phagique se répliquant de façon autonome dans une cellule-hôte, possédant les séquences spécifiques pour recevoir, répliquer et exprimer en protéine un fragment d'ADN exogène contenant un gène.

Index

O

P

Q

R

S

56327 - (I) - (2,5) - OSB 80° - TYP - CDD

Achevé d'imprimer sur les presses de
Snel
Z.I. des Hauts-Sarts - Zone 3
Rue Fond des Fourches 21 – B-4041 Vottem (Herstal)
Tél +32(0)4 344 65 60 - Fax +32(0)4 286 99 61
Avril 2011 – 53917

Dépôt légal de la 1re édition : mai 2007
Dépôt légal : juin 2011

Imprimé en Belgique